机器视觉检测理论与算法

孙国栋　赵大兴　著

科学出版社

北京

内 容 简 介

本书首先系统介绍了视觉检测算法的发展及其研究现状，总结了视觉检测软件系统的体系结构与识别算法流程，然后以图像预处理、图像分割、图像变换、特征提取、图像匹配、图像分析与分类这一视觉检测流程为主线，通过粘扣带、网孔织物、坯布、导爆管、电子元器件、电子接插件、FPC 补强片、汽车锁扣、列车车辆等多类产品的视觉检测应用实例以及各种算法的实验对比分析，揭示各视觉检测算法的适用场合与优缺点，为视觉检测系统的开发以及新算法的设计提供相关指导。

本书可作为高等院校计算机、测控和机电等专业的本科生和研究生的学习参考书，也可供相关领域技术人员阅读。

图书在版编目 (CIP) 数据

机器视觉检测理论与算法/孙国栋，赵大兴著. —北京：科学出版社，2015.11

ISBN 978-7-03-046292-3

Ⅰ. ①机… Ⅱ. ①孙… ②赵… Ⅲ. ①计算机视觉－检测－研究 Ⅳ. ①TP391.41

中国版本图书馆 CIP 数据核字(2015)第 268023 号

责任编辑：任 静 / 责任校对：郭瑞芝

责任印制：吴兆东 / 封面设计：迷底书装

科学出版社 出版

北京东黄城根北街 16 号

邮政编码：100717

http://www.sciencep.com

北京厚诚则铭印刷科技有限公司印刷

科学出版社发行 各地新华书店经销

*

2015 年 12 月第 一 版 开本：720×1 000 1/16

2025 年 1 月第六次印刷 印张：13 1/4

字数：253 000

定价：68.00 元

(如有印装质量问题，我社负责调换)

前　　言

近年来国内制造业劳动力、资源、环境成本的持续高涨，不断弱化我国制造业传统竞争优势，使得自动化技术日益受到生产企业的重视。而作为自动化领域高智能化产品，机器视觉凭借其高精度、高效率、高可靠性、非接触式、低成本以及易于信息集成等优势，将有助于进一步提升制造设备的智能化水平，加快制造业的转型升级，并推动视觉检测在农业、军事、航天、交通、安全、科研等其他领域的拓展。

当前，探讨机器视觉理论与算法的书较多，多以各种图像处理与分析理论及其算法介绍为主。本书期望融合作者所研发的多个机器视觉项目，一方面介绍相关的视觉检测理论与算法，另一方面给出一些结合实际检测需求所提出的改进与优化视觉检测算法，同时呈现几个较完整的视觉检测算法设计案例及其方法。

每个视觉检测案例所涉及的检测流程与算法既类似又不尽相同，如果单纯按视觉检测案例安排章节，虽然展示了视觉检测算法设计的全貌，但视觉检测理论及算法体系欠缺；如果以图像处理流程与算法为专题介绍，又破坏了视觉检测案例的完整性。因此，本书以视觉检测中图像处理流程为主线，并结合粘扣带疵点视觉检测、网孔织物质量视觉检测、坯布疵点视觉检测、导爆管视觉检测、电子元器件视觉检测、电子接插件视觉检测、FPC 补强片缺陷视觉检测、汽车锁扣铆点视觉测量、列车运行故障视觉检测等机器视觉检测案例进行说明。在章节安排上，第 1 章对所有涉及的视觉检测案例的背景与检测流程予以总述，随后按照图像预处理、图像分割、图像变换、特征提取与图像匹配、图像分析与分类等几个专题予以介绍，并将每个应用案例所涉及的图像处理与识别内容分散到各个主题中。

全书共 6 章：第 1 章综述国内外机器视觉研究现状与应用领域，总结了视觉检测软件体系，并介绍了本书所有案例的应用背景；第 2 章结合实例分析了各图像滤波、锐化与增强算法的性能；第 3 章结合实例讲述了边缘检测、基于先验知识的 ROI 提取、直方图反向投影、阈值分割、轮廓算法；第 4 章结合实例介绍了形态学处理、几何变换、图像轮廓拟合、直-极坐标变换；第 5 章结合实例探讨了基于灰度的特征提取与匹配、基于不变矩的特征提取与匹配、基于形状的特征提取与匹配算法，并提出了改进形状上下文、角度与尺度混合描述子、改进高度函数等形状描述子；第 6 章介绍了图像特征分类、SVM 分类以及 BP 神经网络分类方法。

本书的部分内容得到了国家自然科学基金“基于层次特征提取与几何模型辅助的货车故障轨边图像识别方法研究”（项目编号 51205115）、国家自然科学基金“基于纹理特征解耦的可重构织物表面质量视觉检测技术基础研究”（项目编号51075130），以及湖北省自然科学基金创新群体“分布式机器视觉织物表面缺陷在线检测系统研究与开发”（项目编号 2009CDA151）、武汉市青年科技晨光计划“基于机器视觉的织物疵点高速识别算法研究”（项目编号 201150431128）、湖北省教育厅优秀中青年人才项目“基于分布式视觉的网孔织物纹理特征提取与疵点分类方法研究”（项目编号 Q20121408）等国家、省市项目的资助，以及湖北工业大学的大力支持，王璜、林卿、代新、彭磊、冯维、卢婷、徐威、杨林杰、林松、原振方、张杨、王博、梅术正、艾成汉也对本书的撰写提供了有益的帮助，特此致谢。

由于作者的水平有限，书中难免存在不妥之处，恳请广大读者批评指正。

作　者

2015 年 8 月

于湖北工业大学

目　录

前言

第 1 章　机器视觉检测概述……1

1.1　机器视觉应用与发展……1

1.1.1　机器视觉发展现状……1

1.1.2　机器视觉应用分类……3

1.1.3　机器视觉应用领域……4

1.2　视觉检测原理与软件体系……9

1.2.1　视觉检测工作原理……9

1.2.2　视觉检测中图像处理流程……10

1.2.3　视觉检测软件体系……12

1.3　视觉检测算法的研究现状……14

1.3.1　预处理算法与应用……15

1.3.2　图像分割算法与应用……17

1.3.3　图像变换算法与应用……18

1.3.4　图像特征提取与匹配……20

1.3.5　图像分析与分类……21

1.4　本书的组织结构及机器视觉案例简介……22

1.4.1　本书的组织结构……22

1.4.2　机器视觉案例简介……23

第 2 章　图像预处理……32

2.1　图像滤波……32

2.1.1　高斯滤波……33

2.1.2　均值滤波……34

2.1.3　中值滤波……35

2.1.4　粘扣带疵点视觉检测的图像滤波……36

2.1.5　导爆管视觉检测的图像滤波……37

2.2　图像锐化……39

2.2.1　图像梯度锐化算法原理……39

2.2.2 汽车锁扣铆点视觉测量的边缘锐化……40

2.3 图像增强……41

2.3.1 灰度变换……42

2.3.2 直方图增强……44

2.3.3 电子元器件视觉检测的图像增强……47

第 3 章 图像分割……48

3.1 边缘检测……48

3.1.1 一阶微分边缘算子……49

3.1.2 二阶微分边缘算子……52

3.1.3 形态学边缘检测……55

3.1.4 粘扣带疵点视觉检测的边缘检测……56

3.1.5 网孔织物质量视觉检测的边缘检测……58

3.1.6 导爆管视觉检测的边缘检测……61

3.1.7 电子元器件视觉检测的边缘检测……62

3.2 基于先验知识的 ROI 提取……63

3.2.1 ROI 设定方法……64

3.2.2 先验知识的表示……64

3.2.3 FPC 补强片缺陷检测的轮廓掩模……65

3.2.4 汽车锁扣铆点视觉测量的铆点 ROI 提取……66

3.2.5 TFDS 挡键故障识别的 ROI 定位……67

3.3 直方图反向投影……70

3.3.1 基于灰度的直方图反向投影算法……70

3.3.2 基于直方图反向投影的坯布疵点定位……71

3.3.3 基于灰度共生矩阵与反向投影的坯布疵点定位……75

3.4 阈值分割……80

3.4.1 全局阈值分割……81

3.4.2 局部阈值分割……84

3.4.3 导爆管视觉检测的阈值分割……84

3.4.4 坯布疵点视觉检测的阈值分割……85

3.4.5 网孔织物质量视觉检测的阈值分割……87

3.4.6 FPC 补强片缺陷检测的阈值分割……90

3.4.7 TFDS 挡键故障识别的阈值分割……91

3.5 轮廓算法……91

3.5.1 轮廓提取……91

3.5.2 连通标记……92
3.5.3 边界追踪……93
3.5.4 轮廓的几何特征……94
3.5.5 网孔织物质量视觉检测的网孔轮廓标记……98
3.5.6 电子接插件视觉检测的 Pin 轮廓定位……99
3.5.7 FPC 补强片缺陷检测的缺陷轮廓特征……104

第 4 章 图像变换……106

4.1 形态学处理……106
4.1.1 腐蚀与膨胀……106
4.1.2 开运算与闭运算……107
4.1.3 形态骨架提取……107
4.1.4 FPC 补强片激光测高的光斑定位……108
4.2 几何变换……110
4.2.1 平移、缩放与旋转……110
4.2.2 仿射变换……115
4.2.3 汽车锁扣铆点视觉测量的仿射变换……115
4.3 图像轮廓拟合……117
4.3.1 直线拟合……117
4.3.2 圆的拟合……118
4.3.3 FPC 补强片激光测高的光斑椭圆拟合……122
4.3.4 TFDS 零件轮廓的组合图元识别……124
4.4 图像的直-极坐标变换……127

第 5 章 特征提取与图像匹配……129

5.1 基于灰度的特征提取与匹配……129
5.1.1 基于灰度的模板匹配……129
5.1.2 高斯金字塔匹配……131
5.1.3 TFDS 截断塞门手把的灰度模板匹配……132
5.2 基于不变矩的特征提取与匹配……133
5.2.1 不变矩特征……133
5.2.2 基于不变矩的匹配算法……134
5.2.3 TFDS 截断塞门手把的不变矩变步长匹配……135
5.3 基于形状的特征提取与匹配……138
5.3.1 基于几何形状特征的 TFDS 截断塞门手把匹配……140
5.3.2 基于改进形状上下文的 TFDS 挡键故障识别……144

5.3.3　基于角度与尺度混合描述子的 TFDS 集尘器匹配……150
5.3.4　基于改进高度函数的 TFDS 截断塞门手把匹配……158

第 6 章　图像分析与分类……171
6.1　图像特征分类……171
6.1.1　颜色特征……171
6.1.2　纹理特征……173
6.1.3　形状特征……177
6.1.4　空间关系特征……179
6.2　SVM 分类……181
6.2.1　基于 SVM 的视觉检测分类算法……181
6.2.2　坯布视觉检测中基于 SVM 的疵点分类……184
6.3　BP 神经网络分类……188
6.3.1　基于 BP 神经网络的视觉检测分类算法……188
6.3.2　坯布视觉检测中基于 BP 神经网络的疵点分类……189

参考文献……193

第 1 章　机器视觉检测概述

自进入工业化社会以来，制造业直接体现着一个国家的生产力水平，是国民经济发展的重要支柱[1]。随着德国工业 4.0、中国制造 2025 等战略的相继出台，依托网络信息技术、大数据、云计算等技术的深度融合与集成，传统制造业正逐步迈入智能制造时代[2]。欧美传统制造业强国凭借其固有优势纷纷抢占技术制高点，同时新兴发展中国家在人力资源、原材料、环境成本等方面与我国的差距不断缩小，我国制造业发展空间正面临被逐渐挤压的态势。因此，只有不断提升制造业自动化与智能化水平才能加快我国制造业的转型升级。而作为近年来自动化领域迅猛发展的高智能化技术代表——机器视觉技术凭借其可视化优势，迅速跻身于制造业自动化的关键位置，从而极大地推动了工业发展的智能化进程。

1.1　机器视觉应用与发展

从科技发展的历程来看，人类很多科技成果的创造灵感来源于生物体的结构、功能和工作原理。人类将自身视觉系统的原理移植于视觉检测技术之中，发明了视觉传感器与机器视觉系统，并广泛应用于工业、农业、医药、军事、航天、交通、安全、科研等领域，取得了巨大的经济与社会效益。随着智能制造时代的来临，机器视觉市场潜力巨大。

1.1.1　机器视觉发展现状

视觉是人类最重要的感觉，至少有 80%以上的外界信息由视觉获得。视觉是通过视觉系统的外部感觉器官（眼）接受外界环境中一定波长范围内的电磁波刺激，经中枢有关部分进行编码加工与分析后获得主观的感受，其涉及光信号的感知与处理两方面。

与人类视觉原理类似，机器视觉主要由视觉传感器（如工业相机）代替人眼获取客观事物的图像，利用计算机来模拟人或再现与人类视觉有关的某些职能行为，从图像中提取信息，并进行处理与分析，最终用于实际的检测、测量与控制[3]。目前，国际上最为认可的一种定义来源于美国制造工程师协会（Society of Manufacturing Engineers，SME）机器视觉分会和美国机器人工业协会（Robotic Industries Association，RIA）自动化视觉分会，即“视觉检测是通过光学的装置与非接触的传感器自动地接收和处理一个真实场景的图像，以获得所需信息或用于控制机器人运动的装置”[4]。

由此可见，机器视觉是一门涉及人工智能、神经生物学、心理物理学、计算机科学、图像处理、模式识别、机械以及自动化等多个领域的交叉学科。

自20世纪50年代，应用于二维图像分析与识别的统计模式识别研究标志着机器视觉技术的起源，当时的研究主要集中在显微和航空图像的分析与理解、各种光学字符识别、工业零件表面缺陷检测等[5]。

20世纪60年代，Roberts开始研究三维机器视觉，并提出了“积木世界”理论，从数字图像中识别和提取如圆柱体、立方体等基本三维结构，并通过描述这些基本形状及其结构关系，以理解复杂的客观三维世界。随后，该理论促使人们围绕各种几何要素的分析与理解、轮廓特征提取算法等展开了深入研究[6]。

20世纪70年代中期，伴随着实用性视觉系统的出现，麻省理工学院(MIT)人工智能实验室正式开设机器视觉及其相关理论的课程，由Marr教授带领的研究小组综合神经生理学、图像处理以及心理物理学等研究成果，提出了计算视觉理论，从信息处理的角度出发给出了视觉系统研究的三个层次：计算理论层次、表达与算法层次、硬件实现层次[7]。他所提出的计算视觉理论框架奠定了机器视觉的理论基础，其出现具有极大的启发意义。

20世纪80年代，Marr的计算机视觉理论框架掀起了机器视觉的全球性研究热潮，机器视觉获得了蓬勃发展。

20世纪90年代中后期，由于小波分析等现代数学工具的出现，新概念、新方法和新理论不断涌现，机器视觉已经从最初的实验室研究阶段逐渐向实际应用阶段发展。

尤其进入21世纪以后，随着工业自动化的发展，特别是数字图像传感器、互补金属氧化物半导体(Complementary Metal Oxide Semiconductor，CMOS)和电荷耦合元件(Charge Coupled Device，CCD)摄像机、DSP、FPGA、ARM等嵌入式技术、图像处理和模式识别等技术的快速发展，视觉检测技术凭借非接触无损测量、高精度、高效率、灵活性高、稳定性好、实时性强、易于维护以及可移植性好等众多优点，其应用范围已不仅仅局限于工业，在农业、生物医学、军事与国防、航空航天、机器人导航、交通管理、出版印刷、遥感图像分析等各行各业均得到了前所未有的普及与推广。

机器视觉在国内的起步相对较晚。1990年以前，仅有些大学和研究所的实验室从事图像处理和模式识别方面的研究。20世纪90年代初，这些高校与科研院所的一些研究人员成立了自己的视觉公司，并开发了第一代图像处理产品，例如，基于ISA总线的灰度级图像采集卡，以及一些简单的图像处理软件库，但这些产品主要应用于大学的实验室和某些工业场合。于是，国内基本的图像处理和分析应用由此拉开序幕。

1990—1998年为机器视觉的初级阶段，期间真正的机器视觉系统市场销售额微乎其微，主要的国际机器视觉厂商也未进军中国市场。1998年后，随着越来越多的电子和半导体工厂落户广东和上海，大量装备着机器视觉的整套生产线与智能设备引入中国。

1998—2002 年被定义为机器视觉的引入期，期间包括 Matsushita、Omron、Cognex、DVT、CCS、Data Translation、Matrix、Coreco 等众多著名视觉设备供应商，纷纷在国内市场寻求本土合作伙伴。

2002 年之后为机器视觉的发展期，中国机器视觉呈现高速增长趋势。2010 年我国机器视觉市场规模达到 8.3 亿元，同比增长 48.2%，其中智能相机、视觉软件、光源和板卡的增长幅度均达到了 50%，皆为 2007 年以来的最高水平。2011 年我国机器视觉市场规模达到 10.8 亿元，同比增长 30.1%，其中电子制造、汽车、制药和包装机械占据了近 70%的机器视觉市场份额。

近年来，随着劳动力价格的上涨，国内制造业“人口红利”的不断消失，以及发达国家推进的“再工业化”和“制造业回归”，全球制造业高端化竞争趋势促使我国加快实现制造业从劳动密集型向资本技术密集型转变，以现代化、智能化的装备提升传统产业，以机器换人推动技术红利替代人口红利。世界经济的深度调整以及国内产业优化升级势必为机器视觉带来广阔的市场前景。此外，机器视觉系统及其部件处理能力与功能的提升，智能摄像机以及新的连接设备的出现，降低成本的同时简化了操作，从而为机器视觉技术的推广应用铺平了道路。

1.1.2　机器视觉应用分类

机器视觉检测以机器模拟人眼与人脑实施检测与控制，具有显著的优势，因此被广泛应用于各行各业。按照其系统功能与应用用途划分，机器视觉系统主要包括测量、检测、定位、识别等类型。当然这几种分类之间存在着相互重叠与交叉，并非绝对，下面以一些具体的机器视觉应用案例予以说明。

1) 测量

视觉测量主要是获取被测物体的光学图像后，利用图像处理软件自动提取被测物体的特征信息，并计算出被测物体的外观尺寸，进而指导、改进后续的生产过程与工艺。比较典型的如电子接插件的视觉测量，由于电子接插件尺寸较小，传统的游标卡尺等检测工具根本无法测量，而且接触式测量易损伤接插件表面，效率低下。因此，电子接插件厂家通常采用二次元测量仪或三次元测量仪进行样品的抽检。然而，当今客户对电子产品的质量要求越来越苛刻，低效率的抽检根本无法满足电子生产企业的品质要求。机器视觉在线测量正好解决了这一难题，由相机获取电子接插件图像，由视觉软件从电子接插件图像中识别引脚与定位基准片，提取引脚的长度、宽度、中心位置以及定位基准的坐标，进一步计算引脚的间距、共面度、正位度等，最后判断这些几何参数是否在允许的公差范围内。

由此可见，视觉测量具有非接触、高精度、高效率、避免二次损伤等特点，不仅适合于微小尺寸的精确测量，而且在恶劣的测量环境中更能发挥其优势。例如，大型锻件的尺寸测量，由于其体积较为庞大，传统的人工接触式测量方法需在高温环境下进行，恶劣的锻件加工环境易给工人带来人身伤害，且速度较慢，测量精度难以保证[8]。一旦测量不准确，锻件尺寸不满足工艺要求，则无法再回炉加热，从而造成废品。而机器视觉测量正好克服了传统人工测量的缺点。

2）检测

视觉检测主要包括完整性检测与表面质量检测两个方面。完整性检测通常用于产品装配过程中，检查被检对象的当前状态是否合格，如印制电路板上电子元器件的安放位置是否正确，是否存在漏装现象[9]。而表面质量检测侧重于检测产品表面是否存在缺陷，如纺织品表面是否存在破洞、断经、断纬、抽丝、跳纱、竹节等疵点；导爆管中填充的炸药粉末是否均匀、管径是否符合要求；印制电路板上是否存在焊点未镀金、短路、铜残、导体过细或过粗、导体剥离、保胶不良或异物、折伤、补强不良等。

视觉检测是机器视觉应用中最常见也是最典型的一类，多为合格或次品的定性判断，辅以一定的定量判别，借助尺寸测量以判定是否在允许的公差范围。

3）定位

视觉定位主要用于确定被检对象的位置信息，并利用获取的精确位置信息指导后续的加工与运动控制。该功能通常与机器人相配合，引导机器人运动或手臂的定位，实现自动组装、自动包装、自动灌装、自动焊接、自动喷涂等。例如，表面贴装技术（Surface Mount Technology，SMT）设备利用视觉定位确定印制电路板的贴片位置，然后控制吸嘴吸取待贴装元器件并放置在指定位置。根据应用的不同，视觉定位可以是二维或者三维。由于二维定位忽略了高度信息，在某些场合容易导致定位不准确，所以三维定位日益引起人们的重视。

4）识别

视觉识别主要是利用图像处理与图像分析技术提取图像中的目标信息并依据不同目标实施相关的匹配与识别，如字符识别、条码识别、纹理识别、颜色识别等。

1.1.3　机器视觉应用领域

机器视觉可用于产品的缺陷检测、尺寸测量、定位与识别，不仅能提高生产效率、减小劳动强度、提升产品品质、实现信息集成等，还可完成产品的分类与选择。因此，不同的行业、不同的领域都在尝试利用机器视觉进行技术升级与改造。

1. 在工业领域的应用

目前，机器视觉已成功应用于工业领域，大幅度地提高了产品的质量和可靠性，保证了生产加工速度。工业检测可分为高精度定量检测、定性或半定量检测。其中，定量检测包括显微照片的细胞分类、工业零件的尺寸和位置测量；定性或半定量检测包括装配生产线上的零件定位识别、产品的外观完整性检测、表面缺陷检测以及装配完全性检测等。

机器视觉的最初应用与普及主要体现在半导体与电子行业，尤其集中在印制电路板(Printed Circuit Board，PCB)组装、元器件制造、半导体及集成电路设备等方面。随着智能移动终端的广泛使用，触摸屏和微电子芯片生产企业对于产品质量检测提出了更精确、更快速的要求。1998 年，William 等首次提出了基于机器视觉理论的 Muralook 算法，按照缺陷区域对比度的高低检测薄膜场效应晶体管(Thin Film Transistor，TFT)-液晶显示器(Liquid Crystal Display，LCD)的线缺陷、块缺陷和 Mura 缺陷等 23 大类缺陷[10]。中南大学 CAD/CAM 研究所对手机软板缺陷的自动检测进行深入研究，他们采用 CMOS 摄像头采集图像，然后使用混合法完成了手机软板缺陷的在线检测[11]。厦门大学袁志伟设计了聚焦误差检测光学系统，利用差动像散原理的非连续表面的光学检测技术完成了柔性印制电路板(Flexible Printed Circuit，FPC)的检测[12]。

随着人工成本的上涨，大量依靠人工的纺织行业也迫切需要机器视觉设备以应对人力资源的短缺以及行业的竞争。EVS 公司研制的 I-Tex2000 型织物自动检验系统可实现在复杂或干扰环境下检测、跟踪感兴趣物体，凭借其关键的图像处理技术，可检测小至 0.5mm 的瑕疵，检测速度可达 150m/min，检测幅宽可达 330cm[13]。Uster 公司的 Fabriscan 织物自动检验系统可实现平纹坯布、玻璃纤维织物与牛仔布的检验，可根据织物密度、疵点类型或待检测的纺织工序选择照明类型[14]，并结合神经网络技术实现可靠且可重现的疵点识别，可依据单位长度疵点的数量、密度以及扣分制度自动评定产品等级，且其检测速度可达 120m/min，检测率可达 90%，满足实际生产的要求。Barco 公司的 Cyclops 织机检测系统与 EVS、Uster 公司产品不同，其借助相机从左至右的往复运动实现织物图像的获取，然后采用图像处理技术分析织物图像中的疵点[15]，其扫描速度可达到 54cm/s，检测幅宽可达 500cm，疵点检测率为 80%。葡萄牙国家工业技术及工程局(INETI)开发的基于机器视觉的工业腈纶质量控制系统 INFIBRA，利用视觉测量各条腈纶带的宽度及其之间的间隙，及时发现腈纶带的断裂、分叉与缠绕等故障[16]。国内相关研究也不逊色，湖北工业大学自主研发的粘扣带外观疵点自动检测与评价系统[17]是一套自动化无损检测设备，可实现粘扣带疵点的自动检测与分类，按要求实现故障停机、打标等操作，检测速度最高可达 200m/min，检测精度为 0.5mm，疵点识别率在 95%以上，打破了国外检测技术垄断的局面，填补了国内空白，且设备维修方便，价格比国外更合理，不仅适合粘扣带生产的优势企业，还适合中小型企业。宏翔机电科技有限责任公司的 CI-10 型织疵自动检测机是一套基于机器视觉的编织疵点与工艺疵点自动图像检测装置，其检测速度可达 100m/min，检测精度为 0.5mm，检测宽度为 120～320cm。

机器视觉在机械制造业的应用也越来越广泛，利用计算机取代人眼进行目标识别与精密测量，特别是一些环境恶劣、难以采取人工监控的工作场合，必须依靠机器视觉技术实施作业[18]。零部件视觉测量系统包括计算机处理系统、CCD 摄像机以及光学系统[19]，通过向被测量零件照射平行光束，利用显微光学镜放大零件边缘轮廓后，再使用 CCD 摄像机成像输入计算机处理系统进行图像数据处理，得出零件边缘轮廓的精确位置。该系统对于大批量生产零件的测量检查，尤其是形状简单、体积较小的零件测量具有突出优势。此外，机器视觉技术能够探测零部件的表面缺陷[20]。由天津大学精仪学院和南京依维柯汽车有限公司车身厂共同研制成功的"依维柯白车身二维激光视觉检测系统"，采用激光技术、CCD 技术，利用基于三角法的主动和被动视觉检测技术实现被测点三维坐标尺寸的准确测量，将以前需近 6h 左右完成的汽车白车身检测缩短为 7min；整个测量系统稳定可靠、柔性好、软件灵巧，可适用于不同车型，提高功效近百倍，大大缩短了我国汽车行业同国外的差距，为国内汽车行业提供了新的检测手段，且每套系统可节省人民币 1500 万元[21]。Cano 等提出了采用机器视觉与加速度传感器相结合的机床弹性变形预测方法，用于标定运行部件的振动[22]。Derganc 等设计了基于机器视觉的轴承质量检测系统，借助 Hough 变换和线性回归检测轴承滚针的长度与偏心缺陷，从而判定轴承质量的好坏[23]。

另外，在矿业、玻璃、印刷等其他工业领域也有广泛应用。中南大学的阳春华等借助计算机视觉测量矿物浮选泡沫的颜色与尺寸，克服了人工浮选的主观性，使选矿过程最优化[24]。华中科技大学针对玻璃行业设计了基于机器视觉的浮法玻璃在线质量检测系统[25]。Adamo 等开发了一个基于机器视觉的色丁玻璃在线缺陷检测原型系统，采用阈值分割实现边界的检测，Canny 算法实现缺陷识别，其能识别的最小缺陷宽度为 0.52mm，每帧(玻璃尺寸为 1200×400mm)图像的处理时间为 180s，满足了玻璃自动生产线的实时性要求[26]。

2. 在农业领域的应用

随着现代农业的发展和新技术的不断涌现，机器视觉技术在农业领域的应用日趋广泛。由于机器视觉在一定程度上能模拟并超越人眼，对农产品的形貌特征和尺寸等几何量进行实时、在线测量，同时更具有无损、高效和高精度等优点，所以在农业自动化和智能化作业方面发挥了重要作用。

农业机器人作为现代化农业的重要标志，在许多农业活动中发挥着重要作用。配备机器视觉的农业机器人，如苹果、番茄、黄瓜、茄子、柑橘和蘑菇等收获机器人、喷药或施肥机器人以及嫁接、移栽机器人等，不但减轻了劳动强度，而且大大提高了生产效率。陈勇等开发了基于机器视觉和模糊控制原理的精确农药可变量喷雾控制系统，能够融合树冠面积和距离信息，对树木大小和距离进行测量，进而选择不同的喷头组合以控制喷雾系统的流量和喷头射程，最终实现对树木目标的精确、智能喷雾，大大减少了农药使用量[27]。

机器视觉方法可精确检测叶面积、株高和茎粗等外部生长参数以衡量植物生长状况。谭峰等提出了基于双线性映射的大豆叶面积无损测量法，该方法不受叶片大小、形状差异、叶片纹理与周边白色背景的影响，且精度可达 99%以上[28]。运用机器视觉技术，采集水果图像，提取出水果的大小尺寸、颜色、果形、果面缺陷和损伤状况等特征参数，以及成熟度等内部品质对水果进行自动分选与分级处理，以提高水果的商品价值，克服人工分选效率低、易受工人主观因素影响、分选精度不高的缺点。在种子筛选与质量评价方面，机器视觉技术也存在大量应用。通过采集种子图像，提取种子的尺寸、形状、颜色、胚芽位置、胚芽形状以及大小等特征参数，分辨出不同的种子品种，并检测种子上的裂纹、破损以及霉变等情况，从而评定种子的纯度和发芽能力。利用机器视觉技术检测大米的垩白度、垩白粒率、黄粒米和粒型等参数，实现大米质量的评判和精选。

此外，机器视觉在农产品加工时异物的检测与剔除等方面也发挥着重要作用。由于大部分农产品都生长在野外，不可避免地会掺杂进某些杂质，对农产品的质量造成较大影响，尤其是棉花和烟草。棉花中即使掺杂的布片、绳头、塑料薄膜、丙纶丝和毛发等杂质很少，但在纺纱过程中一旦遇到就会立即断线，严重影响了皮棉的精纺性能。而混在烟叶中的杂物及霉烂烟叶等将使卷烟产品的质量大打折扣。因此，在其生产环节利用机器视觉技术，采集棉花或烟草的图像，通过图像处理算法识别出其中的杂质或劣质部分，并予以剔除，将极大地提高产品质量，而这些工作依靠人工是很难完成的[29]。

3. *在军事与航空航天领域的应用*

视觉检测在军事与航空航天领域有着重要应用，从导弹制导、目标探测到敌我识别、武器检测，到处都有机器视觉技术的身影。目标识别与精确制导技术在现代战争中具有重要意义[30]。早期的精确制导技术主要包括有线指令制导、微波雷达制导、电视制导、红外非成像制导、激光制导等，但这些制导技术易受各种气候及战场情况的影响，抗干扰能力差。而新的红外成像制导是利用红外探测器探测目标的红外辐射，以捕获目标红外图像，可克服电视制导系统难以在夜间工作和低能见度下作战的缺点[31，32]。视觉检测可借助同时获取的同一场景的两幅图像，以恢复场景的三维信息，进而识别目标。自动导航装置将立体图像和运动信息进行组合，并与周围环境自主交互，应用于无人汽车、无人飞机、无人战车等。目前国内外均对视觉检测自动判靶技术进行相关研究，如美国的 Advanced Target Scoring & Reporting System，芬兰的 Noptel ST-2000 Sport，我国西安电子科技大学研究的基于图像识别技术的射击竞赛自动判靶系统等。另外，机器视觉采用 CCD 传感器检测火炮、枪械等武器装备内膛疵病，测量火炮身管膛线的宽度和角度等参数，保证武器装备的质量[33, 34]。而在弹药测试方面研究较多的是运用机器视觉技术检测弹药外观等。

4. 在民用领域的应用

视觉检测技术在民用领域可用于物流、智能交通、安全防范和身份验证等。例如，在电动汽车充换电站，利用视觉检测技术通过相机拍摄汽车电池图像，辅助机器人完成取放电池的功能。货车故障轨边图像检测系统[35]（Trouble of Moving Freight Car Detection System，TFDS）利用轨边高速摄像技术，拍摄途经货车的转向架、制动装置、车钩缓冲装置、车底架以及车体两侧等关键部位的动态图像，通过光纤网络传输到列检所，由人工识别辅以计算机图像自动识别的人机结合方式检查铁路货车故障，并及时通知室外检车员实施处理，以保障货车运输安全。北京航空航天大学张广军等利用 Haar 特征提取枕簧特征，应用 AdaBoost 算法构建层叠分类器，剔除无枕簧故障的图像以减少人工待识别图像数量[36]。哈尔滨工业大学蒋春明针对关门车和交叉杆两类故障的特点，采用窗口灰度映射算法实现故障部位的精确定位与分割，以提取灰度梯度特征实现故障识别[37]。哈尔滨铁路局科研所赖冰凌与北京交通大学王新宇采取 Relief 算法对梯度-共生矩阵的 15 个特征进行选择，并借助模板匹配技术实现了关门车故障的自动识别[38]。针对 Relief 算法在训练伪属性时盲目性选择的缺点，郑州大学范文兵等提出了基于自适应划分实例集的 Q-relief 算法，并成功运用于枕簧故障自动识别[39]。上海交通大学刘满华等以图像的方向场进行模板匹配，实现了紧固件的高效识别[40]。Velastin 等提出基于运动图像处理的地铁站危险预警系统，以克服单人观察上百个摄像机易漏检及响应慢等缺点[41]。

总之，在视觉检测赖以普及发展的诸多因素中，有技术层面的，也有商业层面的，但制造业的需求起决定性作用。制造业的发展，带来了对视觉检测需求的提升；也决定了视觉检测将由过去单纯的采集、分析、传递数据、判断动作，逐渐朝着开放性的方向发展，这一趋势也预示着视觉检测将与自动化更进一步融合。当前，视觉检测的应用还主要针对于一些效益较好的企业，而对于其他企业而言，推广和普及视觉检测系统是一个循序渐进的过程，因此需要视觉检测企业去积极推广普及视觉检测的知识和理念，主动帮助企业寻求视觉系统在各个生产环节上的应用，或通过参加各大企业所在的行业协会去了解相关行业的视觉系统需求和发展现状等。同时，随着计算机技术日新月异的发展，视觉检测也亟需新的技术不断更新。

另外，由于目前国内的视觉检测企业大多数以代理国外产品为主，拥有自主知识产权技术的厂家很少。如果不能掌握核心技术，不仅在技术上没有主导权，在市场上也将丧失话语权。因此国内本土视觉检测企业的产业升级变得愈加紧迫。

1.2　视觉检测原理与软件体系

在阐述机器视觉检测原理的基础上，介绍机器视觉检测系统的组成模块及其功能，并给出常用视觉检测软件的体系结构。

1.2.1　视觉检测工作原理

机器视觉检测系统通常采用图像传感器获取待检测对象的图像数据，将其转化为数字信号，再应用图像处理与分析方法对待检测对象进行识别与测量，最后根据事先制定的响应策略快速显示图像、输出检测数据、发布指令，并由执行机构配合完成位置调整、好坏筛选、数据统计等自动化流程。与人工检测相比，视觉检测的最大优点是精确、快速、可靠以及信息数字化。

依据图像采集与图像分析在时间上的连贯性以及视觉检测与控制响应的时效性不同，机器视觉检测系统可以分为在线检测与离线检测两大类。在线检测强调从图像采集到图像分析，再到控制响应是一个连贯的过程，讲究其整个流程的处理时间和效率，实时性是其重要的性能指标。而离线检测系统的图像采集与图像处理大多分离，对图像处理、分析的效率没有苛刻要求，通常也不需要控制响应环节。由于在线视觉检测系统相对复杂，并包括了从检测到控制的全过程，所以在此主要以在线视觉检测系统为例进行讨论。

通常在线机器视觉检测系统工作原理如图 1.1 所示，主要由工业相机、光源、图像采集模块、图像处理设备、机器视觉检测系统软件以及控制响应模块等组成。其具体工作流程如下。

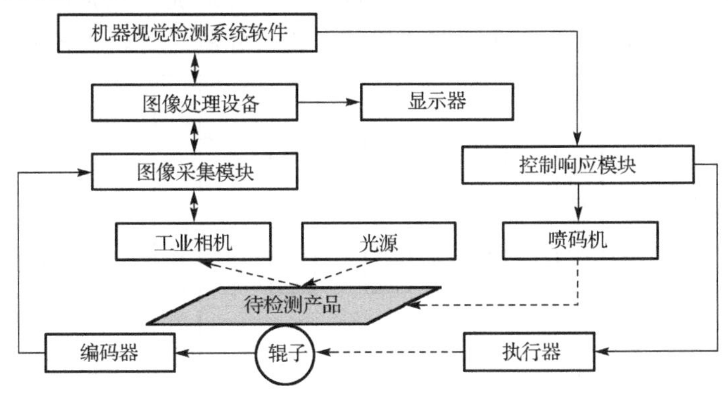

图 1.1　机器视觉检测系统工作原理图

(1) 待检测产品随着辊子的旋转顺序经过光源与工业相机所构成的成像系统，编码器检测辊子的转速并反馈给图像采集模块，图像采集模块依据事先设定的相机参数配置由编码器信号触发的工业相机(CCD 或 CMOS 相机)以获取待检测产品的图像。

在此过程中，面阵相机和线阵相机的成像方式稍有不同。对面阵相机而言，当检测产品进入成像系统的视场中，一般会触发工件定位检测器发出信号给采集模块，再由采集模块触发相机获取一帧图像。有时为了给成像系统补光增加成像效果或者采用频闪灯获取高速运动产品的图像，图像采集模块通常会根据系统事先设定的延时程序，分别向照明系统和相机发出触发信号，使得相机曝光时间与光源照射时间相匹配。

而对线阵相机而言，由编码器对应的每个相机触发信号只是触发相机获取正对线阵 CCD 的一列图像像素，当辊子带动待检测产品连续经过线阵相机时，编码器产生的与待检测产品运行线速度相一致的触发信号将触发相机连续扫描，以达到对待检测产品整个表面的均匀检测，并把一行一行的图像拼接成一帧图像。

(2) 由相机或采集模块完成图像的数字化与相关预处理后，图像采集模块借助计算机总线把图像快速存储在图像处理模块的内存中。

(3) 图像处理设备中运行的机器视觉检测系统软件对接收的图像进行最终处理、识别与分析，并生成逻辑控制值及测量结果。

(4) 经图像分析获得的数据结果，将用于控制生产线的运动，并可依据用户需要由控制响应模块控制喷码机对产品缺陷位置等信息进行标注与定位。

从上述的视觉检测流程来看，机器视觉检测系统是一个十分复杂的系统。由于机器视觉系统检测的对象大多是运动目标，系统与运动目标协调动作尤为重要，这就要求系统各部分的执行时间和处理速度有很高的匹配度。

1.2.2　视觉检测中图像处理流程

机器视觉检测是一个系统工程，涉及大量硬件与软件系统，计算机中的图像处理与分析是整个视觉检测的关键步骤。一般的图像处理流程包括图像预处理、边缘检测、图像分割、特征提取、目标识别与分类或尺寸测量等，如图 1.2 所示。

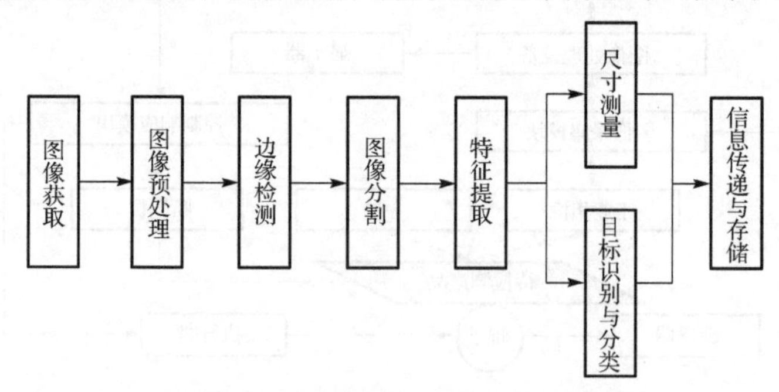

图 1.2　视觉检测中图像处理流程图

1) 图像预处理

由于数字图像采集不同于传统照片拍摄，在采集与传输等环节极易受到干扰，这些干扰将在所得的数字图像中形成噪声，进而对图像数据的处理与识别造成影响。

因此，为了有效改善所获取图像质量，一方面可在硬件上增加电子屏蔽，另一方面主要通过相应的图像预处理手段以消除噪声干扰。

另外，预处理导致的图像劣化问题，或采集环节中光照、环境等原因造成图像质量较差，这些因素也会直接影响后续的图像识别与分析。而图像增强针对给定图像的应用场合，有目的地增强图像的整体或局部特征，将原来不清晰的图像变得清晰，或者突现某些感兴趣的特征，扩大图像中不同物体特征之间的差异，抑制不感兴趣的特征，以改善图像质量、丰富图像信息量，改善后续图像分析与识别的效果。

2) 边缘检测

为了提取图像中感兴趣的目标，首先需要圈定感兴趣目标的区域，以减少多余信息对目标识别的干扰，同时提高计算效率。边缘检测常用于剔除图像中的不相关信息，保留图像中重要的结构属性，并借助图像信息深度上的不连续性、表面方向的不连续性、物质属性变化以及场景照明的变化来标识图像中亮度变化明显的点集。

3) 图像分割

虽然图像中目标与背景大多混杂在一起，人脑却能轻易、快速地完成目标分割、提取与识别的整个过程，但是计算机却很难做到这点。图像分割将数字图像以一定标准分割成若干个特定的、具有独特性质的区域，是由图像处理到图像分析的关键步骤。现有的图像分割方法主要包括基于阈值的分割方法、基于区域的分割方法、基于边缘的分割方法以及基于特定理论的分割方法等。

4) 特征提取

经图像分割后，目标与背景得以分离，但此时可能出现特征信息断裂、离散程度过大等问题。特征提取通常首先将经图像分割而离散的特征信息进行聚类，避免因信息离散而导致的特征信息提取不准确，影响后续处理。准确聚类后，再提取诸如边界、斑点等信息，以便后续的目标识别或尺寸测量。

5) 目标识别与分类

目标识别与分类是对整个系统智能化要求最高的环节，它是模拟人对目标的判断，属于图像理解这一较高层次。常用的目标识别方法主要有基于传统模板匹配的识别方法与基于统计的模式识别方法。神经网络分类器等一系列方法是目前目标识别与分类研究领域的核心方法。

6) 尺寸测量

多数视觉检测系统都需要基于尺寸测量进而作出判别，如缺陷的尺寸及其种类、位置信息等都是视觉检测系统所必需的，这些量化的指标一同决定着待检测产品的质量优劣。

7) 信息传递与存储

经过以上图像识别与分析流程，缺陷信息均已确定，这些信息将可用于系统控制或形成检测报告，完成检测过程。

1.2.3 视觉检测软件体系

视觉检测设备包括相应的软件和硬件系统。视觉检测硬件系统通常因检测对象和使用环境而异，但其软件系统体系结构基本相同，如图 1.3 所示。

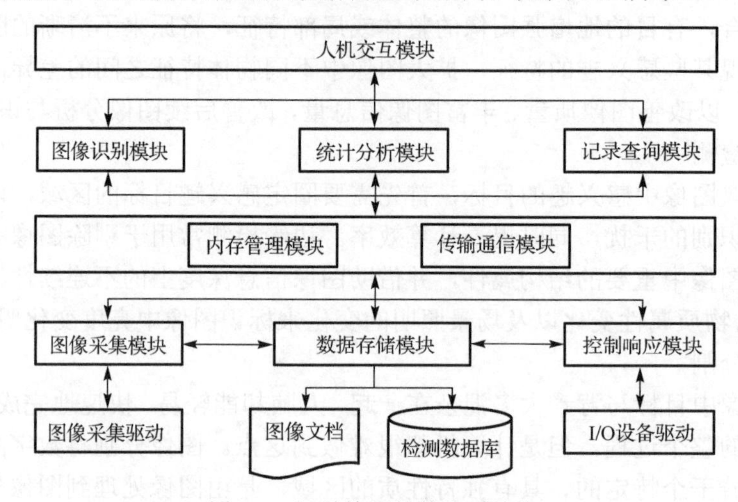

图 1.3 视觉检测软件体系结构

机器视觉检测系统按照其功能分为以下模块：图像采集模块、数据存储模块、控制响应模块、内存管理模块、传输通信模块、图像识别模块、统计分析模块、记录查询模块以及人机交互模块。这些模块分属于硬件相关层、中间平台层、应用处理层、人机交互层。其中，硬件采集模块、数据存储模块与控制响应模块属于硬件相关层，主要负责与图像采集设备、文件与数据库系统、I/O 控制设备交互，完成图像采集、数据存储与外部控制功能；内存管理模块与传输通信模块属于中间平台层，负责内存管理、数据通信与共享；图像识别模块、统计分析模块、记录查询模块属于应用处理层，负责图像的分析与理解、检测数据的统计与分析、产品数据的记录与查询；人机交互模块属于人机交互层，负责检测系统的界面显示、用户的输入与输出。

1) 图像采集模块

图像采集模块借助图像采集设备驱动所提供的接口来获取待检测产品的图像。其流程如下：首先通过数据存储模块获取图像采集配置参数，接着初始化图像采集设备或接口，设置图像缓冲区，然后依次从内存管理模块申请相应的内存块，并为图像缓冲区命以相应的、不重复的名称，配置图像采集的触发信号。当接收到指定触发信号后，图像采集模块开始采集图像并转存到当前的图像缓冲区。

2) 数据存储模块

数据存储模块实现检测数据库与图像文档的访问接口。图像文件通常为大容量的二进制文件，全部写入数据库不太合适。故采用数据库保存检测参数与统计结果数据，而缺陷信息对应的图像文件保存在指定的文件系统中。为了方便其他模块透明地访问数据库与图像文件系统，数据存储模块向上提供访问数据库与文件系统的读写接口，向下实现对数据库与文件系统的读写操作。

3) 控制响应模块

控制响应模块负责对图像识别模块的结果进行响应，依据从检测数据库读取的控制策略与用户设定参数，实现停车以方便人工对次品的手动操作，或者在不停机的情况下自动打标或喷码以标示缺陷位置和类型。通常可直接由图像处理设备或计算机通过 I/O 和通信接口发送控制指令给外部控制器或 PLC 等，再由这些控制器控制生产线上的电机、变频器或其他执行机构。

4) 内存管理模块

视觉检测系统通常都涉及图像的采集、识别与保存等模块，图像需要在这些模块之间同步与共享。由于图像缓冲区容量较大，数量较多，且分配频繁、快速，传统的需要临时分配、使用后释放的模式必然导致内存碎片与效率低下。为了提高图像共享的效率与可靠性，设计基于内存池模式的内存管理模块，为图像采集模块、图像识别模块、统计分析模块与记录查询模块等提供透明的、高效的访问接口。

5) 传输通信模块

视觉检测系统中各个模块之间的交互与数据共享都通过传输通信模块实现，主要包括：图像采集与图像识别模块之间的图像传输协议，如 Camera Link、USB、IEEE 1394 等；图像识别模块与控制响应模块之间的控制指令传输，如串口、以太网、Modbus 等各种工业现场总线等。另外，当采用分布式视觉检测体系结构时，视觉检测主机和各个客户机之间的数据传输与共享也必须依靠高可靠性与传输效率的网络系统。

6) 图像识别模块

图像识别模块是整个视觉检测系统的核心模块，主要实现图像识别参数配置、图像预处理、图像增强、边缘检测、图像分割、特征提取、图像分析、目标识别、图像测量、相机标定等功能。一般视觉检测系统可以分为自动检测和离线检测两部分，且两者互不干扰地共享图像识别模块的所有功能。一般产品的实时检测靠自动检测来完成。离线检测主要以人工手动检测为主，用来离线分析典型的产品实例或调整图像识别参数等，以拓展视觉检测系统的功能。同时，离线检测所作的参数改变能以动态节点的方式传到自动检测过程，以同步自动检测的识别参数。

7) 统计分析模块

统计分析模块依据图像识别模块所给出的缺陷信息与统计特征，借助数理统计方法对生产过程进行分析评价，从反馈信息中及时挖掘系统性因素出现的征兆，并采取一定措施消除其影响，使生产过程维持在仅受随机性因素影响的受控状态，以达到控制产品质量的目的。

8) 记录查询模块

图像采集模块、图像识别模块以及控制响应模块都会产生大量的图像、特征值、控制变量、检测量状态值、生产线信息以及产品质量检测信息等。这些信息和数据都是重要的生产数据和产品质量追溯信息，有必要记录在产品数据库中，以方便日后的查询和产品追踪。该记录查询模块也可集成到整个企业的企业资源计划(Enterprise Resource Planning，ERP)等信息系统中，实现视觉检测系统与售前售后的信息共享和产品质量追踪。

9) 人机交互模块

人机交互模块是用户与视觉检测系统交流并进行操作的可视化平台，为操作人员提供视觉检测系统参数配置、检测图像实时显示、外部 I/O 设备控制、信息查询与显示等接口。

1.3 视觉检测算法的研究现状

视觉检测主要通过计算机来处理从不同传感器获取的数据对象，它涉及多学科，需要使用不同的技术和专业知识。当前视觉检测系统面临的挑战主要为：图像特征数据被外界噪声干扰影响，使得算法检测准确率不高；在复杂多变的背景环境中，视觉检测的识别率和检测效率有待修正，同时还要求算法具有实时处理能力。为了解决上述问题，现代化的视觉检测系统采用了基于模型的视觉技术，以知识为基础的技术和自适应学习技术。

视觉检测算法基于输入数据的不同分为两类：输入数据是图像对象以及输入数据是图像特征。输入数据是图像对象在实际生活中有广泛的应用，因为其结构简单，算法实现方便，但是算法本身对样本库的存储空间要求高，算法的时间复杂度高，所以在大型的工业应用中较少采用。将待检测图像作为输入数据，将图像经过滤波处理、锐化处理、增强图像对比度处理等预操作后，对图像进行分割、变换、特征提取与匹配，最后进行分类检测处理。其中，图像分割包括多种经典或改进的边缘检测、轮廓算法、阈值分割等算法；图像变换主要包括形态学处理、几何变换等算法；常见的特征提取与匹配算法有基于灰度特征、纹理特征、不变矩和形状特征等。输入数据是图像特征很受研究人员的重视，主要是由于算法的检测效率较高，执行时间复杂度较低，对于复杂背景下的图像对象可以方便地提取出特征，计算量比前一种算法要小。对待检测的图像提取出样本特征后，将特征作为输入数据，再将图像特征进行分类检测处理。特征分类算法主要有非机器学习的特征分类、支持向量机(Support Vector Machine，SVM)分类、BP(Back Propagation)神经网络分类等。此类算法适应性强，可以广泛应用于实际工程，算法自学习能力强，即使有些类别不存在于样本库的样本中，也可以进行学习和训练。

机器视觉检测的对象不仅千差万别，而且检测目的也不尽相同。农产品如柑橘、玉米等通常是检测其成熟度、大小以及形态等，工业产品如机械零部件、印刷电路板通常是检测其几何尺寸、表面缺陷以及位置关系等，而且不同的应用场合需要采用不同的检测设备和检测方法。例如，对检测精度要求高的，需要选择高分辨率的相机与处理算法；当检测产品的彩色信息时，需要采用彩色相机与颜色特征提取算法。正是由于不同检测环境的特殊性，目前世界上还没有一个适用所有产品的通用机器视觉检测系统，不同的检测对象与应用场合需要不同的视觉检测算法，但通常包含预处理算法、图像分割算法、图像变换算法、图像特征提取与匹配算法、图像分析与分类算法等中的一个或多个组合。以下分别对这几类算法的研究现状予以介绍。

1.3.1　预处理算法与应用

1. 图像滤波

图像滤波是图像预处理中不可缺少的操作，在尽量保留目标图像细节特征的前提下对图像中的噪声进行抑制，其处理效果的好坏将直接影响到后续图像处理与分析的有效性和可靠性。

由于成像系统、传输介质和记录设备等的不完善，数字图像在其形成、传输与记录过程中往往会受到多种噪声的污染。另外，在图像处理的某些环节，当输入的对象未达到预期时也会在结果图像中引入噪声。这些噪声在图像上常表现为一些引起较强视觉效果的孤立像素点或像素块。噪声信号一般与要检测的目标对象不相关，以无用的信息形式出现，扰乱图像的可观测信息。对于数字图像信号，噪声表现为或大或小的极值，这些极值通过加减作用于图像像素的真实灰度值上，在图像上造成亮、暗点干扰，极大地降低了图像质量，影响图像分割、特征提取、目标识别等后继处理。好的滤波方法必须在有效去除目标和背景中噪声的同时，能很好地保护图像中目标的形状、大小以及特定的几何和拓扑结构特征。

图像滤波分为空间域滤波和频率域滤波。目前使用较为广泛的有中值滤波、均值滤波、高斯滤波、K 最近邻(K-Nearest Neighbor，KNN)滤波、梯度倒数加权平均滤波、最大均匀性平滑滤波、低通空域滤波等。从实际应用来看，不同的噪声产生原因不同，每种滤波器对不同噪声的滤波效果与处理速度也不尽相同，因此没有所谓的最优滤波器，只有根据具体的滤波要求选择相对较好的滤波器。例如，广东省生态环境与土壤研究所吴乐芹通过对比得出基于频域的高通滤波器最适合于城市道路卫星遥感图像的线状物识别，与其他方法相比，高通滤波在保留图像高频信息的同时，消除了图像中的低频成分，强调了空间细节[42]。安徽省水利科学研究院余金煌等在高密度电法图像处理中应用小子域滤波方法，显著增强了图像的可读性和显示精度，使大坝监测中抛石体的顶、底界面更加清晰[43]。湖北工业大学研究人员针对粘扣带疵点检测提出了一种基于均值的自适应滤波器[44]，针对导爆管自动检测采用了均值滤波器[45]，均较好地解决了图像采集过程中出现的噪声影响。

2. 图像锐化

图像平滑预处理往往使图像的边界、轮廓变得模糊，为了减少这类处理的不利影响，可利用图像锐化技术使图像的边缘、轮廓线以及图像的细节变得清晰。从空间域考虑，经过平滑后的图像变模糊的根本原因是图像受到平均或积分运算的影响，因此可以对其进行微分逆运算以使图像变得清晰。从频率域考虑，图像模糊的实质是其高频分量被衰减，因此可以采用高通滤波器来使图像清晰。例如，第二炮兵工程大学张利民等提出了一种 Roberts 和 Laplacian 相结合的图像锐化混合算法并应用于金属裂纹检测，有效地识别裂纹的宽度等有效信息，为下阶段金属裂纹参数分析与金属性能判断提供依据[46]。宁波大学李均利等将模糊原理和小波变换运用于医学图像锐化上，其锐化增强效果更加明显[47]。湖北工业大学在汽车锁扣铆点的视觉检测中，采用图像梯度锐化法取得了良好效果[48]。

3. 图像增强

图像增强针对给定的图像，有目的地强调图像的整体或局部特性，将原来不清晰的图像变得清晰或强调某些感兴趣的特征，扩大图像中不同对象特征之间的差别，抑制不感兴趣对象的特征，改善图像质量、丰富信息量，加强图像判读和识别效果，满足某些特殊分析的需要。

根据增强处理过程所在的空间不同，图像增强技术可分为基于空域的算法和基于频域的算法两大类。基于空域的算法分为点运算和邻域去噪算法。点运算即灰度级校正、灰度变换和直方图修正等，使图像成像均匀，或扩大图像动态范围、扩展对比度。基于频域的算法是在图像的某种变换域内对图像的变换系数进行修正，是一种间接增强的算法，如高通滤波等。例如，西昌卫星发射中心陈洪等针对高空观测图像目标尺寸小、信噪比低以及背景和杂波干扰严重的问题，提出了一种基于背景和杂波抑制的星空图像增强方法，增强了目标的对比度，使得观测目标的细节更加清晰可辨[49]。浙江大学赵欣慰提出了一种基于不同光波长衰减的水中图像增强算法，该算法使用 RGB 颜色通道的不同传输图，分别对不同波长光的衰减进行补偿，基于暗原色先验原理和无穷远处背景光与水体固有光学参数的关系估计出三个颜色通道的传输图，最终对水下成像模型进行逆求解来获得有效场景辐射，达到图像增强的目的[50]。

1.3.2　图像分割算法与应用

1. 边缘检测

图像属性的显著变化通常反映了属性的重要事件和变化，包括深度上的不连续、表面方向不连续、物质属性变化和场景照明变化。边缘检测标识数字图像中亮度变化明显的点，剔除不相关的信息，可以大幅度减少图像数据量，保留图像中重要的结构属性，是图像处理和计算机视觉中，尤其是特征检测中一个重要的研究领域。大多数边缘检测方法可分为基于查找和基于零穿越两类。基于查找的方法是通过寻找图像一阶导数中的最大和最小值来检测边界，通常将边界定位在梯度最大的方向。基于零穿越的方法是通过寻找图像二阶导数零穿越来寻找边界，通常是 Laplacian 过零点或者非线性差分表示的过零点。目前较为常用的有 Sobel 边缘检测、高斯拉普拉斯边缘检测、Canny 边缘检测和形态学梯度边缘检测。随着近年来人工智能的快速发展，机器学习也被应用于边缘检测中，如张永红等提出了一种基于 Hopfield 神经网络的边缘检测方法[51]。Ruzon 等提出了罗盘彩色图像边缘检测算子[52]。另外，矢量运算法也被运用在边缘检测上，并取得了良好效果。

2. 二值化

二值化也是图像分割的一种方法。在图像进行二值化时，把大于某个临界灰度值的像素灰度设为灰度极大值，把小于这个值的像素灰度设为灰度极小值，从而实现图像二值化操作。根据阈值选取的不同，二值化算法分为固定阈值和自适应阈值。比较常用的二值化方法有双峰法、P 参数法、迭代法和大津法(Otsu)等。国外有学者对多种阈值算法进行对比研究，如 Sezgin 等分别对 40 余种局部阈值化方法的性能进行对比分析，指出 Sauvola 方法与 White 方法的性能要优于其他的局部二值化方法，但处理速度较慢[53]。

3. 轮廓算法

轮廓往往携带着一幅图像的大部分信息，可认为是目标的形状，也是对目标范围的二值图像表示，是最基本的、有感知意义的特征之一。轮廓信息具有不变性，对光照变化不敏感，而且目标在运动过程中，通常能保持其形状，在边缘走向上对误差不敏感，因此经常被应用到较高层次的图像分析中。它在图像识别、图像分割、图像增强以及图像压缩等领域具有广泛应用，也是图像处理的基础。轮廓既存在于图像的不规则结构和不稳定形式上，又存在于信号的突变点处，这些点给出了图像轮廓的位置。经典的轮廓提取技术大多基于微分运算。首先通过平滑来滤除图像中的噪声，然后进行一阶微分或二阶微分运算，求得梯度最大值或二阶导数的过零点，最后选取适当的阈值来提取边界。轮廓处理技术在图像处理领域有着广泛的应用，Kass 等根据经典力学思想所提出的主动轮廓模型(又称 Snake 模型)就是图像变形模板技术的一个成功实践[54]。

4. 直方图反向投影

所谓反向投影就是首先计算输入图像某一特征的直方图，然后用输入图像某一位置上的特征值对应于直方图中 bin 的值来代替该特征值，最后对其归一化就可以得到其反向投影图。这个特征对灰度图像而言，可以是灰度像素值；对彩色图像而言，可以是色调和饱和度；还可以是 x-差分、y-差分、Laplacian 滤波器和有向 Gabor 滤波器等中的一个或多个。用统计学术语可表述为：输出图像像素点的值是观测数组在某个分布(直方图)下的概率。因此，该方法适用于纺织品等具有规则纹理的产品缺陷识别，通过反向投影特征统计屏蔽图像中的周期性背景纹理，实现缺陷目标的图像分割。

5. 基于先验知识的 ROI 提取

基于先验知识的 ROI 提取包含两个主要的阶段。

(1)学习阶段：通过样本学习的方法定义感兴趣对象并提取与之相关的先验知识，如对象的形状信息与表观信息等。在此阶段，从大致对应的感兴趣对象的正样本中，学习一个关于此类对象的活动基模型和对应的形状草图模板，同时对对象的表观信息进行统计，获得感兴趣对象的形状和表观先验信息。

(2)提取阶段：将感兴趣对象的先验知识应用到统计推理机制中，综合检测和分割进行感兴趣对象的提取。在此阶段，用学习得到的活动基模型进行初步检测以确定候选区域；然后，对候选区域进行基于统计马尔可夫链蒙特卡罗推理方法的图像分割，并选取具有最大后验概率的分割结果作为最佳输出结果。

本方法的两个阶段有机结合在一起，构成一个整体。在学习阶段获得的先验知识可以使目标模式(感兴趣对象)更明确，并指导提取阶段的统计推理过程。因此，该方法能较精确地提取感兴趣目标。基于先验经验的感兴趣区域提取在生物医学方面有着重要应用，如清华大学关鑫龙等针对 SPECT 心肌重建图像提出了左心室长轴自动定位方法，利用先验知识与约束条件自动提取三维感兴趣区域(Region of Interest，ROI)，排除其他器官与噪声的干扰，继而进行下一步操作[55]。

1.3.3 图像变换算法与应用

1. 形态学处理

图像形态学处理是建立在图论和拓扑学基础之上的一种图像分析方法。其基本的运算包括二值腐蚀和膨胀、二值开闭运算、骨架抽取、极限腐蚀、击中击不中变换、形态学梯度、Top-hat变换、颗粒分析、流域变换、灰值腐蚀和膨胀、灰值开闭运算、灰值形态学梯度等。图像形态学处理在医学影像学方面有着重要应用，如Abdel-Dayem等[56]为了克服超声波图像噪声等干扰因素的影响，运用形态学理论提取颈动脉血管，不仅节约了开支，而且避免了复杂的准备工序。

2. 几何变换

图像几何变换通过建立数学模型来描述图像位置、大小、形状等变化。在实际场景拍摄的一幅图像，如果画面过大或过小，则需要进行缩小或放大。当拍摄时景物与摄像头不相互平行，就会发生一定程度上的几何畸变，如会把一个正方形拍摄成一个梯形等。这就需要进行相应的畸变校正。在进行目标物匹配时，需要对图像进行旋转、平移等处理。另外，在进行三维景物显示时，需要实现三维到二维平面的投影建模。因此，图像几何变换是图像处理与分析的基础。几何变换在医学领域的应用非常重要，它可以帮助外科医生有效地进行手术前的准备，如Azrulhizam等研究出可用于植入物操作的几何变换算法，以获得患者最佳位置的X射线图像[57]。

3. 图像轮廓拟合

在数字图像处理过程中，形状是物体的一种重要特征，其主要信息蕴涵在物体轮廓边界曲线上那些曲率变化较大的特征点上。初步提取的物体边界曲线通常是由大量连续的像素点构成的，其中有很多相邻的点可能位于同一条直线上，这些点对曲线的特征计算贡献很小。多边形拟合问题就是研究如何采用极少量的点作为多边形的顶点，以这个多边形来逼近原始的目标物体的数字轮廓曲线，减少用于表达曲线的数据量，去除冗余像素点。通过把不规则的数字曲线拟合成规则的多边形，使得一些特征量的计算变得方便，同时极大限度地保留原始数字曲线的形状特征。基于图像轮廓拟合的目标识别是计算机视觉领域的核心问题之一，如长春理工大学孙爽滋等[58]利用图像轮廓拟合来得到轮廓多边形，经过基于弦高度的多边形拟合法处理后，获得的轮廓曲线在保留原始图像形状的基础上，去除了大量冗余像素点，为后续几何特征向量的提取奠定了重要的基础。

4. 图像的直-极坐标变换

图像的直-极坐标转换即由笛卡儿直角坐标系转换到极坐标系，目前主要应用于图像配准操作。在实际应用中，用于匹配的两幅图像可能存在一定角度的旋转，这给匹配过程带来了很大困难。因此，提出利用相位相关和对数极坐标变换相结合的方法，将图像从笛卡儿坐标系转换到对数极坐标系，于是图像的旋转运动变成平移运动(沿极轴的平移)，通过相位相关求得旋转参数。例如，吉林大学吕晓巍在对数极坐标转换中优化了采样方法，重点研究目标图像的轮廓区域，而对靠近对数极坐标原点的点少采样或不采样，极大地减少了计算量，从而为后续匹配工作打下良好基础[59]。

1.3.4 图像特征提取与匹配

1. 基于灰度的特征提取与匹配

在图像成像过程中，物方空间的物理和几何变化，引起图像局部灰度的变化形成不同的特征，这些灰度特征是识别、理解图像的依据。提取图像的特征可以减少图像匹配的计算量，提高匹配速度，广泛应用于图像的识别、分割、配准、拼接等各个方面，因此具有重要意义。直接根据图像的局部灰度分布，可以有效提取图像的特征，这一类通过特定算法来判断某局部像素是否相对于背景有较大差异而被提取为特征的方法，被称为基于灰度的特征提取方法。哈尔滨工业大学杨晶东等提出了一种基于 SIFT 特征提取算法与 KD 树搜索匹配算法相结合的新方法，通过对候选特征点进行多次模糊处理，使其分布在高斯差分图像的灰度轮廓线边缘，利用 SIFT 特征提取算法找到满足极限约束的极值点，以快速寻找匹配正确的特征点[60]。

2. 基于灰度共生矩阵的特征提取与匹配

由于纹理是灰度分布在空间位置上反复交替变化而形成的，所以图像中的两个像素一定存在灰度关系，即图像灰度的空间相关性，这就是灰度共生矩阵的思想基础。灰度共生矩阵是建立在统计方法二阶组合条件概率密度基础上的，用两个位置上像素的联合概率密度来定义，其不仅反映亮度的分布特性，还反映具有同样亮度或接近亮度的像素之间的位置分布特性，是图像亮度变化相关的二阶统计特征。由灰度共生矩阵能够算出 14 种纹理特征，尽管由此矩阵提取的纹理特征具有不错的分类能力，但是这么大的计算量实际上是不可取的，因此有学者不断地进行改进。Ulaby 等研究发现熵、相关、角二阶距和对比度这四个特征是不相关的，而这四个特征分类精度高，所以目前主要使用这四个纹理特征，其他纹理特征很少有研究。朱福珍等采用灰度共生矩阵法对肝脏 B 超图像进行特征提取，通过对各个特征参数的计算和分析，发现正常肝与脂肪肝的能量、熵、反差分矩有着显著的差异，对于区分图像具有很强的描述能力[61]。

3. 基于不变矩的特征提取与匹配

矩特征主要表征图像区域的几何特征，又称为几何矩，由于其具有旋转、平移、尺度等特性的不变特征，故又称为不变矩。在图像处理中，几何不变矩可以作为一个重要的特征来表征物体，并据此对图像进行分类等操作。目前使用较多的主要有 Hu 矩、Zernike 矩、伪 Zernike 矩、Legendre 矩、小波矩和正交矩等。

湖北工业大学冯维在 TFDS 典型故障图像识别方法研究中，使用了 Hu 不变矩提取货车挡键图像特征，该方法实用简单，除了能很好地定位并识别故障外，还兼顾了算法的可靠性和效率性[62]。北京航空航天大学刘兆英等结合目标小波不变矩特征和形状特征，并且采用主成分分析(Principal Components Analysis，PCA)方法，实现了对目标特征的全面准确描述，有效地提高了多模图像匹配和目标识别的效率和精度[63]。

4. 基于形状的特征提取与匹配

在图像分析与理解中，物体的形状是比较高级的信息。形状的表达和描述是图像几何特征表达中最为重要和关键的问题，直接决定了图像识别的最终效果。目前常用的有基于几何形状和基于形状上下文的特征提取与匹配。例如，湖北工业大学卢婷在 TFDS 典型故障图像识别方法研究中，使用了高度函数描述子提取截断塞门手把的形状特征，通过与正常截断塞门手把的描述子匹配，有效地识别截断塞门手把关闭故障[64]。徐传运等提出了基于曲率匹配的几何形状特征提取方法，该方法所提取的几何形状特征具有尺度不变性和旋转不变性，较之改进的 Hausdorff 距离，该算法所提取的形状特征能更准确地识别出细胞轮廓的几何形状[65]。

1.3.5　图像分析与分类

1. 非机器学习的特征分类

图像分类是利用计算机对图像进行定量分析，把图像中的每个像素或区域划归为若干个类别中的一种，以代替人工视觉判读的技术。目前运用于图像分类的技术主要为：基于内容的图像分类、基于颜色的图像分类、基于纹理的图像分类、基于色彩特征的索引技术、基于形状的图像分类、基于空间关系的图像分类等。

2. SVM 分类

支持向量机(Support Vector Machine，SVM)是一种通用的机器学习方法，是统计学习理论的一种实现方法，它以结构风险最小化作为评判原则。为解决原空间数据的线性不可分问题，通过核函数将输入向量映射到一个高维的特征空间，并在该特征空间中构造最优分类面。由于其优越的性能，近年来得到了广泛的应用。例如，湖北工业大学代新在所开发的基于机器视觉的网孔织物表面质量检测系统中，运用 SVM 对网孔织物表面质量进行疵点分类，使得三大类疵点的识别率达 95%以上[66]。马宁等设计了一种基于 SVM 分类与回归技术的图像去噪方法，首先将含噪图像中的像素分为噪声或非噪声点，接着非噪声点像素值被保留，而噪声点像素值则通过 SVM 进行回归估计，从而达到去噪的目的。该方法能达到较高的峰值信噪比，具有很好的去噪效果[67]。SVM 也可用于人脸检测，Osuna 等最早将其应用于人脸检测，通过直接训练非线性 SVM 分类器，完成人脸与非人脸的分类，并取得了较好的效果[68]。

3. BP 神经网络分类

BP 神经网络是 1986 年由 Rumelhart 和 McCelland 为首的科学家小组所提出的一种按误差逆传播算法训练的多层前馈网络，为目前应用最广泛的神经网络模型之一。BP 神经网络能学习和存储大量的输入-输出模式映射关系，而无须事先揭示描述这种映射关系的数学方程。其采用最速下降法的学习规则，通过反向传播来不断调整网络的权值和阈值，使网络的误差平方和最小。BP 神经网络模型拓扑结构包括输入层(input)、隐含层(hidden layer)和输出层(output layer)。杨斐等应用 BP 神经网络分类器来解决交通标志识别中处理的信息量大以及受天气、道路等外界条件影响导致的噪声干扰问题[69]。另外，在医学应用方面，Frontino 利用 BP 神经网络取代滤波反投影算法，来计算反投影过程[70]。

1.4 本书的组织结构及机器视觉案例简介

1.4.1 本书的组织结构

目前，有关机器视觉理论与算法的书籍较多，且多以图像处理流程所涉及的步骤来予以介绍。本书融合了作者所研发的多个机器视觉项目，从介绍相关的视觉检测理论与算法出发，给出一些结合实际视觉检测需求所提出的改进与优化算法，并呈现了几个完整的视觉检测算法设计案例与方法。其中，每个案例又涉及视觉检测流程的多个环节。如果单纯按视觉检测案例安排章节，虽然展示了视觉检测算法设计的全貌，但视觉检测理论体系欠缺；如果以图像处理流程的步骤为专题介绍，又破坏了视觉检测案例的完整性。

因此，本书以图 1.2 所示的视觉检测中图像处理流程为主线，按照图像预处理、图像分割、图像变换、特征提取与图像匹配、图像分析与分类等几个专题予以介绍，并结合粘扣带疵点检测、网孔织物表面质量检测、坯布疵点检测、导爆管检测、电子元器件与电子接插件检测、FPC 补强片缺陷检测、汽车锁扣铆点测量、列车运行故障检测等机器视觉检测案例进行说明。在章节安排上，第 1 章对所有涉及的视觉检测案例的背景与检测流程予以总述，随后将每个应用案例所对应的图像处理与识别内容分散到各个主题中进行详细说明。

1.4.2　机器视觉案例简介

1. 粘扣带疵点视觉检测

粘扣带又称子母扣或者魔术贴，如图 1.4 所示，是以绵纶、涤纶等化纤材料制成一面带小勾子，另一面带小毛绒绒圈，两面具有一碰即粘合，一扯即分开的特性。它逐渐取代拉链、搭钩、鞋带、钮扣和其他用来粘合扎紧物品的产品，更适应现代社会快节奏的生活潮流需要，被誉为“20 世纪最重要的 50 项发明之一”。随着现代生活节奏的加快，粘扣带被广泛地运用在服装、鞋帽、包袋、医疗、电子、航天以及军事领域。

图 1.4　成型粘扣带图像

在粘扣带的生产过程中，大多采用自动化较高的机器来纺织，而在表面质量检测方面，由于缺乏相应的设备，所以在现代化流水线后面经常可看到很多的检测工人来执行这道工序，给企业增加巨大的人工成本和管理成本。即使在最好的情况下，仍然无法保证 100%的检验合格率(即“零缺陷”)。粘扣带的质检是重复性劳动，有着极容易出错、效率低、对人眼伤害较大、容易产生疲劳且检验结果易受工人主观因素的影响等缺点。目前，人的肉眼只能检测到现有缺陷的 60%，并且同时检测的粘扣带条数不能超过 2 条，粘扣带移动的速度不能超过 30m/min。粘扣带质量控制是粘扣带生产厂家所面临的最重要也是最基本的问题。在大批量的粘扣带检测中，用人工检查产品质量效率低且精度不高，用机器视觉检测方法可以大大提高生产效率和生产的自动化程度。这些需求使得客观、可靠、省时及低成本的检测评价标准成为产品生产所必须具备的条件。

随着计算机图像处理技术及识别技术的迅猛发展，为粘扣带这类很难用一般传感器检测的产品提供了一种新方法，使得基于数字图像处理的在线疵点检测系统成为可能，并越来越受到人们的重视，逐渐成为质量检测的一种趋势。针对粘扣带一般幅面较窄、有绒毛的一面无明显纹理、产品自身的柔软性以及制造工艺的独特性等特性，考虑系统高速、高精度的检测要求，粘扣带的机器视觉检测流程如图 1.5 所示。

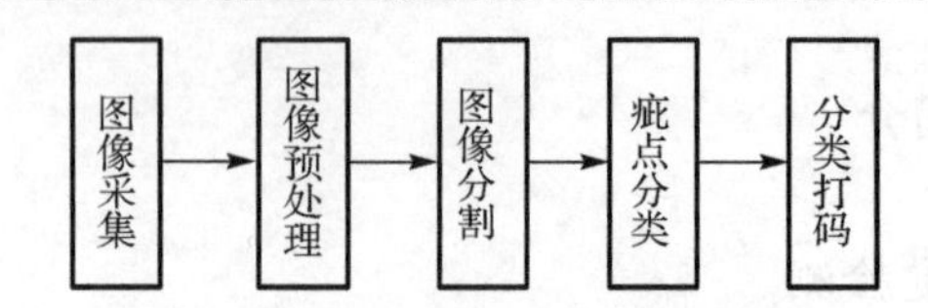

图 1.5　粘扣带疵点视觉检测流程

2. 网孔织物质量视觉检测

纺织行业作为我国的优势民族产业，随着人们物质文化水平的提高，以及国外行业的激烈竞争，其发展受到各方面的制约。特别是伴随着现代化进程的不断加快，用于装饰、医用、生活等领域的纺织品供需矛盾逐渐升华，纺织行业若想在激烈的市场竞争中占据一席之地，则必需要加快生产、管理、质量检测自动化的进程与脚步。目前，我国纺织品生产企业在生产、管理上已基本实现自动化，而在质量检测方面，由于缺乏相应的检测技术与系统，还处于人工检测阶段。然而，纺织品质量是纺织企业在市场竞争中取得领先的最主要因素，决定着纺织企业的命脉。我国纺织品出口贸易中，由于质量检测不过关而退货的案例比比皆是。

网孔织物是指在织物结构中产生有一定规律网孔的织物，目前已应用在汽车、医疗、卫生、运动休闲、过滤清洁、安全保护、航空航天等诸多领域。但是随着网孔织物的应用越来越广泛，人们对其表面质量要求也越来越高，如何提高网孔织物的质量，实现网孔织物表面质量检测的自动化，成为制约其发展的关键因素。

网孔织物缺陷种类主要包括网眼密度、破孔、污渍等三类。网眼密度是指网孔的疏密程度，即在一定范围内网孔数量；破孔是指网孔的连通状况，分为横向破孔、纵向破孔，同时又分为一般破孔和严重破孔；污渍是指网孔织物的清洁程度。各种不同的缺陷对质量影响各不相同，其产生的原因也不一样，如何快速识别并区分各类缺陷，然后针对不同的缺陷对生产线以及制造工艺等进行改进至关重要。网孔织物质量视觉检测流程如图 1.6 所示。

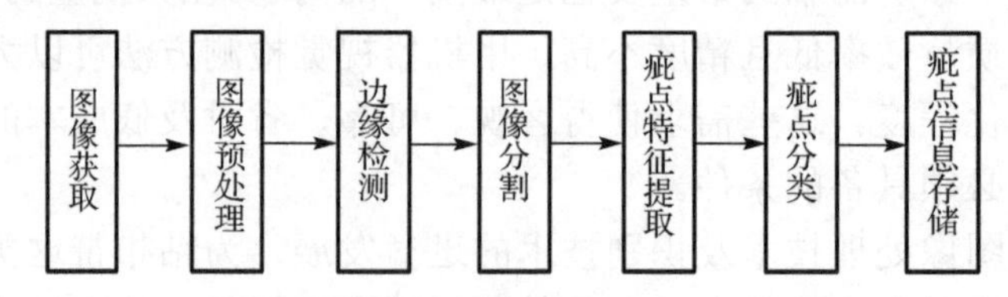

图 1.6　网孔织物质量视觉检测流程图

3. 坯布疵点视觉检测

织物质量控制是纺织厂所面临的最重要也是最基本的问题，这对于降低成本及提高产品的最终质量，进而在国际市场竞争中取得优势是非常重要的。这些需求使得客观、可靠、省时且低成本的检测评价手段成为产品生产所必须具备的条件。如图 1.7 所示，坯布内的疵点有竹节、条杠、毛球、孔洞、油垢、接口、绒板竹节等，它们均为常见的疵点，每一种疵点都有自己的特征。这些特征可能表现在统计学、频域和空域上，也可能表现为致密度等一些斑点特征。

图 1.7　坯布图像

坯布疵点视觉检测是保证纺织品质量的重要手段，传统的人眼检测不仅人工成本高，而且效率低，而机器视觉检测方法可显著弥补人工检测的不足。坯布疵点视觉检测流程如图 1.8 所示。

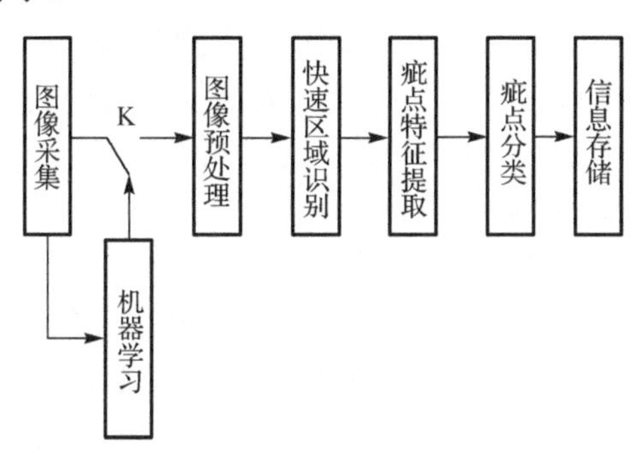

图 1.8　坯布疵点视觉检测流程图

4. 导爆管视觉检测

塑料导爆管，全称为“塑料导爆管—非电雷管起爆系统”，以冲击波形式将爆炸能量高速传递至非电雷管，塑料导爆管本身无任何变化。于 20 世纪 70 年代初期，由瑞典首先研制成功，导爆管产品及其生产流程如图 1.9 所示。随着我国爆破器材生产技术的进步，导爆管起爆系统在钻孔爆破、围堰拆除爆破以及城市拆除爆破中发挥着巨大的作用[71]。

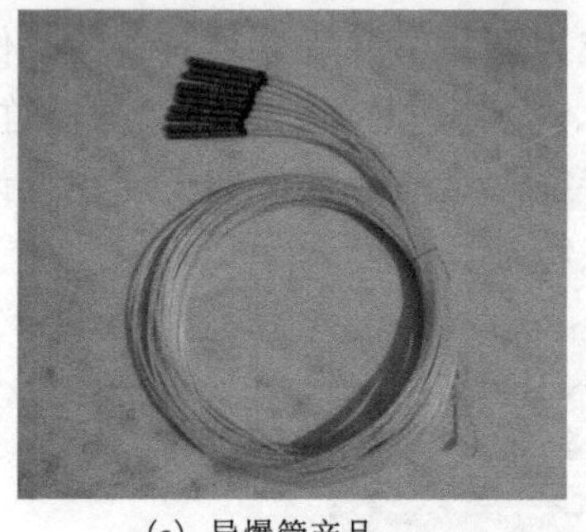

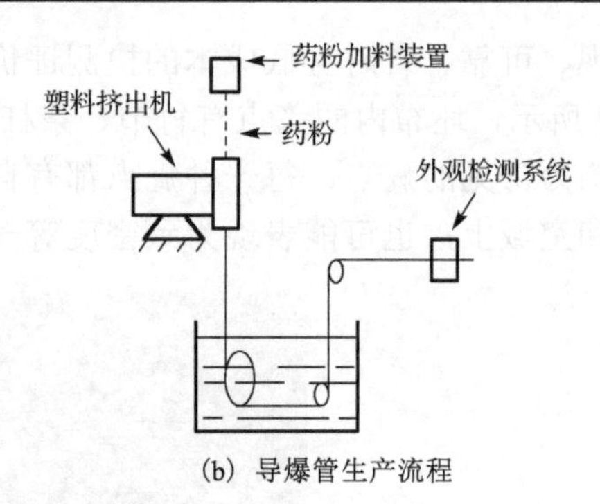

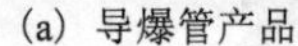

(a) 导爆管产品　　(b) 导爆管生产流程

图 1.9　导爆管产品及其生产流程

由于爆破工程与人员、设备安全密切相关，所以对起爆器材质量要求严格。其中，影响导爆管质量的因素有管径、药量、黑点数目等。由于生产中机械装置张力的作用，塑料导爆管会变细，过细的直径会导致材料强度下降，传爆时容易被烧穿，引起“拒爆”现象；当塑料管内某段药粉过多时，甚至火药过度堆积形成黑点，由于传爆能量过大，会烧穿管壁，炸断、炸裂导爆管；当药粉过少甚至出现断药时，则会引起爆轰波熄灭甚至传爆失败[72, 73]。

导爆管外观检测缺乏量化的标准，检测手段比较落后[74]。对于透光性好的塑料导爆管，大多数企业采用人眼进行检测，人工方式检测效果差、漏检率高、受自身因素影响较大，而且一次只能检测 8cm 左右的距离，对管径的检测仅依靠游标卡尺，对多药、少药的检测依靠天平，对黑点缺陷的检测多基于经验。少数企业采用红外检测，但是其检测的缺陷只有多药、少药，无法检测其他内容。

近十年来，伴随着中国制造业的快速扩张，机器视觉技术得到广泛应用。机器视觉技术利用机器视觉模拟人眼识别目标，以代替人工实现自动检测和测量，其优点在于非接触式的测量和长时间的稳定运行[75-78]。对于安全性要求极高而且应用广泛的塑料导爆管来说，采用 CCD 和红外结合检测的方式能实现药量的检测，并极大地提高黑点的识别率以及管径测量的准确率。导爆管视觉检测流程如图 1.10 所示。

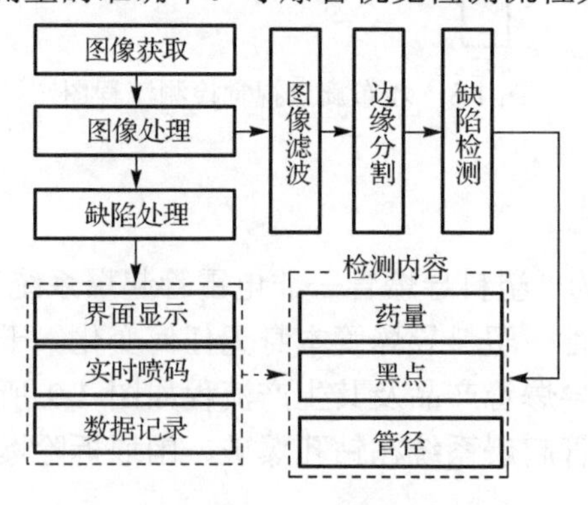

图 1.10　导爆管视觉检测流程图

5. 电子元器件视觉检测

电子元器件在各类电子产品中占有重要的地位，尤其是一些通用电子元器件，更是电子产品中必不可少的基本材料。中国的电子元件产业经历 50 多年的发展历程，已逐渐成为全球电子元件制造业基地。近 20 多年来，电子元件生产正以 20%左右速度增长。我国许多门类的电子元器件产量已稳居全球第一位，电子元器件行业在国际市场上占据很重要的地位。随着国际金融危机渐去，全球经济开始复苏，市场对电子元件的需求剧增，企业之间竞争也越来越激烈。因此，产品质量在市场竞争中占举足轻重的地位，各企业为了提高各自的产品质量，必须加强对产品的质量检测。

同时，电子元器件是组成电子产品的最小单元，是整机可靠性的基础，包括电阻器、电容器、压电石英晶体、电声器件、磁性材料、电子变压器等。随着现代科学技术的发展，电子设备和系统的复杂程度越来越高，所需要的电子元件数量也在不断增多。因此，电子元器件的参数检测与筛选是提高产品质量的关键环节。

虽然国内的电子元件检测设备也有了长足的发展，但仍存在许多问题有待解决。例如，检测手段比较单一，有少量设备可以做到多参数的测量，但大多具有很强的针对性，并且设备的造价昂贵，于是企业在构建电子元件多参数检测线时，不但设备的投入增加了，而且由于元件上下料的辅助时间大为增加，检测效率也大大降低。因此，目前国内大部分电子元器件制造企业尚处于劳动密集型生产方式，产品在制造过程中各道工序的质量检测通常由专门的质检工完成，并配有专门的元器件筛选检测车间和检测仪器。

另外，为了提高印制电路板的贴装效率，自动贴片机与自动插件机越来越受到重视。为了提高自动插件机的插件准确度与成功率，多采用视觉方法准确识别、定位电子元器件引脚的位置。针对电子元器件质量轻、种类繁多等特点，结合机器视觉的诸多优势，其视觉检测流程如图 1.11 所示。

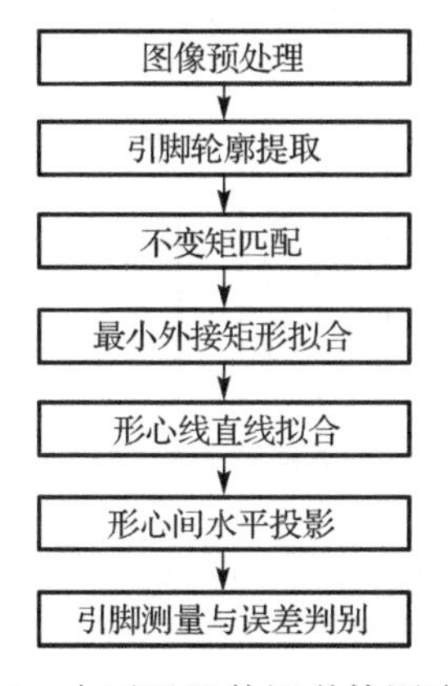

图 1.11　电子元器件视觉检测流程图

其中，电子元器件的引脚轮廓提取可采用形态学边缘检测，经过梯度锐化以突出电子元器件引脚的特征，更便于后续的处理。同时，还要注意一点，就是形态学边缘的厚度与所选的结构元素大小有关，一般是先通过形态学梯度提取较宽的边缘，再通过相关的微分算子在此较宽的边缘上提取像素级甚至亚像素级的轮廓。

6. 电子接插件视觉检测

近年来，数字电子技术高速发展，电子接插件(图 1.12)以其便捷的电气插拔式连接广泛地应用于电子产品、电力设备中，使得电子产品的生产、维修效率极大提高。目前，国内大多电子接插件生产企业采用的各类检测设备已基本实现自动化，但仍然存在检测与测量精度不高的问题，且由于缺乏先进的检测技术和产品适用度高的设备，多型号的电子接插件检测一直停留在传统的人工检测阶段，效率低、效果差，且劳动强度大，漏检、误检率高，无法满足企业和用户需求。而新型普适性强、高品质、低成本的视觉测量系统是提高企业效率、降低生产成本的有效方式。

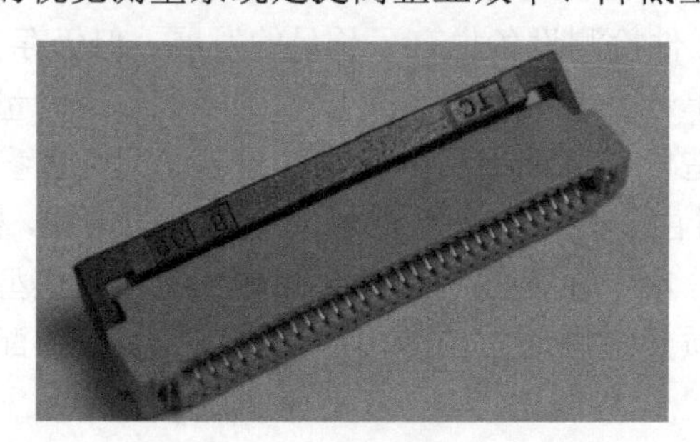

图 1.12　电子接插件实物图

对于每分钟高达数百乃至上千件的电子元器件制造过程而言，每提高 1%的产品合格率都意味着巨大的经济效益[79]。针对电子接插件体积小、重量轻等特点，电子接插件视觉检测按功能可分为图像获取、图像处理和数据分析三大模块[80]，具体工作流程如图 1.13 所示。

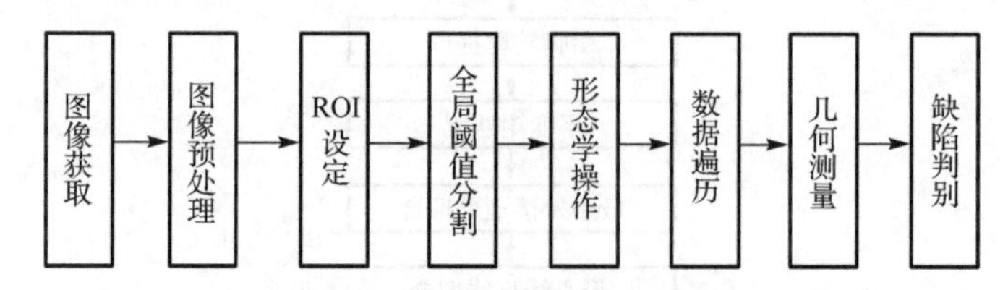

图 1.13　电子接插件视觉检测流程图

图像获取模块控制工业相机完成接插件插针图像的采集[81]。图像处理模块对采集的图像进行处理，测量出插针的外形尺寸、平面度和位置度等几何参数。数据分析模块对这些参数进行数据分析，完成缺陷判别。

7. FPC 补强片缺陷视觉检测

柔性印制电路(Flexible Printed Circuit，FPC)是以聚酰亚胺或聚酯薄膜为基材制成，具有重量轻、布线密集、焊点小、集成度高等传统材质无法比拟的优点，如图 1.14 所示。

图 1.14　FPC 软板实物图

FPC 广泛用于手机、数码相机、医疗器械等产品，被冠以“黄金薄膜”称号[82]。因 FPC 材质柔软需要在某些指定部位贴上补强片以加强其硬度，而贴装误差是造成产品缺陷的重要原因之一，故其贴装性能对生产过程的质量控制十分重要[83]。受贴装机械、粘接胶和补强片材质等影响，往往会出现补强片错贴、缺角、划伤和溢胶等情况。目前国内大多数 FPC 生产企业主要依靠人眼辅助光学设备来检测产品质量，但长时间、高度集中观察图像给检测人员带来极大的精神疲劳，难以保证产品质量且用工成本不断上升，针对 FPC 补强片缺陷人工检测不稳定、效率低的缺点，其视觉检测系统按功能可分为图像获取、图像处理和数据管理三大模块，具体工作流程如图 1.15 所示。

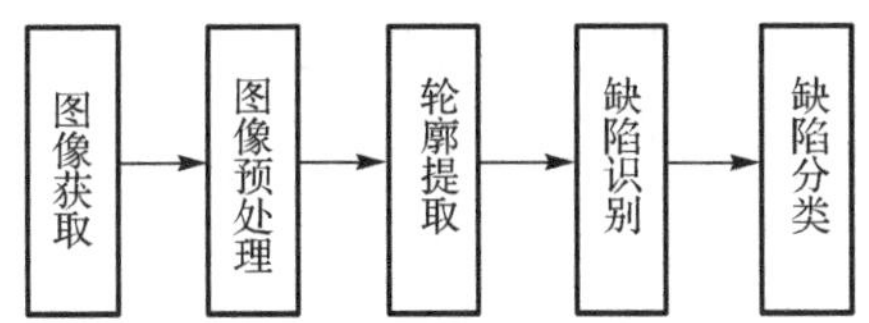

图 1.15　FPC 补强片缺陷检测流程图

8. 汽车锁扣铆点视觉测量

汽车锁扣是汽车的一个重要安全部件，其工作的可靠性和稳定性直接影响着驾驶人员的财产甚至生命安全，而锁扣检测是保证其质量的一个重要环节[84]。如图 1.16 所示，铆点是汽车锁扣和锁芯连接的关键部件，其尺寸规格直接影响着铆接质量，铆点直径太小，铆接的刚度、强度难以得到保证，锁扣容易出现松动、脱落的情况；铆点的直径太大，易导致钉头罩形太薄，同样难以保证铆接质量，所以铆点直径必须保证在一定尺寸偏差内。

图 1.16　汽车锁扣实物图

铆点分布在汽车锁扣表面，凸体较短，不便于传统测量而且难以保证测量精度。国际知名汽车门锁厂商均采用自动视觉检测技术来保证产品质量，而国内在该领域的研究相对滞后，与国外先进水平还存在一定差距。视觉检测技术相比普通人工检测，具有速度快、精度高、效果稳定、成本低等优势。因此，提出了一种基于机器视觉的锁扣铆点检测方法，克服了传统检测易受外界干扰、效率低等缺陷，为汽车锁扣视觉检测提供了解决方案，具有重要的应用价值。

汽车锁扣的铆接质量是衡量汽车安全的一个重要指标，其铆点直径视觉检测总体流程如图 1.17 所示。首先，对系统相机进行标定，加载检测图像，并进行相关预处理，再根据汽车锁扣的实际几何形状，提取边缘特征建立图像测量坐标系，仿射变换可以减少因锁扣放置偏差而引起的图像失真。然后，分别在测量坐标系中定位铆点所在区域、设置感兴趣区域(ROI)，把铆点从复杂的检测图像中分离出来，并用改进后的锐化算法对其进行处理以加强轮廓，最后测量铆点直径。

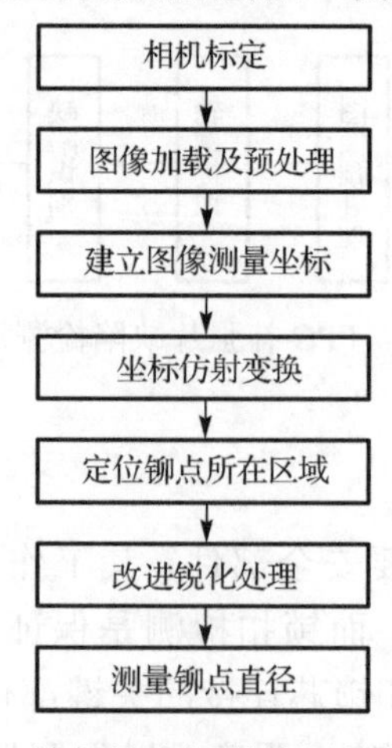

图 1.17　锁扣铆点视觉检测总体流程图

9. 列车运行故障视觉检测

随着我国列车高速、重载、高密度的运行，铁路交通的安全问题已成为人们关注的焦点。传统的列车故障检测是依靠列检人员眼看、耳听、手摸、敲打等动作来完成的，不仅劳动强度大，而且检测效率极低，易受气候、职工疲劳程度与素质等因素影响，这显然已不能满足当前铁路交通高速发展的需要。

针对铁路货车安全关键因素，采用光学、电子、红外线等技术动态监测列车运行状态，货车故障轨边图像检测系统(TFDS)应运而生[85]。它利用轨边高速摄像技术，拍摄途经货车的转向架、制动装置、车钩缓冲装置、车底架以及车体两侧等关键部位的动态图像[86]，通过光纤网络传输到列检所，由人工识别辅以计算机图像自动识别的人机结合方式检查铁路货车故障，并及时通知室外检车员实施处理，以保障货车运输安全。

TFDS 旨在消除人工检测所带来的不确定因素，提高故障识别的效率和可靠性，实现从故障人为检测向机控自动检测或人机结合检测模式转变，并最终完全实现机控自动检测。它对于提高列检作业质量和运输效率，保证运输安全起到重要作用。针对 TFDS 涉及车辆型号众多、零件类型复杂、故障特征各异以及识别要求严格的特点，列车运行故障视觉检测流程如图 1.18 所示。

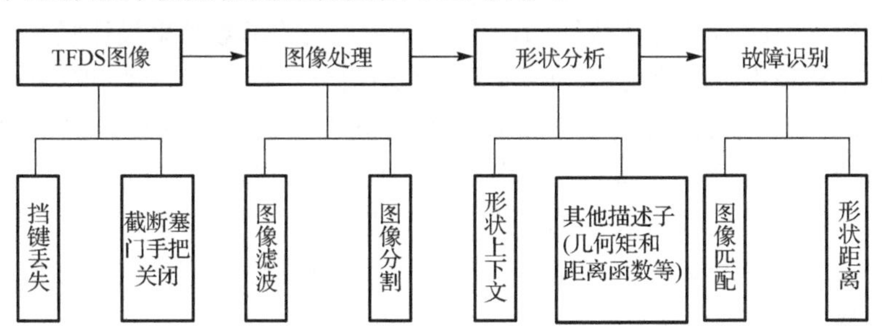

图 1.18　列车运行故障视觉检测流程图

第2章　图像预处理

在视觉检测系统中，图像预处理可以认为是为下一步更好地处理图像所做的必要准备，主要包括图像滤波、图像锐化、图像增强等。图像预处理可以消除噪声、增强对比度、突出边缘、特征锐化等[87, 88]，对于后续的处理有着重要的意义和作用。

2.1　图像滤波

滤波是信号处理中的一个概念，是将信号中特定波段频率滤除的操作，在数字信号处理中通常采用傅里叶变换及其逆变换实现。而对数字图像像素的滤波运算原理和数字信号滤波是相似的。

受成像系统、传输介质、记录设备、工作环境等因素的影响，数字图像在采集、传输过程中常受到多种噪声干扰。根据噪声对图像的不同影响可将噪声分为加性噪声、乘性噪声、冲激噪声和量化噪声。一般情况下，噪声是随机的，很难测定、描述甚至无法得到。因此常用统计特征如均值、方差、相关函数等来描述噪声。据此，可将噪声分为高斯噪声、椒盐噪声、瑞利噪声和均匀分布噪声等。这些噪声会影响图像处理与分析的正确性，因而需要对图像进行滤波以及其他预处理，以消除图像中的无关信息，改善图像质量，提高后续图像分割、匹配与识别的可靠性。

通常，一幅数字图像可表示为一个二维函数 $f(x, y)$，图 2.1 直观地展示了用一个 3×3 的模板(又称为滤波器、掩模、核或者窗口)进行图像滤波的过程，$m(0, 0)$ 为该滤波模板 m 的中心。

滤波过程就是在图像 $f(x, y)$ 中逐点移动模板，使模板中心和像素点 (x, y) 重合，滤波器在每点 (x, y) 的响应是根据模板的具体内容并通过预先定义的关系来计算的。一般来说，模板中的非零元素指出了邻域处理的范围，只有当模板中心与像素点 (x, y) 重合时，图像 f 中和模板中非 0 像素重合的像素才参与决定点 (x, y) 像素值的操作。对于一个大小为 $r×c$ 的模板，由于偶数尺寸的模板不具有对称性，一般情况下，模板的长与宽均为奇数，即 $r = 2a + 1$，$c = 2b + 1$，其中，a 与 b 均为正整数。由于 1×1 模板退化为图像点运算，所以可能的最小尺寸为 3×3。图像滤波可以形式化为

$$g(x,y)=\sum_{s=-a}^{a}\sum_{t=-b}^{b}m(s,t)f(x+s,y+t) \tag{2.1}$$

执行滤波操作需注意当模板位于图像边缘时，模板的某些元素很可能位于图像之外，此时需要对边缘附近的元素执行滤波操作单独处理，以避免引用到本不属于图像的无意义的值，一般方法是忽略位于图像 f 边界附近的点。常见的滤波器包括高斯滤波器、均值滤波器和中值滤波器等。

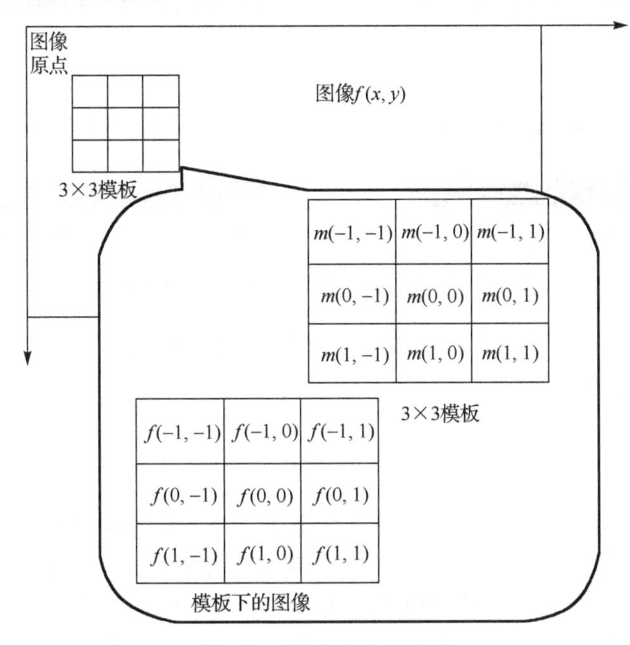

图 2.1　图像滤波示意图

2.1.1　高斯滤波

高斯滤波是一种线性平滑滤波，适用于消除高斯噪声，广泛应用于图像处理的减噪过程。通俗地讲，高斯滤波就是对整幅图像进行加权平均的过程，每一个像素点的值，都由其本身和邻域内的其他像素值经过加权平均后得到。常用的3×3高斯模板为

$$m=\frac{1}{16}\times\begin{Bmatrix}1 & 2 & 1\\ 2 & 4 & 2\\ 1 & 2 & 1\end{Bmatrix} \tag{2.2}$$

高斯滤波的具体操作如下：以一个模板扫描图像中的每一个像素，用模板确定的邻域内像素的加权平均灰度值去替代模板中心像素点的值。塑料导爆管为一种内壁填充了药粉的中空塑料管，在爆破工程中应用广泛，而药粉填充的均匀度直接影响到导爆管的质量。由于爆破工程对爆破器材的质量要求很高，仅依靠落后的人工

检测方式以及检测精度有限的红外方式难以满足导爆管质量控制要求，因此提出了导爆管视觉检测系统。图 2.2(a)给出了导爆管含药管壁图像，图 2.2(b)为噪声图像进行高斯滤波的结果。

(a) 带高斯噪声的导爆管图像

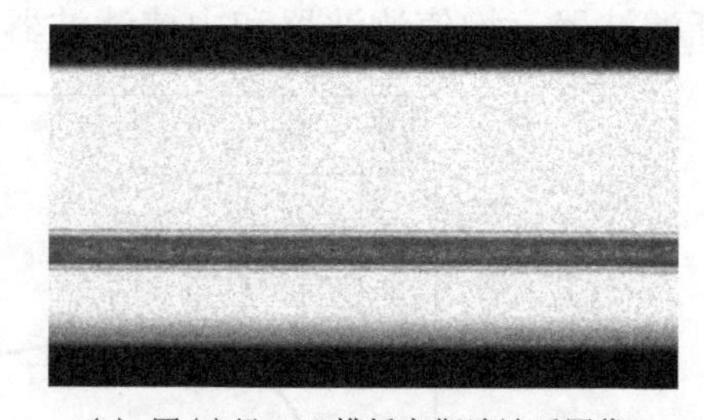

(b) 图(a)经 3×3 模板高斯滤波后图像

图 2.2　导爆管图像的高斯模板滤波效果

由图 2.2 可见，高斯滤波几乎去除了导爆管图像中的所有噪声点，而且导爆管外壁与内壁的边缘更清晰。

2.1.2　均值滤波

一种最简单的均值滤波是将图像中某个像素的灰度值与其周围 8 个相邻像素的灰度值相加，再计算这 9 个像素的平均值作为该点的新像素值。均值滤波采用模板的方式实现邻域操作，模板运算用数学可描述为卷积运算，即如果点 $f(x, y)$ 是噪声点，并且自身像素值与邻域的像素值差值较大，则采用均值滤波方法能明显减弱噪声点，使邻域的灰度接近均匀。对于一幅含有噪声的图像 $f(x, y)$，经邻域平均处理后的图像为 $g(x, y)$，则均值滤波的数学表达式为

$$g(x,y)=\frac{1}{N}\sum_{(x,y)\in M} f(x,y) \tag{2.3}$$

式中，M 为该像素点及其邻域的像素点集；N 为像素点集 M 所包含的像素个数。在实际应用中，可以根据不同的图像大小与处理要求选定不同的模板尺寸，一般有 3×3、5×5、7×7、9×9 等。而均值滤波是以图像模糊为代价来消除噪声的，而且所采用的模板尺寸越大，噪声的消除效果越不明显，并伴随着图像更加模糊。粘扣带是以绵纶、涤纶等化纤材料制成一面带小勾子，另一面带小毛绒绒圈的带子，两面具有一碰即粘合，一扯即分开的特性。由于粘扣带表面布满随机分布的纤维丝，易受噪声影响。图 2.3 给出了受高斯噪声影响的粘扣带图像经均值滤波后的效果。

由图 2.3 可见，均值滤波后的图像淡化了粘扣带表面部分反光纤维丝的影响，具有一定的均化作用，但其上的污迹疵点并未受太大影响。

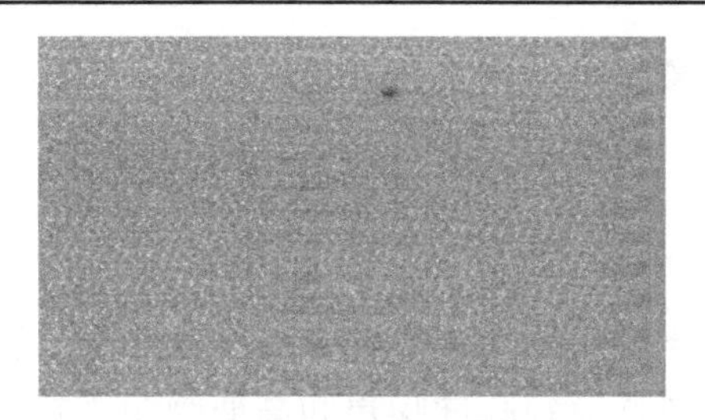

(a) 带高斯噪声的粘扣带图像

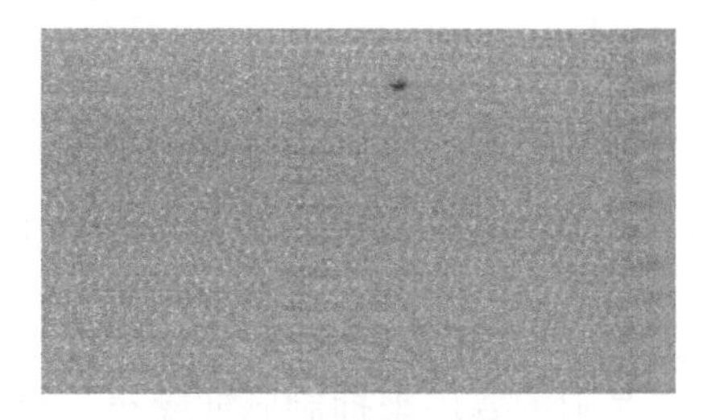

(b) 图(a)经 3×3 模板均值滤波后图像

图 2.3　粘扣带图像的均值滤波效果

2.1.3　中值滤波

中值滤波由 Turky 于 1971 年提出，最初用于时间序列分析，后来被用于图像处理，并在去噪复原中取得了较好的效果。中值滤波属于非线性滤波方法，相比线性滤波器，可克服对图像细节的模糊，且对滤除脉冲干扰及图像扫描噪声非常有效。其基本思想是利用该像素一定邻域内像素点的中值来代替该像素点的值，以达到平滑效果。

对于给定的图像 $f(i,\ j)$，$(i,\ j)$ 为其各像素点，取其邻域 M，n 为其邻域内像素点的个数(包含原像素点)，取 $(i,\ j)$ 邻域 M 内的中值来代替 $f(i,\ j)$，实现图像的中值滤波，输出结果可表示为

$$y=\mathrm{med}(x_1,x_2,x_3,\cdots,x_n)=\begin{cases}x^{\frac{n+1}{2}}, & n\text{为奇数}\\ \dfrac{1}{2}\left[x^{\frac{n}{2}}+x^{\frac{n+1}{2}}\right], & n\text{为偶数}\end{cases} \tag{2.4}$$

中值滤波能有效地去除孤立点，以抑制脉冲噪声，将目标与背景分离开来，使图像的质量有很好的提升。但对于复杂的噪声图像，中值滤波有着比较明显的缺点，如中值滤波对于高斯分布和均匀分布的噪声的去噪效果不明显；而且中值滤波会将图像中的细节、边角等平滑，破坏了图像的细节；当受到脉冲干扰时，会出现边缘抖动；由于中值滤波没有可观察的统计模型，所以存在相当的保守和盲目性。通过在粘扣带图像中添加椒盐噪声，其中值滤波的处理结果如图 2.4 所示。

(a) 带椒盐噪声的粘扣带图像

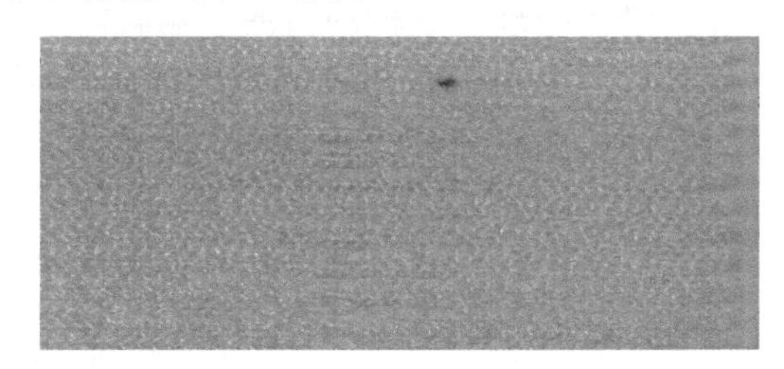

(b) 图(a)经 3×3 模板中值滤波后图像

图 2.4　粘扣带图像的中值滤波效果

由图 2.4 可见，带椒盐噪声的粘扣带图像经中值滤波后效果较明显，但部分图像细节稍有模糊，图像灰度整体稍有提升。

2.1.4 粘扣带疵点视觉检测的图像滤波

在 2.1.2 节和 2.1.3 节中，均值滤波器主要对高斯噪声有明显的抑制效果，而中值滤波器则主要用来抑制脉冲噪声。当图像同时受到脉冲噪声和高斯噪声干扰的时候，单一的滤波器则无法取得很好的效果，为此混合滤波器的概念被提出来。所谓混合滤波器是将线性滤波器和非线性滤波器以某种形式关联起来，以便能同时对这两种噪声都有很好的抑制效果。

但是混合滤波器只是一种折中的方法，仅是用可调的参数在两种滤波器之间进行调节，而另一种抑制混合噪声的自适应滤波器则是根据图像的特征来进行判断的。根据噪声混合程度的不同分别采用不同的滤波方法来抑制噪声。在粘扣带图像的在线实时处理系统中，往往在算法可靠性及运算量之间选择后者，过于复杂的滤波器是不能接受的。

由于粘扣带图像采集过程中存在着少量的椒盐噪声，为此必须首先对图像中的脉冲噪声进行判断。为了能判断出脉冲噪声，首先建立一个噪声标志矩阵 N，并且在该矩阵中的每个元素都与待处理图像中的像素相对应，即

$$N=\{N(i,j), 0\leqslant i<L, 0\leqslant j<M\} \tag{2.5}$$

若 N 为 0，则代表该像素为脉冲噪声；若 N 为 1，则代表该像素不是噪声。首先将 N 初始化为元素全为 1 的矩阵，再根据如下判断准则将矩阵中的每个元素变为 0 或 1。判断准则为：将待检测的图像标定为$[M_{ij}]$，其中 i，j 分别表示为矩阵中相应像素点的位置。若 $N(i，j)=0$，则 m_{ij} 表示为噪声点，否则为信号点。将图像中的每一点按式(2.6)进行处理，得到最终的噪声标志矩阵。

$$N(i,j)=\begin{cases}0, & m_{ij}=0\text{或}255\\ 1, & 0<m_{ij}<255\end{cases} \tag{2.6}$$

然后，设定一个阈值就可以将脉冲噪声很好地滤除。在去除脉冲噪声后，再对高斯噪声进行处理，这样均值滤波器就能较好地发挥其优势。

信噪比是一种重要的、客观的滤波效果评价标准，为此定义一个信噪比改善因子：

$$F=-\log_2\frac{\sum_{i=1}^{M}\sum_{j=1}^{N}\left|y(i,j)-x(i,j)\right|}{\sum_{i=1}^{M}\sum_{j=1}^{N}\left|f(i,j)-x(i,j)\right|} \tag{2.7}$$

若 F 为正，则说明噪声被抑制，而且随着 F 的增大说明效果更明显。在方差 $\sigma=15$，且脉冲噪声比为 5%的情况下，与平均滤波器进行比较，平均滤波器的 F 为 3.62，而所设计的自适应滤波器的 F 值为 5.96。可以明显看出，自适应滤波器对噪声的抑制有了明显的改善，改善后的图像如图 2.5 所示。

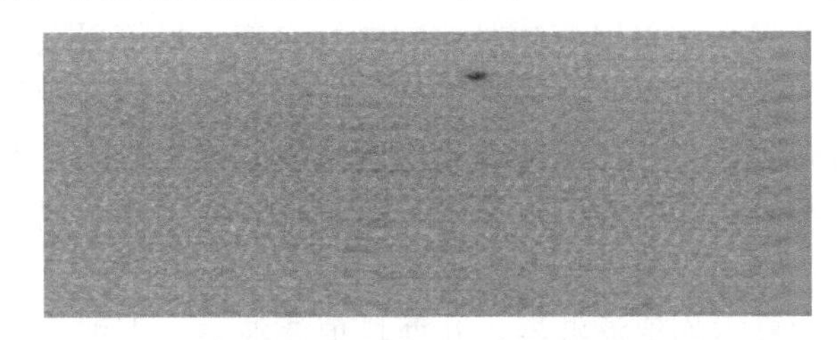

图 2.5　快速自适应滤波器处理后的效果

2.1.5　导爆管视觉检测的图像滤波

导爆管视觉检测系统采集的含药管壁图像如图 2.6 所示，该导爆管的灰度直方图如图 2.7 所示，横坐标是灰度级区间[0, 255]，纵坐标是该灰度值出现的次数(即频率)。根据该灰度直方图的分布区间，可以发现导爆管图像中具有以下两个特点：①采集的导爆管图像亮度适中，因此没有必要进行亮度增强；②图像中的像素分布比较均匀，而且占有的灰度区间跨度很大，因此该图像具有很高的对比度和多变的灰度色调。

图 2.6　采集的导爆管含药管壁图像

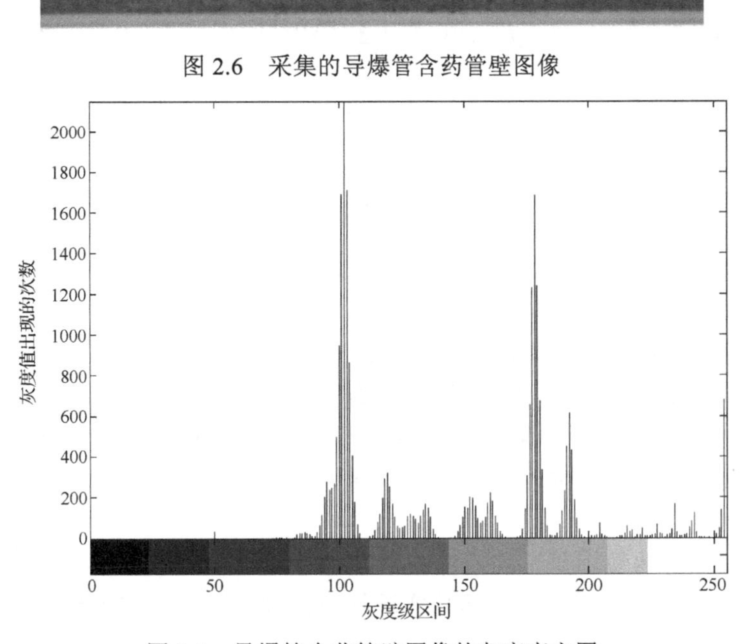

图 2.7　导爆管含药管壁图像的灰度直方图

由于导爆管直方图与高斯概率密度函数的曲线特征明显类似，根据噪声参数估计理论[89]，可以判断导爆管图像主要受高斯噪声的影响，可以根据相似区间的灰度信息去估计概率密度函数(Probability Density Function，PDF)的参数，在图像中 PDF 用于刻画和描述灰度直方图。结合导爆管检测系统的构成，高斯噪声产生的原因有三个方面：①由于检测系统采用变频器控制电机启停，尽管采取了屏蔽措施，但是仍然会对传输数字图像的电子元件产生干扰；②由于采用的线扫描相机对光照的要求很高，所采用的高频日光灯虽然能满足图像采集的强度要求，但是在较小的像素区域内可能会光照不足；③在检测过程中，相机长时间工作，温度逐渐升高，这也会导致噪声的产生。

均值滤波器包括算术均值滤波器、几何均值滤波器、谐波均值滤波器和逆谐波均值滤波器等。算术均值滤波器和几何均值滤波器适合于消除高斯和随机噪声。谐波均值滤波器适合于处理脉冲噪声，但是必须知道是暗噪声还是亮噪声。

算术均值滤波器为

$$\hat{f}(x,y)=\frac{1}{mn}\sum_{(s,t)\in S_{xy}} g(s,t) \tag{2.8}$$

式中，m，n 分别为图像的列数与行数；(x, y)为该子区域的中心点；S_{xy} 为以(x, y)为中心点的矩形邻域的像素点集；$g(s, t)$代表被噪声干扰的图像像素值。

几何均值滤波器为

$$\hat{f}(x,y)=\left[\prod_{(s,t)\in S_{xy}} g(s,t)\right]^{\frac{1}{mn}} \tag{2.9}$$

谐波均值滤波器为

$$\hat{f}(x,y)=\frac{mn}{\sum_{(s,t)\in S_{xy}} g(s,t)} \tag{2.10}$$

比较上述 3 个公式，可以发现只有算术均值滤波器是线性的，其余的均是非线性的，所以在相似的图像环境中，使用算术滤波器降噪消耗的时间最短。图 2.7 显示导爆管图像中存在的是高斯噪声，由于均值滤波对于消除高斯噪声有着显著的效果，所以可以选用算术均值滤波器和几何均值滤波器进行降噪。但是几何均值滤波器是非线性的，使用几何均值滤波器降噪所耗费的时间比较长。而算术均值滤波器是线性的，耗费时间相对来说较短，所以选用算术均值滤波器消除导爆管图像中的高斯噪声。

为了更加方便地使用算术均值滤波器，将式(2.8)中的系数模板化，即设置 3×3、5×5、7×7 等系数模板，采用卷积运算实现均值滤波。采用不同系数模板的均值滤波结果如图 2.8 所示。

(a) 3×3 模板均值滤波　(b) 5×5 模板均值滤波

(c) 7×7 模板均值滤波

图 2.8　导爆管含药管壁图像的均值滤波

由图 2.8 可知，经过算术均值滤波器处理以后，高斯噪声减小了，而且随着模板尺寸的增大，图像变得十分模糊，基本的边缘细节也消失了，如图 2.8(c)所示。比较图 2.8(a)～图 2.8(c)，发现只有图 2.8(a)中图像的边缘细节是最清晰的，而且高斯噪声也极大地降低了，所以选取 3×3 模板对导爆管图像进行预处理。由于均值滤波采用的是线性算法，其运算量比其他非线性滤波器的运算量小得多，大大节约了运算时间，为整个导爆管的高速检测奠定了基础。

2.2　图像锐化

一般来说，图像锐化(image sharpening)就是补偿图像的轮廓，增强图像的边缘及灰度跳变的部分，或者对图像的某一特征进行清晰度的强调，使图像变得清晰。从处理方式上主要分为空域处理和频域处理两类，空域处理在图像处理中较普遍，图像滤波处理都会使图像的边缘变得平滑，其本质在于平滑是对图像进行平均和积分处理。因此锐化运算为其逆运算，即微分处理。本节主要以常用的梯度锐化算法为例进行介绍。

2.2.1　图像梯度锐化算法原理

对于图像 $f(x, y)$，任意点(x, y)处的梯度在函数 $f(x, y)$最大变化率方向上，其梯度幅值 $G_T[f(x, y)]$定义为

$$G_T = [f(x,y)] = \sqrt{\left(\frac{\partial f}{\partial x}\right)^2 + \left(\frac{\partial f}{\partial y}\right)^2} \tag{2.11}$$

对于数字图像，采用差分来代替微分，差分的方法也有两种，有水平垂直差分和交叉差分，水平垂直差分和交叉差分表达式为

$$G_T[f(x,y)] = \{[f(x,y) - f(x+1,y)]^2 + [f(x,y) - f(x,y+1)]^2\}^{1/2} \tag{2.12}$$

$$G_T[f(x,y)] = \{[f(x,y) - f(x+1,y+1)]^2 + [f(x+1,y) - f(x,y+1)]^2\}^{1/2} \tag{2.13}$$

在程序设计时，为进一步减少计算量，用梯度模值来代替欧氏距离，两种差分最终的程序计算公式为

$$G_T[f(x,y)]=|f(x,y)-f(x+1,y)|+|f(x,y)-f(x,y+1)| \tag{2.14}$$

$$G_T[f(x,y)]=|f(x,y)-f(x+1,y+1)|+|f(x+1,y)-f(x,y+1)| \tag{2.15}$$

通过对图像的微分运算，用上式计算的梯度值来代替该点的灰度值，在图像右下边界无法计算像素梯度时，用最邻近行列的梯度值来填充。但是直接用梯度值来代替图像灰度值的方法无法取得满意的处理效果，为了更加突出图像的细节信息，应该使用门限阈值对其进行加强，阈值的大小根据图像特定的应用环境来设定。

式(2.16)给出了一种改进的梯度计算方法。

$$g(x,y)=G_T'[f(x,y)]=\begin{cases}G_T[f(x,y)]+T, & G_T[f(x,y)]\geqslant T'\\ f(x,y), & \text{其他}\end{cases} \tag{2.16}$$

式中，T' 表示锐化阈值；T 表示加强值。

2.2.2　汽车锁扣铆点视觉测量的边缘锐化

经过图 1.17 中前五个步骤的处理，分别定位待测铆点所在区域以实施测量，铆点定位效果如图 2.9 所示。从图 2.9 可以看出，矩形区域所标识的铆点区域轮廓较模糊，不利于精确提取铆点轮廓。因此，需要采取梯度锐化方法以突显铆点的轮廓细节。

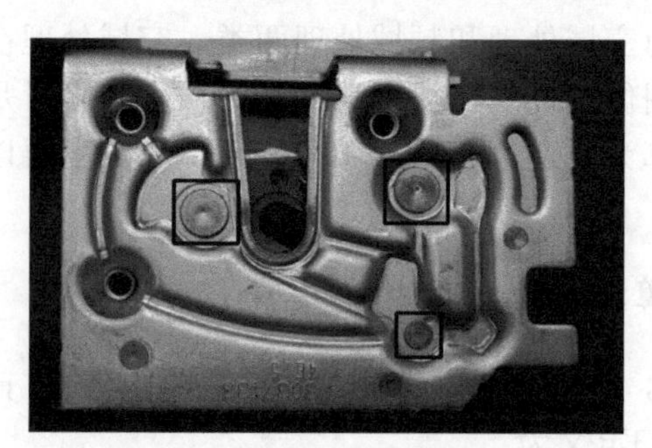

图 2.9　铆点区域定位图

常规的图像锐化运用双方向一次微分运算，计算出梯度后直接用梯度值替代该点的灰度值，图像边缘行列的像素值用临近的梯度值填充。实验发现直接用梯度值代替灰度值会使图像丢失大量原始信息。因此根据铆点图像的特征，设置门限判断对梯度锐化进行改进，具体公式为

$$g(x,y)=G_T'[f(x,y)]=\begin{cases}G_T[f(x,y)]+T_1, & G_T[f(x,y)]\geqslant T_1'\\ f(x,y)-T_2, & f(x,y)\geqslant T_2'\\ f(x,y), & \text{其他}\end{cases} \tag{2.17}$$

式中，$G_T'[f(x,y)]$ 为最终的灰度代替值，因此最大值为 255；T_1' 表示锐化阈值，当

梯度值大于T_1'时，其梯度值加 T_1，从而加强梯度边缘；T_2'表示灰度阈值，当图像灰度值大于T_2'时，灰度值减 T_2，保留原图高灰度值信息，同时消除了其对梯度边缘的影响，其他情况灰度值不变，处理后的图像既增强了铆点轮廓，又显著增大边缘信息与其他背景的区分度。

针对 ROI 中圆数目较少，且大多数点都在圆上的特征，采用效率更高的随机 Hough 变换提取铆点的轮廓，并对同一幅锁扣图像梯度锐化前后轮廓提取效果进行对比(图 2.10)。从图 2.10 可以看出，梯度锐化后轮廓提取更加贴切真实的边缘。

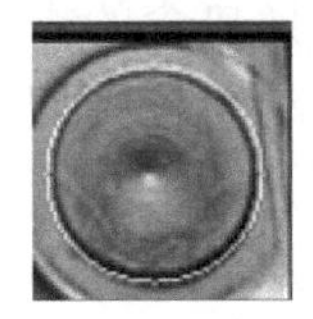
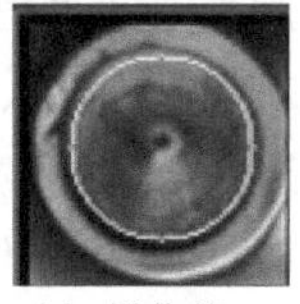
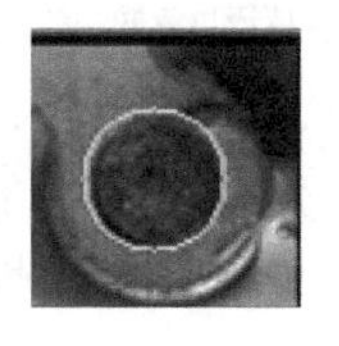

(a) 锐化前

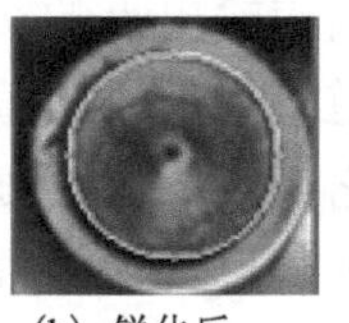
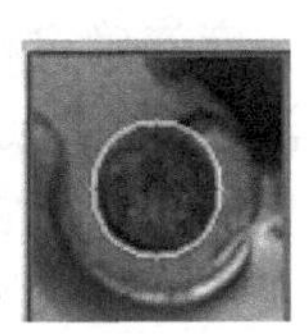

(b) 锐化后

图 2.10　梯度锐化前后铆点轮廓识别效果图

分别选取三个锁扣零件，每类铆点在梯度锐化前后各测量两次，一次为视觉测量，另一次为手工测量。改进前后梯度锐化测量值与真实值的对比如表 2.1 所示，其中，测试值对应于视觉测量结果，真实值为 50 分度游标卡尺多次测量的均值。

表 2.1　锐化改进前后测量数据表

铆点序号		真值/mm	锐化前测量值			锐化后测量值		
			像素值/pixel	测试值/mm	误差值/mm	像素值/pixel	测试值/mm	误差值/mm
铆点 1	①	10.545	306	10.710	0.165	303	10.605	0.060
	②	10.500	304	10.640	0.140	301	10.535	0.035
	③	10.562	307	10.745	0.183	302	10.570	−0.008
铆点 2	①	10.580	298	10.430	−0.150	300	10.500	−0.080
	②	10.621	301	10.535	−0.086	301	10.535	−0.086
	③	10.600	297	10.395	−0.205	300	10.500	−0.100
铆点 3	①	6.441	189	6.615	0.174	185	6.475	0.034
	②	6.409	186	6.510	0.101	183	6.405	0.004
	③	6.428	187	6.545	0.117	184	6.440	0.012

由表 2.1 可见，梯度锐化后的测量值误差更小，与真实值更加相近，说明改进后的梯度锐化处理对提取铆点轮廓更加准确，系统要求的铆点尺寸偏差为±0.2mm，梯度锐化后的测量值均满足系统检测要求。

2.3　图 像 增 强

图像增强的主要目的是对图像进行加工以提高图像的质量，便于图像的下一步分析和处理。图像增强技术一般是通过对图像的边缘信息、轮廓信息、对比度等特征进行增强，从而突出图像中的某些特征，提高其使用价值。图像增强应用范围广泛，目前图像增强处理的应用已经渗透到医学诊断、航空航天、军事侦察、指纹识别、无损探伤、卫星图片处理等领域。这里主要介绍灰度变换和直方图增强。

2.3.1 灰度变换

灰度变换可使图像动态范围增大，对比度得到扩展，使图像清晰、特征明显，是图像增强的重要手段之一。它主要利用点运算来修正像素灰度，由输入像素点的灰度值确定相应输出点的灰度值，是一种基于图像变换的操作。灰度变换包含的方法很多，如逆反处理、阈值变换、灰度拉伸、灰度切分、灰度级修正、动态范围调整等。虽然它们对图像的处理效果不同，但处理过程中都运用了点运算，通常灰度变换按映射函数可分为线性变换、分段线性变换、非线性变换以及其他灰度变换等多种形式。

1. 线性变换

假定原图像 $f(x, y)$ 的灰度范围为$[a, b]$，变换后的图像 $g(x, y)$ 的灰度范围线性地扩展至$[c, d]$，则根据线性方程式可知其数学表达式为

$$g(x,y)=\frac{d-c}{b-a}[f(x,y)-a]+c \tag{2.18}$$

若图像中大部分像素的灰度级分布在区间$[a,b]$上，该图像灰度在 $0\sim G$ 范围内，且只有很小一部分像素的灰度级不在区间$[a, b]$上，为了改善增强效果，则可以针对区间$[a, b]$作线性变换，区间外直接赋为变换后值域的上下限。

$$g(x,y)=\begin{cases} c, & 0\leqslant f(x,y)\leqslant a \\ \dfrac{d-c}{b-a}[f(x,y)-a]+c, & a<f(x,y)<b \\ d, & b\leqslant f(x,y)\leqslant G \end{cases} \tag{2.19}$$

在曝光不足或过度的情况下，图像的灰度可能会局限在一个很小的范围内，这时得到的图像可能是一个模糊不清，似乎没有灰度层次的图像。采用线性变换对图像中每一个像素灰度作线性拉伸，将有效改善图像视觉效果。

2. 分段线性变换

为了突出图像中感兴趣的目标或灰度区间，相对抑制不感兴趣的灰度区间，可采用分段线性变换，它将图像灰度区间分成两段乃至多段分别作线性变换，每一个直线段都对应一个局部的线性变换关系。分段线性变换的优点是可以根据用户需要拉伸特征物体的灰度细节。以三段线性变换为例，图像 $f(x, y)$ 的灰度范围为$[0, G]$，

映射到[0，255]，其中，$f(x, y)$中灰度值在区间[0，a]和[b，G]上的动态范围分别映射到 $g(x, y)$的[0，c]和[d，255]上，而 $f(x, y)$的区间[a，b]被增强到 $g(x, y)$的区间[c，d]，其数学表达式为

$$g(x,y)=\begin{cases}\dfrac{c}{a}f(x,y), & 0\leqslant f(x,y)\leqslant a\\ \dfrac{d-c}{b-a}[f(x,y)-a]+c, & a<f(x,y)<b\\ \dfrac{255-d}{G-b}[f(x,y)-b]+d, & b\leqslant f(x,y)\leqslant G\end{cases} \tag{2.20}$$

3．非线性变换

非线性变换就是利用非线性变换函数对图像进行灰度变换，主要有指数变换、对数变换等。下面以原图像$f(x, y)$非线性变换到$g(x, y)$为例分别予以介绍。

(1) 指数变换是指输出图像像素点的灰度值与对应的输入图像的像素灰度值之间满足指数关系，其一般公式为

$$g(x,y)=b^{f(x,y)} \tag{2.21}$$

式中，b 为底数。为了增加变换的动态范围，在上述一般公式中可以加入一些调制参数，以改变变换曲线的初始位置和曲线的变化速率。此时变换公式可表示为

$$g(x,y)=b^{c[f(x,y)-a]}-1 \tag{2.22}$$

式中，a、b、c 为可选参数，当$f(x, y)=a$ 时，$g(x, y)=0$，此时指数曲线交于 X 轴，由此可见，参数 a 决定指数变换曲线的初始位置，参数 c 决定变换曲线变化速率。指数变换用于扩展高灰度区，一般适用于过亮的图像。

(2) 对数变换是指输出图像像素点的灰度值与对应的输入图像的像素灰度值之间为对数关系，其变换可表示为

$$g(x,y)=a+\frac{\ln[f(x,y)+1]}{b\ln c} \tag{2.23}$$

式中，a、b、c 为可选参数，$f(x, y)+1$ 是为了避免对 0 求对数，对数变换适用于扩展低灰度区，一般用于变换过暗的图像。

以 FPC 型电子接插件针脚检测为例，其针脚轴向的图像灰度对数变换结果如图 2.11 所示。对比图 2.11(a)与图 2.11(b)可以看出，原始图像中灰度值较大的亮点对应针脚端面，但每个针脚端面亮点区域大小差异较大，难以定位到每个针脚的准确中心；而对数变换后图像中各个针脚端面区域灰度差异较小，为图像分割得到较完整的针脚奠定了基础。但是从图 2.11(b)与图 2.11(d)可以看出，虽然图像整体变亮，但是针脚端面与背景的灰度差异变小，为图像分割时阈值的选取增加了难度。

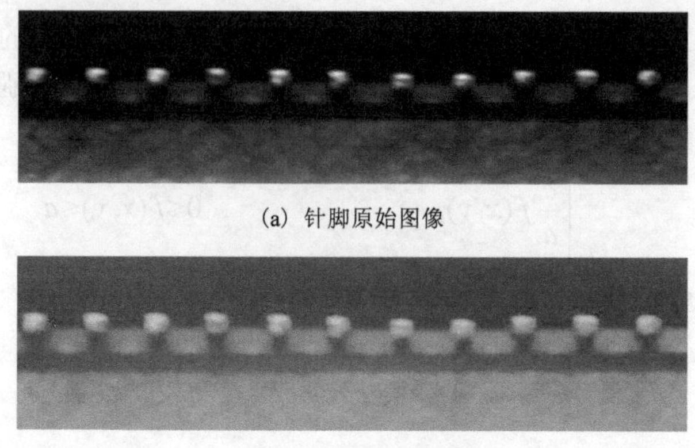

(a) 针脚原始图像

(b) 对数变换后针脚图像

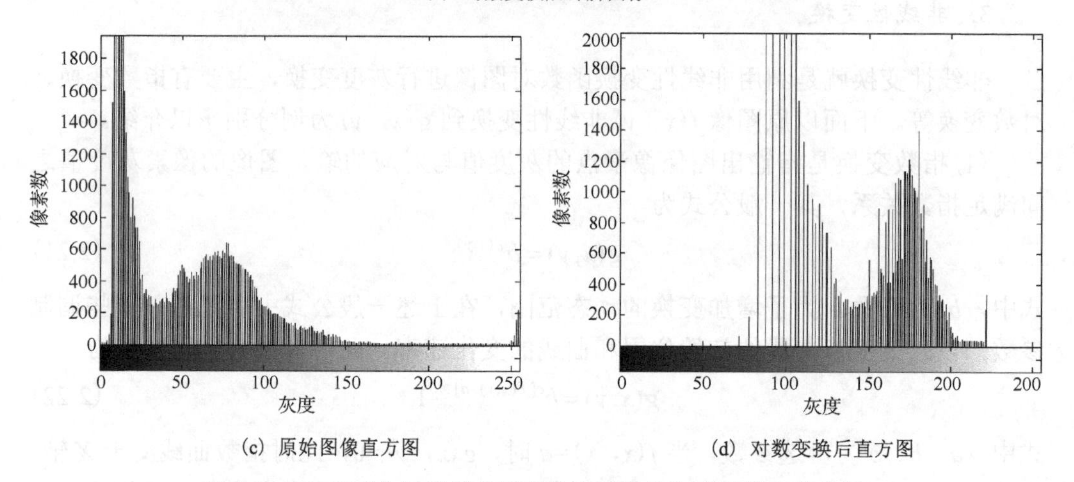

(c) 原始图像直方图　　(d) 对数变换后直方图

图 2.11　FPC 型电子接插件针脚轴向图像的灰度对数变换结果

2.3.2　直方图增强

图像的灰度直方图是反映该图像中每一灰度级与这种灰度级出现的像素数或频数之间的统计关系。灰度级为[0, L−1]范围的数字图像的直方图是离散函数 $h(r_k)=n_k$，其中 r_k 是第 k 级灰度，n_k 是图像中灰度级为 r_k 的像素个数。通常以图像中像素数目的总和 N 去除直方图中每个灰度级对应的值，以得到归一化的直方图，其定义为

$$P(r_k)=\frac{n_k}{N},\quad k=0,1,2,3,\cdots,L-1 \tag{2.24}$$

因此，$P(r_k)$ 给出了灰度级 r_k 所发生的概率估计值。总之，直方图具有以下特性。

(1) 直方图中不包含位置信息。直方图只反映了图像灰度分布的特性，与灰度所在的位置无关，因此不同图像可能具有相近或者完全相同的直方图分布。

(2) 直方图反映了图像的整体灰度。对于暗色图像，直方图的组成集中在灰度级

低的一侧，相反，明亮图像的直方图则倾向于灰度级高的一侧。直观上讲，可以得出以下结论：若一幅图像的像素占有全部可能的灰度级并且分布均匀，则该图像具有高对比度和多变的灰度色调。

(3)直方图的可叠加性。一幅图像的直方图等于其各个部分直方图的和。

(4)直方图具有统计特性。由直方图的定义可知，连续图像的直方图是连续函数，具有统计特征，如矩、绝对矩、中心矩、绝对中心矩、熵等。

(5)直方图的动态范围。直方图的动态范围是由计算机图像处理系统的模数转换器的灰度级决定的。

直方图均衡化是图像对比度增强最常用的方法之一，其基本思想是通过原图像的灰度级的概率密度函数求出灰度变换函数，使原图像的像素能均匀地分布在整个灰度区间。灰度图像经过均衡化处理后，像素会均匀地分布在每个灰度级上，从而达到增强图像对比度的目的。

变换函数 $H(r)$ 与原图像概率密度函数 $p_r(r)$ 之间的关系为

$$s = H(r) = \int_0^r P_r \mathrm{d}r, \quad 0 \leqslant r \leqslant 1 \tag{2.25}$$

式中，$H(r)$ 要满足 $0 \leqslant H(r) \leqslant 1$。

由于数字图像中像素值为离散型随机变量，则

$$s_k = H(r_k) = \sum_{i=0}^{k} \frac{n_i}{N} = \sum_{i=0}^{k} p_r(r_i), \quad 0 \leqslant r_i \leqslant 1, k = 0,1,2,3,\cdots,L-1 \tag{2.26}$$

于是，直方图均衡化的处理步骤如下。

(1)求出待处理图像的直方图 $p_r(r)$。

(2)利用累计分布函数对原图像的灰度直方图进行变换，得到新的图像灰度。

(3)进行近似处理，以新灰度代替旧灰度，同时将灰度值相等或近似的每个灰度直方图合并在一起，得到 $p_s(s)$。

以 FPC 型电子接插件针脚检测为例，其针脚法向图像的直方图均衡化结果如图 2.12 所示。由图 2.12(b)与图 2.12(d)可以看出，虽然均衡化后的灰度分布均匀，但是针脚与背景的差异变小，针脚所带的毛刺也随之突显出来，并不利于后续的图像分割。

直方图均衡化是以累计分布函数变换法为基础的直方图修正技术，使得变换后的灰度概率密度函数是均匀分布的，因此，它不能控制变换后的直方图而交互性差。然而，在很多特殊的情况下，需要变换后图像的直方图具有某种特定的曲线，如对数和指数等，直方图规定化可以解决这一问题。直方图规定化方法如下：假设 $P(r_k)$ 是原始图像分布的概率密度函数，$p_z(z)$ 是希望得到的图像的概率密度函数。

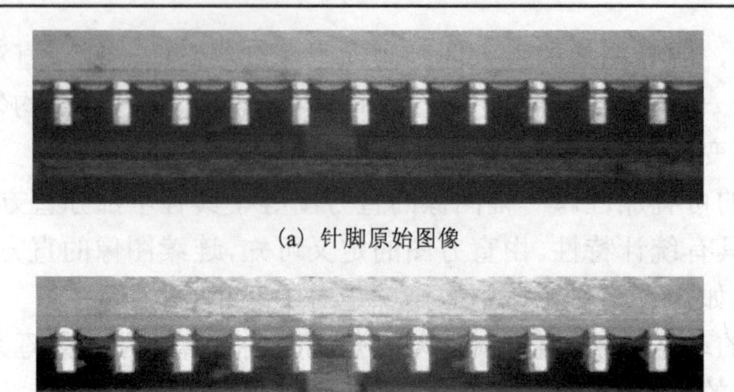

(a) 针脚原始图像

(b) 直方图均衡化后针脚图像

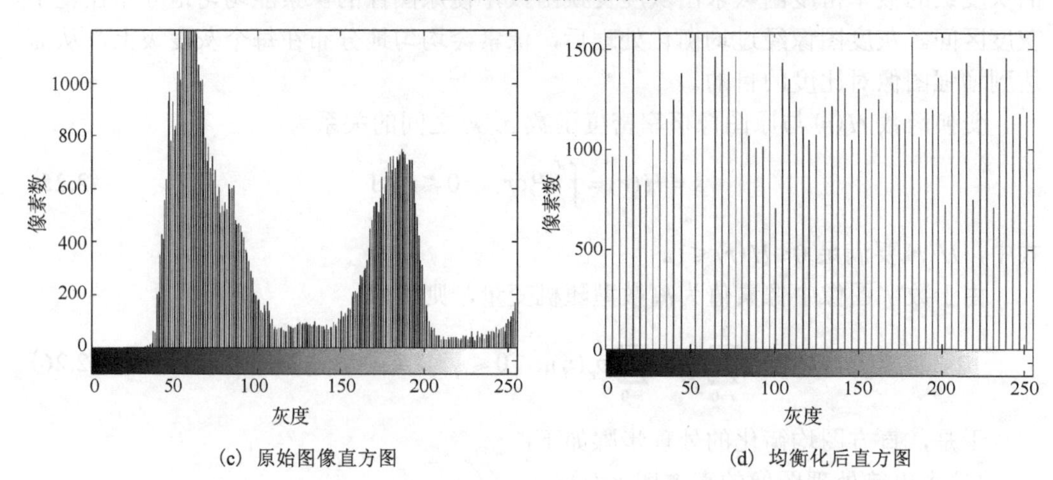

(c) 原始图像直方图　　(d) 均衡化后直方图

图 2.12　FPC 型电子接插件针脚法向图像的直方图均衡化结果

先对原始图像进行直方图均衡化处理，即

$$s = T(r) = \int_0^r p_r(v)\mathrm{d}v \tag{2.27}$$

假定图像的概率密度函数是 $p_z(z)$，对该图像进行均衡化处理，即

$$u = G(z) = \int_0^z p_z(v)\mathrm{d}v \tag{2.28}$$

由于对这两幅图像进行同样的均衡化处理，所以它们具有同样的均匀密度。其逆过程为 $z = G^{-1}(U)$，如果用从原始图像中得到的均匀灰度级 s 来代替逆过程中的 u，则其结果灰度级将是所要求的概率密度函数 $p_z(z)$ 的灰度级，即

$$z = G^{-1}(u) = G^{-1}(s) \tag{2.29}$$

根据以上思路，可以总结出直方图规定化增强的处理步骤如下。

(1) 将原始图像进行均衡化处理。

(2) 规定希望的灰度概率密度函数，并计算它的累计分布函数 $G(z)$。

(3) 将逆变换函数 $z = G^{-1}(s)$ 用到步骤 (1) 中所得的灰度级。

上述三步所形成的处理方法只要求 $G(s)$ 是可逆的即可。但是，对于离散图像，由于 $G(s)$ 是一个离散的阶梯函数，其不可能存在逆函数。因此，只能进行截断处理，必将不可避免地导致变换后图像的直方图通常不能与目标直方图严格匹配。

2.3.3　电子元器件视觉检测的图像增强

电子元器件的引脚往往微小，在图像预处理阶段需要初步凸显针脚的特征。由图 2.11 (c) 和图 2.12 (c) 可知，FPC 型电子接插件针脚图像的像素灰度值大多数处在较暗的区域，非线性变换和直方图增强都难以凸显针脚的轮廓信息。因此，可采用分段线性变换，拉伸针脚的灰度细节，抑制背景区域的灰度级。根据轴向和法向针脚的图像灰度直方图，设定分段线性灰度变换函数，可得到如图 2.13 所示的变换结果，从图中可以看出，针脚的轮廓较背景突出，而且轮廓区域较完整，为下一步图像处理奠定了良好基础。

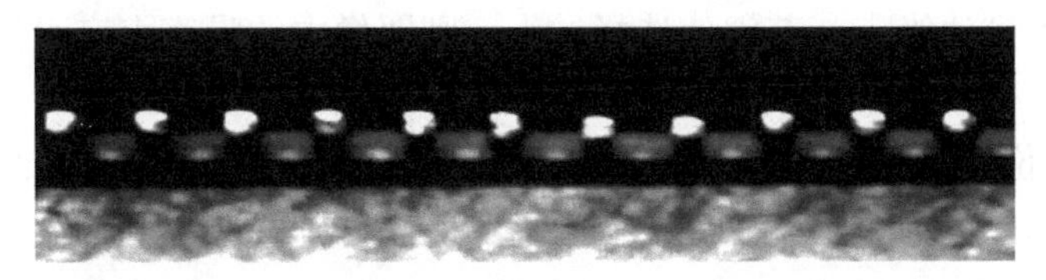

(a) 针脚轴向图像灰度线性变换结果

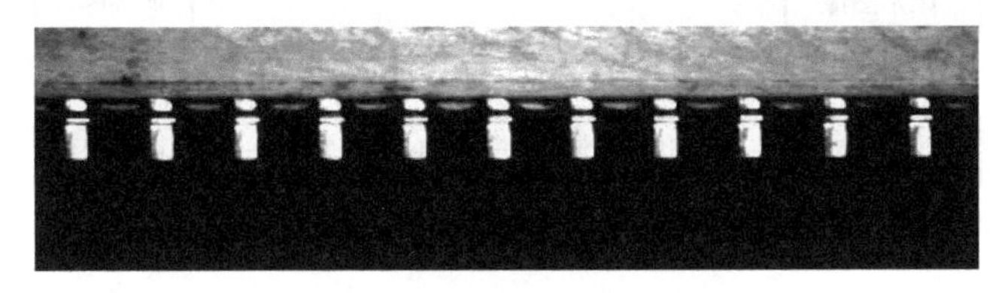

(b) 针脚法向图像灰度线性变换结果

图 2.13　分段线性灰度变换结果

第3章 图像分割

图像分割在图像处理与分析中起到承上启下的作用，通常需要以下几个步骤：图像预处理、边缘检测、阈值分割、边缘定位，如图3.1所示。

(1)图像预处理：由于边缘检测一般多为梯度算子或者拉普拉斯算子进行处理，而这两种算子对噪声十分敏感，它会将图像中出现的噪声判断为边缘部分。因此有必要首先对图像进行平滑滤波等预处理。

(2)边缘检测：通过计算图像的梯度变化来测量边缘强度级的变化，并将局部强度值存在变化的区域显现出来。

(3)阈值分割：设定一个阈值，若梯度的幅度值大于阈值，则可判定该点为边缘点，否则该点不为边缘点。而阈值的选择是能否判断出边缘的关键，若阈值选择过大，则有可能检测不到边缘点；若阈值选择过小，则图像中的噪声点有可能被当作边缘点检测出来。

(4)边缘定位：一般通过梯度算子检测出的边缘会被加宽，给后续的处理往往带来很多麻烦。因此，为了更精确地定位边缘的所在，一般选用非极大值抑制等方法。

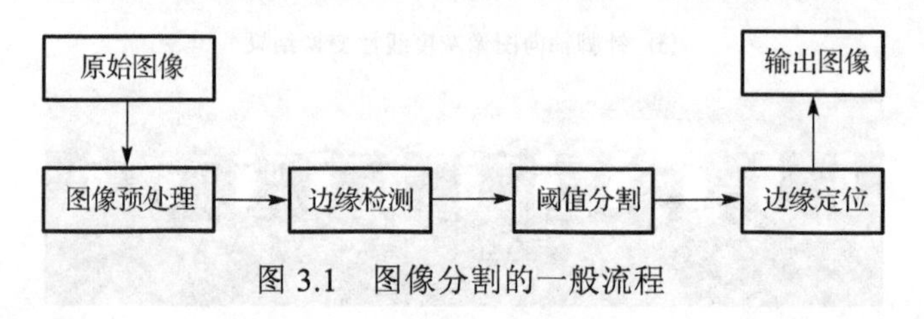

图3.1 图像分割的一般流程

本章将围绕这几个方面逐一进行陈述，并辅以相关的视觉检测应用实例，同时给出如基于先验知识的ROI提取、直方图反向投影等在实际视觉检测中非常有效的图像分割方法。

3.1 边缘检测

图像的边缘部分往往携带着区域内的许多重要信息，对图像分析与理解具有重要意义。边缘本质上是在图像强度级中发生的局部变化，即信号的突变所在，这些点描述了图像的边缘所在，而这些轮廓通常是图像处理中一个十分重要的组成部分。边缘检测技术一直都是机器视觉领域的研究热点。广义上来说，灰度或结构等信息的突变处称为边缘[90]。边缘既是一个区域的结束，又是另一个边缘的开始。

一般可认为边缘分为图3.2所示的三种。其中，图3.2(a)中图像由暗变明，灰度上有一个向上的阶跃，其一阶导数在阶跃处对应的是其极大值，其二阶导数在阶跃处对应的是过零点；图3.2(b)中图像先暗，然后明，最后暗，其图像有两个灰度阶跃，在明处对应着其灰度波峰，其一阶导数在图像明处对应着零点，其二阶导数在图像明处对应唯一的极小值点；图3.2(c)中图像由暗逐渐变明，最后逐渐恢复成暗色，不同于图3.2(b)的阶跃型变换，图3.2(c)的亮度是渐变的，因此其灰度图像是斜坡状，其一阶导数在明处对应着零点，其二阶导数在明处存在唯一的极小值点。

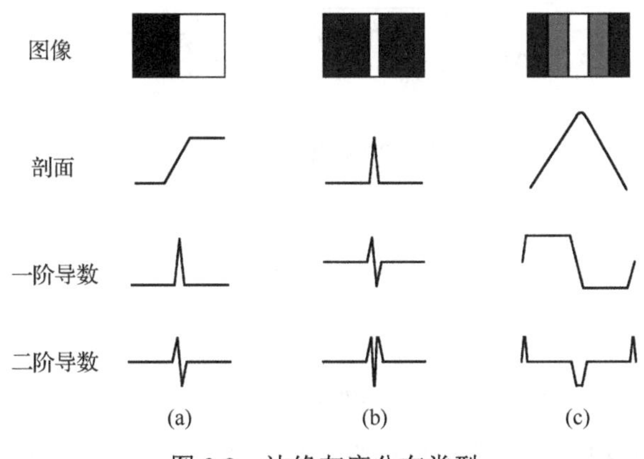

图3.2 边缘灰度分布类型

通过分析图3.2可以发现：对于图像中灰度变化很小的区域，其梯度幅值趋于零，而图像中处于边缘的区域，由于其周围像素的灰度变化比较大，梯度幅值变化也很大，所以可以用一阶导数的极点来判断确定图像的边界位置，如图3.2(a)所示；对于灰度变化不具有阶跃性的图像，则可以使用一阶导数取零点的方法确定边缘的位置，如图3.2(b)所示。利用一阶和二阶导数的极值和零点特性判断图像中边缘的位置需要根据实际的灰度变化趋势来确定，其灰度变换模型大多数类似于图3.2中的三种模型。

阶跃型和线条型是最理想的边缘，然而在实际情况中很少出现。由于传输器件的低频效应，所以在实际视觉检测应用中所获取的图像恰好是图3.2中的第一种情况，也就是在两个边缘区域之间有一片介于图像和边缘的区域(图中斜坡部分)。它是由于光学系统、采样以及待检测产品边缘自身的特征所产生的。

3.1.1 一阶微分边缘算子

在灰度图像中，需要对每个像素位置进行偏导数运算，而在实际运用中，常用小区域模板进行卷积来近似计算。由于在 x 方向和 y 方向各需要一个模板，所以采用两个模板的组合来构成一个梯度算子，下面分别介绍几种常用的边缘算子。

一阶微分边缘检测算子，也称梯度边缘算子，它是利用图像在边缘处的阶跃性，即图像梯度在边缘区的局部极大值特性进行边缘检测。梯度是一个矢量，它具有方向θ和模$|\Delta I|$，其定义为

$$\Delta I = \begin{bmatrix} \dfrac{\partial I}{\partial x} \\ \dfrac{\partial I}{\partial y} \end{bmatrix} \tag{3.1}$$

$$|\Delta I| = \sqrt{\left(\frac{\partial I}{\partial x}\right)^2 + \left(\frac{\partial I}{\partial y}\right)^2} = \sqrt{I_x^2 + I_y^2} \tag{3.2}$$

$$\theta = \arctan(I_y / I_x) \tag{3.3}$$

为了节约计算时间和运算量，通常将梯度矢量简化为

$$|\Delta I| = |I_x + I_y| \tag{3.4}$$

或

$$\Delta I = \max(I_x, I_y) \tag{3.5}$$

梯度模值的大小提供了边缘强度信息，梯度的方向提供了边缘趋势信息。由于梯度方向始终垂直于边缘方向，所以在实际应用中通常利用有限差分进行梯度近似。于是，式(3.1)中梯度矢量可表示为

$$\frac{\partial I}{\partial x} = \lim_{h \to 0} \frac{I(x+\Delta x, y) - I(x, y)}{\Delta x} \tag{3.6}$$

$$\frac{\partial I}{\partial y} = \lim_{h \to 0} \frac{I(x, y+\Delta y) - I(x, y)}{\Delta y} \tag{3.7}$$

当$\Delta x=1$，$\Delta y=1$时，其有限差分可近似为

$$\frac{\partial I}{\partial x} \approx I(x+1, y) - I(x, y) \tag{3.8}$$

$$\frac{\partial I}{\partial y} \approx I(x, y+1) - I(x, y) \tag{3.9}$$

如果使用图像坐标系，i表示x的方向，j表示y的方向，那么上述公式可表示为

$$\frac{\partial I}{\partial x} = I(i+1, j) - I(i, j) \text{ 或 } \frac{\partial I}{\partial x} = I(i, j) - I(i-1, j) \tag{3.10}$$

$$\frac{\partial I}{\partial y} = I(i, j-1) - I(i, j) \text{ 或 } \frac{\partial I}{\partial y} = I(i, j) - I(i, j+1) \tag{3.11}$$

而对于 Roberts 边缘检测卷积核，由

$$\frac{\partial I}{\partial x}=I(i,j)-I(i+1,j+1) \tag{3.12}$$

$$\frac{\partial I}{\partial y}=I(i+1,j)-I(i,j+1) \tag{3.13}$$

可以导出（m_x 和 m_y 在（i+1/2，j+1/2）的近似）

$$m_x=\begin{bmatrix}1 & 0\\0 & -1\end{bmatrix},\quad m_y=\begin{bmatrix}0 & -1\\1 & 0\end{bmatrix} \tag{3.14}$$

而对于图 3.3 所示的 3×3 模板中心像素的梯度可以通过下式计算得出：

a_1	a_2	a_3
a_4	a_0	a_5
a_6	a_7	a_8

图 3.3　3×3 模板

$$\frac{\partial I}{\partial x}=m_x=(a_3+ca_5+a_8)-(a_1+ca_4+a_6) \tag{3.15}$$

$$\frac{\partial I}{\partial y}=m_y=(a_6+ca_7+a_8)-(a_1+ca_2+a_3) \tag{3.16}$$

式中，c 为加权系数，用于表示离中心像素的远近。当 c=1 时，即为 Prewitt 边缘检测卷积核：

$$m_x=\begin{bmatrix}-1 & 0 & 1\\-1 & 0 & 1\\-1 & 0 & 1\end{bmatrix},\quad m_y=\begin{bmatrix}-1 & -1 & -1\\0 & 0 & 0\\1 & 1 & 1\end{bmatrix} \tag{3.17}$$

而当 c=2 时，则可以得到经典的 Sobel 边缘检测卷积核：

$$m_x=\begin{bmatrix}-1 & 0 & 1\\-2 & 0 & 2\\-1 & 0 & 1\end{bmatrix},\quad m_y=\begin{bmatrix}-1 & -2 & -1\\0 & 0 & 0\\1 & 2 & 1\end{bmatrix} \tag{3.18}$$

根据模板大小与系数的不同，一阶边缘检测算子各不相同，常用的边缘检测算子有 Roberts、Prewitt、Sobel 等，下面分别予以介绍。

1）Roberts 算子

Roberts 算子计算相当简单，只运用当前像素的 2×2 邻域。对于输入图像 $f(x,y)$，其输出图像为 $g(x,y)$，则其 Roberts 边缘梯度可表示为

$$\begin{aligned}g(x,y)&=|\nabla f(x,y)|\\&=\sqrt{[f(x,y+1)-f(x+1,y)]^2+[f(x+1,y+1)-f(x,y)]^2}\end{aligned} \tag{3.19}$$

其梯度模板如图 3.4 所示。

2) Sobel 算子

Sobel 算子是用于水平和垂直边缘检测的一个简单的边缘检测算子，其模板如图 3.5 所示，包含一个横向梯度模板 G_x 和一个纵向梯度模板 G_y。

$$\begin{bmatrix}1 & 0\\0 & -1\end{bmatrix}\quad\begin{bmatrix}0 & 1\\-1 & 0\end{bmatrix}$$

图 3.4　Roberts 算子模板

$$G_x=\begin{bmatrix}-1 & 0 & 1\\-2 & 0 & 2\\-1 & 0 & 1\end{bmatrix},\ G_y=\begin{bmatrix}1 & 2 & 1\\0 & 0 & 0\\-1 & -2 & -1\end{bmatrix}$$

图 3.5　Sobel 算子模板

3) Prewitt 算子

Prewitt 算子与 Sobel 算子类似，其模板如图 3.6 所示，实现起来比 Sobel 算子要简单。

$$\begin{bmatrix}-1 & 0 & 1\\-1 & 0 & 1\\-1 & 0 & 1\end{bmatrix}\quad\begin{bmatrix}1 & 1 & 1\\0 & 0 & 0\\-1 & -1 & -1\end{bmatrix}$$

图 3.6　Sobel 算子模板(左为 G_x，右为 G_y)

3.1.2　二阶微分边缘算子

二阶微分边缘算子是利用图像在边缘处的阶跃性导致图像二阶微分在边缘处出现零值这一特性进行边缘检测，因此，该方法也被称为过零点算子或拉普拉斯算子。图像函数的一阶导数在边缘位置为极值，二阶导数为零值。在图像中寻找过零点的位置比找极值更为容易。常用的二阶微分算子有拉普拉斯(Laplacian)算子、高斯拉普拉斯(LoG)算子等。

1. Laplacian 算子

Laplacian 算子是各向同性的二阶导数，只考虑边缘的幅度，而不考虑其方向，其对图像有旋转不变性。对图像的二阶微分可以用 Laplacian 算子表示为

$$\nabla^2 I=\frac{\partial^2 I}{\partial x^2}+\frac{\partial^2 I}{\partial y^2}\tag{3.20}$$

对于 $\nabla^2 I$ 的近似可表示为

$$\frac{\partial^2 I}{\partial x^2}=I(i,j+1)-2I(i,j)+I(i,j-1)\tag{3.21}$$

$$\frac{\partial^2 I}{\partial y^2}=I(i+1,j)-2I(i,j)+I(i-1,j)\tag{3.22}$$

于是

$$\nabla^2 I=I(i,j+1)+I(i,j-1)+I(i+1,j)+I(i-1,j)-4I(i,j)\tag{3.23}$$

在数字图像处理中，计算函数的 Laplacian 值可采用模板代替实现。对于图 3.3 所示的 3×3 像素区域，中心像素的$\nabla^2 I$可近似为

$$\nabla^2 I = a_2 + a_4 + a_5 + a_7 - 4a_0 \tag{3.24}$$

二阶微分模板为

$$m = \begin{bmatrix} 0 & 1 & 0 \\ 1 & -4 & 1 \\ 0 & 1 & 0 \end{bmatrix} \tag{3.25}$$

虽然上述二阶微分边缘检测方法比较简单，但其对噪声十分敏感，而且不能提供边缘方向信息。于是，有学者提出了高斯拉普拉斯(Laplacian of Gaussian，LoG)算子。

2. LoG 算子

为了减少噪声对边缘的影响，LoG 算子将高斯平滑滤波器与 Laplacian 算子结合起来。首先运用高斯平滑滤波器对图像中的噪声进行平滑，然后再由 Laplacian 算子检测边缘。高斯平滑算子 $G(x，y)$为

$$G(x,y) = \mathrm{e}^{-\frac{x^2+y^2}{2\sigma^2}} \tag{3.26}$$

式中，σ为标准差，表示对图像的平滑程度，并与滤波器操作邻域的大小成正比。高斯函数的滤波模板一般设定为6σ。使用高斯函数对图像进行滤波，并对图像滤波结果进行二阶微分运算的过程，可以转换为先对高斯函数进行二阶微分，再利用函数的二阶微分结果对图像进行卷积运算：

$$\nabla^2[I(x,y) \otimes G(x,y)] = \nabla^2 G(x,y) \otimes I(x,y) \tag{3.27}$$

$$\nabla^2 G(x,y) = \left(\frac{r^2 - \sigma^2}{\sigma^4}\right)\mathrm{e}^{-\frac{r^2}{2\sigma^2}}, r^2 = x^2 + y^2 \tag{3.28}$$

可以将高斯函数的二阶微分生成边缘检测模板，如 5×5 的 LoG 边缘检测模板为

$$m = \begin{bmatrix} -2 & -4 & -4 & -4 & -2 \\ -4 & 0 & 8 & 0 & -4 \\ -4 & 8 & 24 & 9 & -4 \\ -4 & 0 & 8 & 0 & -4 \\ -2 & -4 & -4 & -4 & -2 \end{bmatrix} \tag{3.29}$$

3. Canny 边缘算子

Canny 边缘算子是一种最常用，也是公认性能优良的边缘检测算子，它经常被其他算子作为标准算子，进行优劣的对比分析。Canny 提出了边缘检测算子优劣评判的三条标准：①高的检测率，边缘检测算子应该只对边缘进行响应，既不漏检任

何边缘，又不应将非边缘标记为边缘；②精确的定位，即检测到的边缘与实际边缘之间的距离要尽可能小；③最小的响应，对每一条边缘只响应一次，对可能存在的噪声不应标识为边缘。

为了满足上述三条标准，Canny 边缘检测算子在原一阶微分算子的基础上，增加了非极大值抑制和双阈值两项改进。利用非最大值抑制不仅可以有效地抑制多响应边缘，而且可以提高边缘的定位精度；利用双阈值可以有效减少边缘的漏检率。利用 Canny 算子进行边缘提取主要分为以下四步。

第一步：使用高斯函数对图像进行平滑滤波。为了提高运算效率，可以将高斯函数转化为滤波模板，再与原始图像作卷积。例如，5×5 的平滑模板（$\sigma\approx1.4$）如图 3.7 所示。

第二步：分别求出去噪后图像在 x，y 方向上的梯度 G_x 及 G_y，对于梯度的求取方法可采用前面介绍过的 Sobel 算子来计算。然后，得到梯度值与梯度方向角分别为

$$G=\sqrt{G_x^2+G_y^2},\ \theta=\arctan\left(\frac{G_y}{G_x}\right) \tag{3.30}$$

第三步：非极大值抑制。根据前面所述的标准，边缘的宽度只能有一个像素，但是经过 Sobel 边缘算子处理后，所得到的边缘往往会变宽，而且边缘的粗细也不一致。边缘的粗细主要取决于跨越边缘的密度分布以及使用高斯滤波后图像的模糊程度。非极大值抑制就是将图像中梯度强度极大的像素作为边缘保留下来，并将其他不符合条件的像素删除。梯度极大值通常位于边缘的中心位置，且沿梯度方向上距离的增加，其值随之减小。

结合第二步中得到的每个像素的梯度值和方向角，将 0°～360°梯度方向角归并为四个方向 θ'：0°，45°，90°和 135°。对于所有边缘，令 180°=0°，225°=45°等，使方向角在[−22.5°，22.5°]和[157.5°，202.5°]范围内的点都被归并到 0°方向角，其他角度归并以此类推，如图 3.8 所示，区域 0，1，2，3 分别对应于 0°，45°，90°和 135°四个方向角。

$$\frac{1}{159}\begin{bmatrix}2 & 4 & 5 & 4 & 2\\4 & 9 & 12 & 9 & 4\\5 & 12 & 15 & 12 & 5\\4 & 9 & 12 & 9 & 4\\2 & 4 & 5 & 4 & 2\end{bmatrix}$$

图 3.7　5×5 的高斯平滑模板

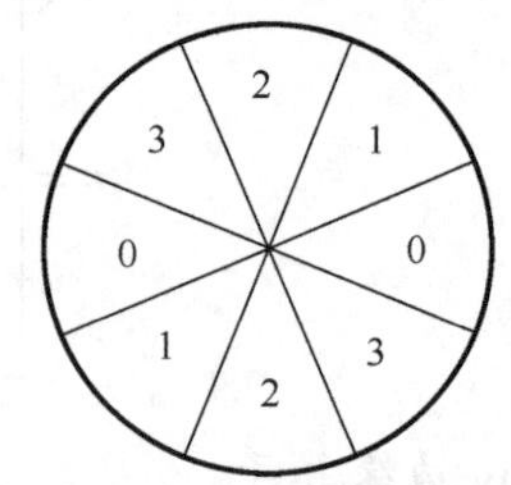

图 3.8　四个方向的角度范围

接着，比较每个像素点$(x，y)$与其梯度方向一致的 3×3 邻域内像素点的梯度强度，规则如下。

如果 $\theta'(x，y)=0°$，则比较像素$(x+1，y)$，$(x，y)$和$(x-1，y)$。

如果 $\theta'(x, y)=90°$，则比较像素$(x, y+1)$，(x, y)和$(x, y-1)$。

如果 $\theta'(x, y)=45°$，则比较像素$(x+1, y-1)$，(x, y)和$(x-1, y+1)$。

如果 $\theta'(x, y)=135°$，则比较像素$(x+1, y+1)$，(x, y)和$(x-1, y-1)$。

比较相应方向下这三个像素梯度值的大小，若中心点的梯度值大于其他两个值，那么该点被认为是边缘中心点而保留，否则该点被删除。

第四步：滞后阈值化。噪声的影响，使原本连续的边缘出现断裂的情况。滞后阈值化分别设定高阈值 t_{high} 和低阈值 t_{low}，若像素对边缘算子的响应超过高阈值，则被认定为边缘点；若在高阈值和低阈值之间，且为已标定为边缘的像素的 4 或 8 邻域，也将这些像素标定为边缘点；该过程反复迭代，将剩余孤立点的响应超过低阈值的像素视为噪声，且不再反复标记。具体过程如下。

如果像素(x, y)的梯度值小于 t_{low}，则像素(x, y)为非边缘像素。

如果像素(x, y)的梯度值大于 t_{high}，则像素(x, y)为边缘像素。

如果像素(x, y)的梯度值在 t_{high} 和 t_{low} 之间，则进一步检查像素(x, y)的 3×3 邻域，如果 3×3 邻域内有梯度大于 t_{high} 的像素，则认定像素(x, y)为边缘像素。

如果在像素(x, y)的 3×3 邻域内没有梯度值大于 t_{high} 的像素，则进一步扩大范围到 5×5 邻域，比较 5×5 邻域内的像素是否大于 t_{high}，若存在，则像素(x, y)为边缘像素；否则为非边缘像素。

Canny 算子相比 LoG 算子在边缘检测的方向性和边缘定位要好得多，且 Canny 算子具有较强的抗噪能力，能在边缘处产生方向和强度两个信息，方便后续处理。但 Canny 算子也存在着不足，例如，为了得到更好的效果，通常需要选择更大尺度的滤波，但是所带来的后果就是图像中的细节容易丢失。

3.1.3 形态学边缘检测

边缘是目标形状的主要信息，边缘检测是大多数图像处理的重要一步。在图像形态特征基础上，突出重要的、感兴趣的特征信息，可以直接处理图像的形态信息，达到图像识别与分析的目的，更符合人类对图像的理解。传统的基于像素值变化特性的边缘方法仅利用图像的像素特征，并没有区分图像的形态特征，在识别与分析图像中存在不足。由于边缘附近的灰度分布具有较大的梯度，所以可以利用图像的形态学梯度来检测图像的边缘。通常采用形态学膨胀与腐蚀运算相结合来获取图像的形态学梯度。

数学形态学是根据几何代数及拓扑论提出的图像处理方法，它将对象集合化，对集合进行研究，对象之间可通过结构元素进行联系。设 $f(x, y)$ 为原始图像，$b(x, y)$ 为结构元素，$g(x, y)$ 表示处理后的边缘图像，则形态学边缘检测算子可表示为

$$g=(f\oplus b)-(f\Theta b) \tag{3.31}$$

式中，⊕表示膨胀运算；Θ表示腐蚀运算。经过形态学处理后，图像边缘灰度变化会更加尖锐，相比传统的微分边缘算子，形态学在处理过程中不会加强和放大噪声，而且使用对称的结构元素使得边缘受方向的影响很小，因此形态学边缘检测算法具有实用性。

3.1.4 粘扣带疵点视觉检测的边缘检测

以粘扣带视觉检测为例，为了识别粘扣带的表面缺陷，首先必须把粘扣带从视场中分离出来，这就需要采用边缘检测算子定位粘扣带边缘以提取粘扣带子图像。图 3.9 给出了图像预处理后，分别采用 Roberts 算子、Sobel 算子、Prewitt 算子、LoG 算子、Krish 算子的边缘检测结果。

(a) Roberts 算子结果图

(b) Sobel 算子结果图

(c) Prewitt 算子结果图

(d) LoG 算子结果图

(e) Krish 算子结果图

图 3.9　粘扣带边缘检测结果图

由图 3.9 可以看出：基于梯度的边缘检测算子所得到的边缘都较粗，而且对噪声比较敏感，其中 Roberts 算子的处理效果最差，几乎很难辨别出粘扣带。当然，运用上述算法并不能真正定位粘扣带的边缘所在，即感兴趣区域(ROI)。因此，结合粘扣带的实际情况设计了一套快速边缘检测算法。

在图像的后续处理中，往往只对图像中的某一部分感兴趣，为了识别和分析目标，需要将这些相关区域分离出来，在此基础上才可能对目标进一步处理。这种设置 ROI 的处理方式一方面有利于减少运算时间以提高效率，另一方面可以避免其他对象的干扰以提高识别准确率。仔细观察如图 3.10 所示的粘扣带图像可知以下几点。

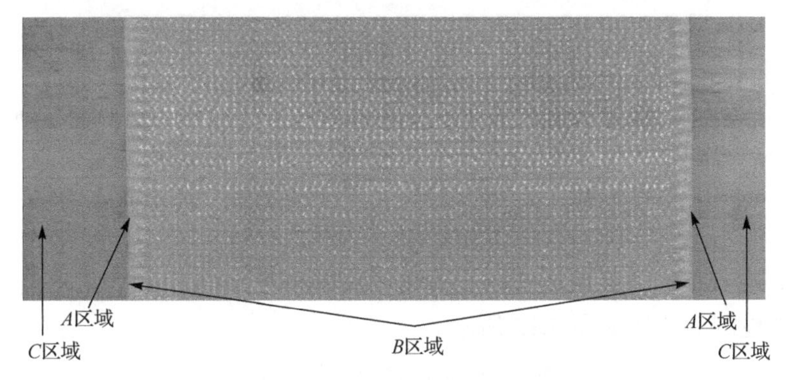

图 3.10　所采集的粘扣带图像

(1) 粘扣带的幅面一般都比较小，宽度不到 20cm，所以在采集的图像中有很大一部分的背景图像是没有意义的，也就是非感兴趣区域，即图 3.10 中 C 区域，必须将该部分从图像中分离出来，以节省运算时间。

(2) 粘扣带因其自身工艺特点，两边均有一段比较平整的部分，即图 3.10 中 A 区域，与待检测的绒毛区域有着明显的区别，而且生产厂家一般对两边宽边缘的质量没有特别要求，因此在处理时不必检测这部分图像，即在图像分割时需将此部分剔除，将疵点图像识别的核心算法运用在 B 区域上，以节约处理时间。

为了提取 B 区域的子图像并进一步检测子图像中的疵点，首要任务是快速检测、定位粘扣带的边缘。目前，很多算法都能有效地检测粘扣带图像的边缘，但是有些算法相对复杂，且对系统硬件要求较高，显然在这里是不适用的。为此，设计了基于一阶特征值的粘扣带边缘检测方法，能有效、快速地检测与定位粘扣带边缘。若系统采集到一幅粘扣带图像 $f(i, j)$，则其边缘检测算法流程如下。

第一步：扫描图像 $f(i, j)$ 的每一列，并记录该列中所有行的像素值 $g(i, j)$。

第二步：提取每一列中所有行的像素值 $g(i, j)$，并计算出每列的像素平均值。

$$E_j = \sum_{i=1}^{n} g(i,j) \tag{3.32}$$

第三步：绘制第二步所得到的所有列的像素平均值 E_j 曲线图，如图 3.11 所示。

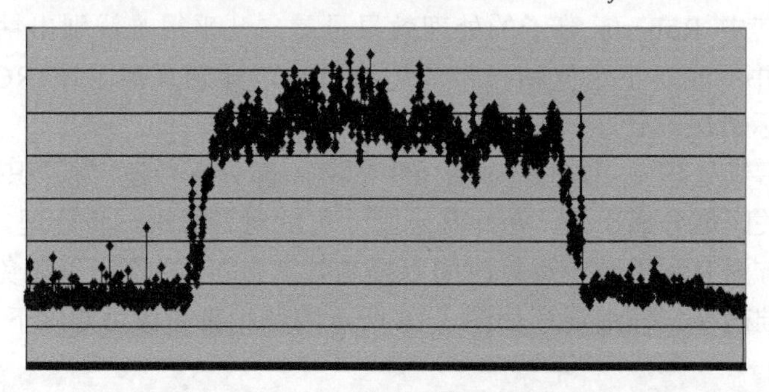

图 3.11　每列像素平均值曲线图

第四步：分别从两端开始遍历曲线图中每列对应的数据点 E_j，将 E_j 分别与其相邻两点比较，得到最大值，并设定一个阈值 Y，当两个相邻点的差值小于这一阈值时，继续寻找下一个最大值。当两点差值大于阈值 Y 时，检验此点的另一侧，如果另一侧的差值小于 Y，则判定该点为边缘点。于是得到曲线两端的两个变化极大值点 S_{j1}，S_{j2}。找到极大值对应的那一列点集的位置坐标，便可以精确地定位粘扣带的边缘。边缘检测的结果如图 3.12 所示。

图 3.12　粘扣带边缘检测结果

由图 3.12 可以很明显地看出：处理后的粘扣带边缘非常清晰，而且所选的区域正好是所需要检测的部分。

3.1.5　网孔织物质量视觉检测的边缘检测

如图 3.13 所示，为了使获得的网孔织物信息完整，令 CCD 相机的覆盖区域扩展到背景区域(图像左边为网孔织物，右边为背景)，由于图像较大，此处选取其右半部分作为实例。从图中可以看出，图像存在明显的边缘特征。在图像处理的过程中，不需要对多余的背景进行处理与分析，故为了节省处理时间与提高系统的实时性，需对图像进行边缘检测，提取出感兴趣区域，即只有网孔织物信息的区域。

图 3.13　网孔织物边缘图像

通过以上分析可知，边缘检测算子众多，各有优缺点：Roberts 算子边缘定位精度较高，但其容易丢失部分边缘，且对噪声具有不可容忍性，不具备抗噪能力；Sobel 算子与 Prewitt 算子类似，都是先进行加权平滑，再进行微分，对噪声具有一定的滤除效果，且其边缘定位效果良好，但 Prewitt 算子在对噪声的抑制能力上不如 Sobel 算子；Laplacian 算子不依赖边缘方向，具有旋转不变性，对阶跃性边缘具有良好的定位效果，但同样，该算子对噪声非常敏感，且使噪声成分得到加强；LoG 算子克服了 Laplacian 算子对噪声的敏感性，先对图像进行平滑，再进行边缘检测；Canny 算子处理后，可消除图像中的部分噪声，且边缘较为清晰，但其大尺寸的滤波器容易导致部分细节丢失。

各算子对图 3.13 所示网孔织物边缘检测效果如图 3.14 所示，从图中可以看出：Roberts 算子、Laplacian 算子、LoG 算子的检测效果均不理想，Prewitt 算子与 Sobel 算子检测效果不错，但 Sobel 算子检测效果更好。

(a) Roberts 算子

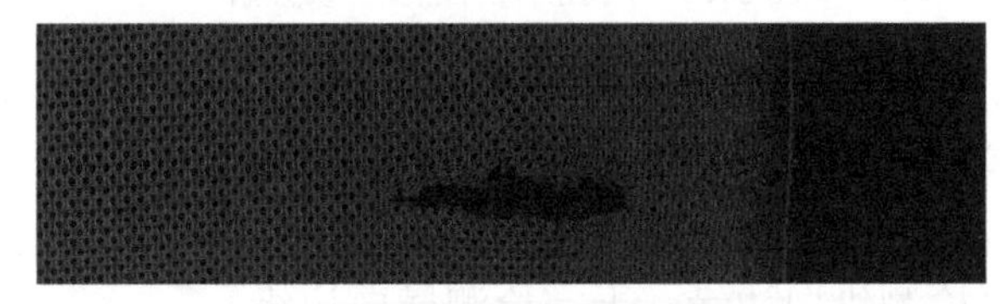

(b) Prewitt 算子

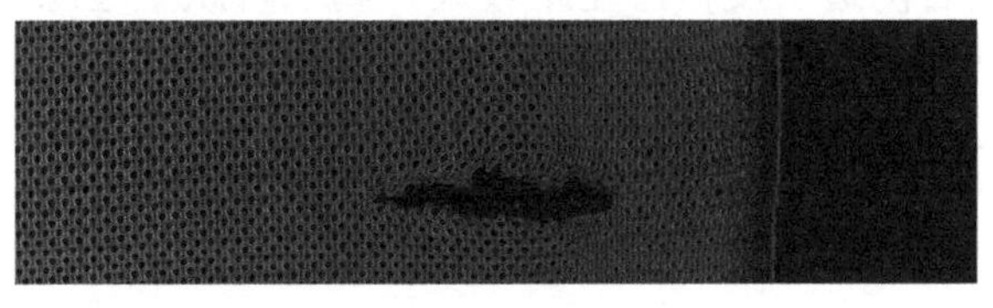

(c) Sobel 算子

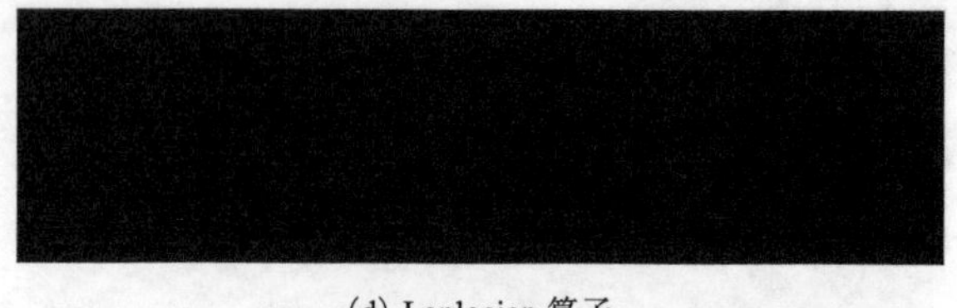

(d) Laplacian 算子

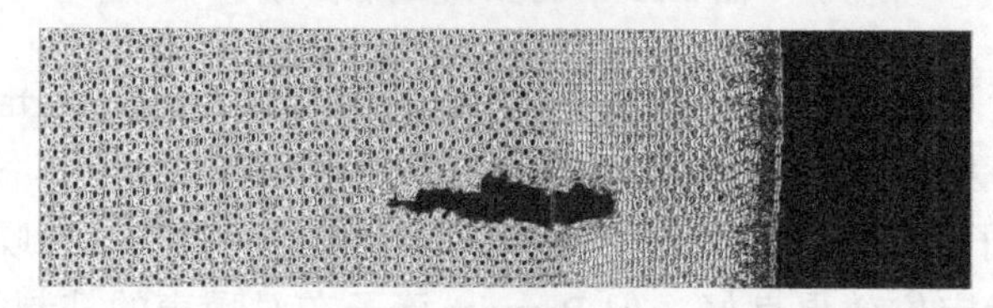

(e) LoG 算子

图 3.14　常用边缘检测算子对网孔织物的处理效果

于是，基于 Sobel 算子提出了一种边缘快速检测方法。如图 3.15 所示，网孔织物图像分为 A、B、C 三个区域。其中，A 区域为所需网孔织物区域，即感兴趣区域；B 区域为网孔织物边角，在实际检测中，无需检测；C 区域为无信息背景区域，其作用是实现网孔织物图像的完整采集，在实际检测中，并不需要对其进行检测。

图 3.15　网孔织物图像区域分解

从图 3.15 中可得出如下信息。

(1) 图像边缘较宽，因此无需边缘检测精度定位到单个像素。

(2) 图像边缘较齐，所搭建的硬件系统运行平稳，故所采集的图像边界整齐。

(3) 图像只需要检测纵向边缘，无需检测横向边缘。

(4) 图像边界左右两边灰度信息差距较大，属于阶跃型边缘。

根据图像中所获得的信息，结合对经典边缘检测算子的分析，基于 Sobel 算子设计了适合平稳运动的边缘快速定位方法，具体步骤如下。

第一步：对经过预处理去除噪声后的图像，进行 Sobel 边缘检测，其检测效果如图 3.14(c) 所示。

第二步：根据 Sobel 算子处理后的图像，设定阈值 T，若像素梯度值大于 T，则判定为边界点；反之，则为非边界点。

第三步：将图像按列平均等分为 N 份，从左到右、从右至左依次检测所等分的 N 列，记录其左、右像素梯度大于 T 的位置。

第四步：求该 N 列边缘位置的均值，即可定位其边缘位置。

该方法的检测流程如图 3.16 所示。

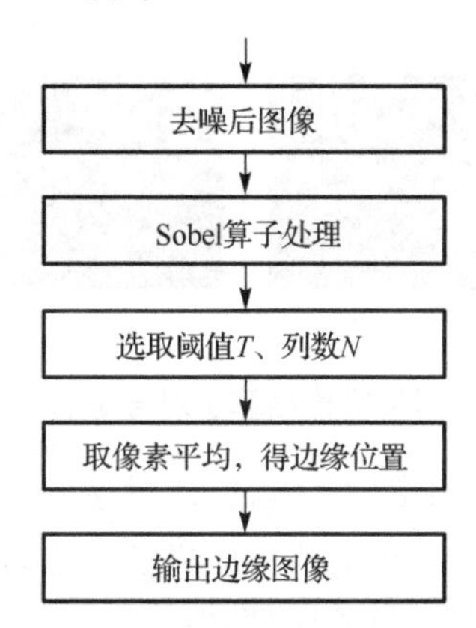

图 3.16 设计的网孔织物边缘检测流程图

该方法首先选用 Sobel 算子，主要因为 Sobel 算子边缘定位效果良好，具有一定的抗噪声性能，且由于图像只需检测纵向边缘，所以只需选用纵向 Sobel 算子模板进行运算。同时，由于所获取图像较平稳，边缘较整齐，所以为了节约处理时间，满足实时性要求，随后对 Sobel 算子检测后的图像只选取其中 N 行进行扫描。边缘检测效果如图 3.17 所示，从图中可以看出，所设计的边缘检测方法效果良好，且满足了实时性。

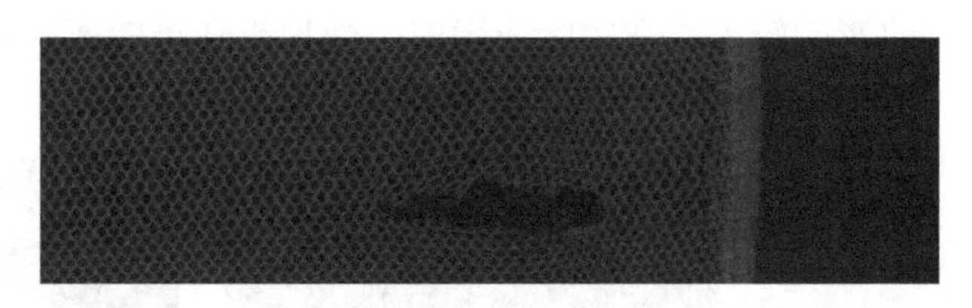

图 3.17 设计的网孔织物边缘检测算法检测效果

3.1.6 导爆管视觉检测的边缘检测

在导爆管视觉检测系统中需要提取出外径的轮廓进行测量，计算内壁的厚度作为参考量，而且要剔除导爆管的背景图像以缩小缺陷检测的区域，采用边缘检测算子和阈值分割分别对导爆管图像进行处理，通过比较得出最适合的边缘检测方法。

基于边缘检测算子对图像进行分割，使用常见的边缘检测算子，包括 Sobel 算子、Roberts 算子和 Laplacian 算子等，各自的检测结果如图 3.18 所示。

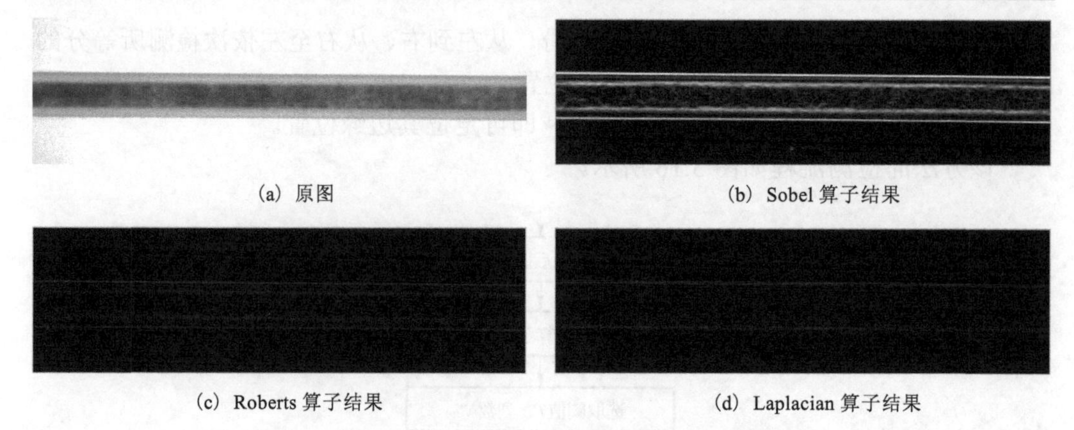

(a) 原图　　(b) Sobel 算子结果

(c) Roberts 算子结果　　(d) Laplacian 算子结果

图 3.18　常用边缘检测算子对导爆管的检测效果

由图 3.18 可知，经过 Sobel 算子检测后，导爆管图像的边缘清晰而且连续，对背景中噪声的抑制也很有效；经过 Roberts 算子处理以后图像的边缘和背景区分度很低；经过 Laplacian 算子处理以后的图像边缘不仅对比度低，而且有些边界曲线有断开的趋势。比较以上三种边缘检测算子的处理结果，只有 Sobel 算子的边缘检测效果较好。

3.1.7　电子元器件视觉检测的边缘检测

在电子元器件视觉检测过程中，由于受到拍摄环境噪声的影响，电子元器件引脚的边缘检测存在一定的偏差。基于形态学梯度的边缘提取方法更能突出电子元器件引脚的特征，而不放大图像的噪声，从而提高测量的精度。相反，传统的微分边缘检测算子受阈值的影响较大，在实际应用中，受拍摄环境的影响，很难确定合适的边缘分割阈值。图 3.19 给出了这两种边缘检测的效果图。

(a) 原始图像

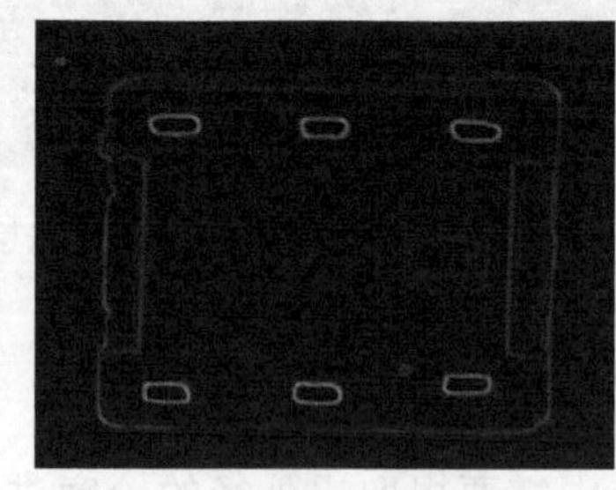

(b) 形态学边缘检测

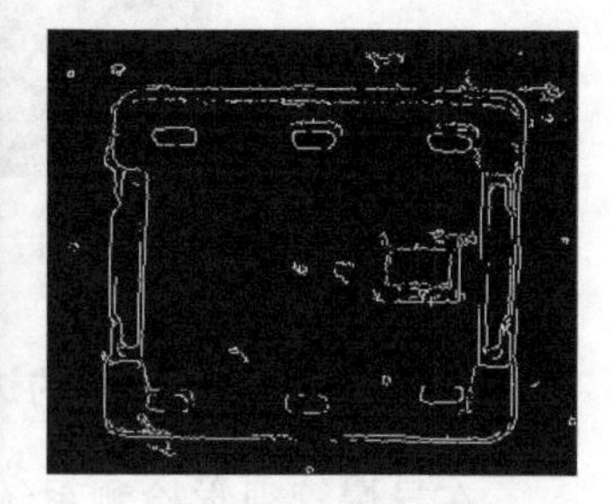

(c) Canny 边缘检测

图 3.19　电子元器件边缘检测效果图

从图 3.19 可以看出，经过形态学处理后的边缘不仅不受阈值的影响，还保留了原有的图像信息，从而保证了测量的精度；而传统的微分边缘算子(Canny 算子)检测的边缘过分依赖于阈值的选择，适应性较差。为了突出形态学边缘的信息，可以对其进行锐化处理。在形态学边缘检测基础上的锐化处理与常规锐化处理相同(如式(2.16)所示)。经过梯度锐化后的电子元器件边缘图像如图3.20(a)所示，可以看出，锐化后的图像更能突出电子元器件的引脚特征。

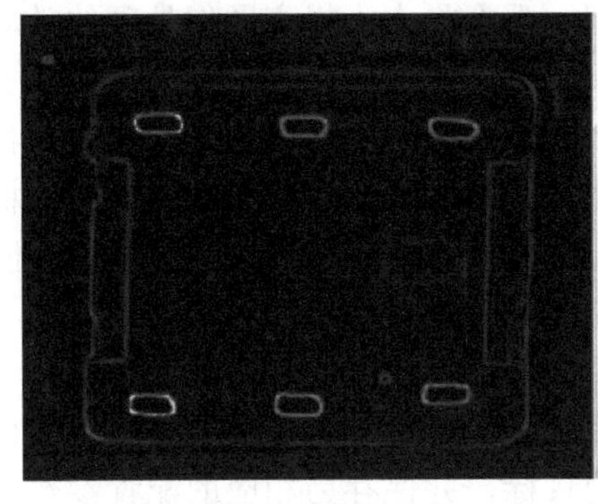

(a) 形态学边缘锐化效果

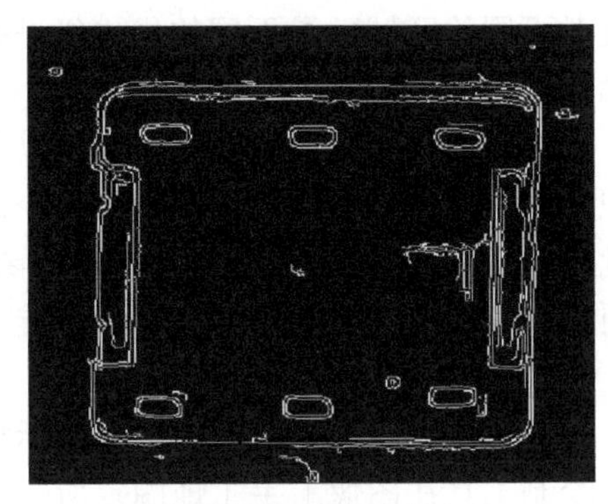

(b) 形态学边缘细化效果

图3.20 电子元器件形态学边缘锐化与细化效果

此处所采用的基于形态学边缘的锐化与2.2节所述的梯度锐化是比较常见的两种锐化算法，但是这两种方法的使用具有一定的区别。梯度锐化用来对细边缘进行增强，其精度是基于像素或者亚像素级别，常用于精度要求较高的测量中。基于形态学边缘的锐化主要适用于整体图像边缘不是很清晰的情况，因为其是基于“拓扑”理论的，所检测的边缘厚度增加，但是该算法可以很好地突出目标的边缘。若要求的精度较高，则可以在此基础上再次使用边缘提取算法，使目标的边缘变细。

虽然形态学边缘极大地保留了原有的图像信息，但由于结构元素，得到的边缘一般较厚(厚度与所选择的结构元素的大小与锚点相关)，所以有必要在形态学边缘的基础上进一步进行边缘的细化处理。于是，在锐化后的边缘上采用微分算子进一步处理以提取细边缘，其检测精度可以达到像素级甚至亚像素级(图3.20(b))。对比图3.19(c)与图3.20(b)可知，形态学边缘细化后的边缘比传统的微分边缘检测算子所得到的边缘更完整，效果也更好。

3.2 基于先验知识的ROI提取

在边缘检测与图像分割过程中，往往由于图像过大、背景过于复杂，以及所包含的对象过多而干扰了目标边缘的判断与定位。因此，为了提高图像分割的针对性与准确度，减少无用区域图像的处理以提高图像处理效率，通常有必要基于事先知晓的先验知识来设定图像的感兴趣区域(ROI)。

3.2.1 ROI 设定方法

人们对所观察的图像感兴趣的并不是整幅图像中的所有信息，而是仅对一部分区域或者几部分区域中的内容感兴趣，这些区域即为 ROI。如果能找出这些区域，并且对不同的区域赋予不同的优先级进行处理，那么将大大提高图像处理的效率和准确性。

在机器视觉与图像处理中，通常以方框、圆、椭圆、不规则多边形等方式在待处理的图像上勾勒出需要处理的区域。例如，Halcon、OpenCV、MATLAB 等机器视觉软件上常用各种算子(Operator)和函数来求得 ROI，并进行图像的下一步处理。常用的 ROI 设定方法包括人工绘制圈定、图像掩模、图像特征定位等。

1)人工绘制圈定

该方法最为简单，一般适用于目标相对静止的场合，通过视觉检测软件提供的 ROI 绘制工具在图像上手工地圈定所需关注的目标，并保存为相应的配置参数，由视觉检测软件自动提取对应区域的子图像进行分析处理。

2)图像掩模

图像掩模可适用于目标移动或场景变换的场合，利用图像处理技术自动圈定目标的轮廓并生成掩模，然后由掩模提取原始图像中的 ROI 子图像进一步处理。

3)图像特征定位

图像特征定位主要是利用视觉检测对象和场景的特点，提取如目标的位置、方向、尺寸、矩形度、宽长比、圆形度、不变矩等几何与形状特征，作为先验知识来辅助 ROI 的定位。该方法对目标的运动状态等没有较多限制，能自动识别并定位目标以提取 ROI 子图像。

3.2.2 先验知识的表示

先验知识(priori knowledge)是先于经验的知识。在哲学上，它使人联想到下述思想：人类头脑包含若干内在的特征，它可为人类理性和悟性提供基础。在图像处理当中，主要是根据一些现有的观察以及理论得出一些经验，从而简化图像处理算法。

例如，在 TFDS 的截断塞门手把匹配中，结合塞门手把在列车底部大致的装配位置(图 3.21)，在检测图像中根据其尺寸规格来设定先验区域，以减少搜索范围。然后，按照后续设计的塞门手把模板匹配算法，快速锁定塞门手把在目标图像中的区域。在车牌识别当中，由常识可知车牌通常位于车的下方，故只需搜索所拍图像的下方，而不用考虑整幅图像，以排除其他干扰，并提高算法效率。因此，结合实际检测对象与场景的相关先验知识，往往会取得一些很好的效果。

图 3.21　基于先验知识的塞门手把搜索区域

这些先验知识包括的范围很广，可以是目标的几何特征、形状特征，以及与其他物体的位置关系等。为了利用这些先验知识，首先要实现先验知识的表示。根据先验知识的复杂程度与利用难度，先验知识的表示可大体分为以下三个层次。

(1) 直接使用。针对一般的位置和尺寸信息，可以直接转换为图像中的像素坐标与区域大小。

(2) 特征组合。对目标的复杂几何特征、形状特征的利用，则相对复杂，需要由图像处理算法提取这些特征，并按照先验知识把这些特征集组织为图像搜索规则或组合过滤条件，然后搜索图像以最后锁定目标。

(3) 数学模型。对于一些目标自身特征集间相互关系复杂，或者目标与其他物体之间关联较大时，可以考虑在这些特征之间建立相应的数学模型，以所建的模型来判定目标区域。

3.2.3　FPC 补强片缺陷检测的轮廓掩模

1. 补强片轮廓提取

提取 FPC 补强片轮廓是其缺陷识别算法中的一个重要环节。轮廓可以把视场图像分割成内外两部分，使识别内外空间区域的缺陷特征互不干扰、并行处理；可以通过缺陷在轮廓内外的空间信息来区分其所属类型。当补强片内外区域的不同缺陷呈现相同描述特征时，轮廓成为区分的最佳标准。

提取补强片轮廓采用 RGB 颜色空间，该空间中，任一颜色在红、绿、蓝三个不同通道的分量不同，这也是彩色图像特征识别的基础[91]。在组合光源下，片体的各部分因材质不同其颜色特征存在明显差异。由于补强片的镜面反射，片体具有明显不同于其他区域的颜色特征，其颜色在 RGB 通道所占分量分别约为 0.005(R)、0.47(G)和 0.98(B)。实验数据表明，片体颜色在 B 通道的分量最大，故在该通道提取片体的轮廓。由于在 B 通道背景与前景差别很大，采用 Otsu 阈值对图像进行分割，阈值化与片体轮廓图像如图 3.22 所示。

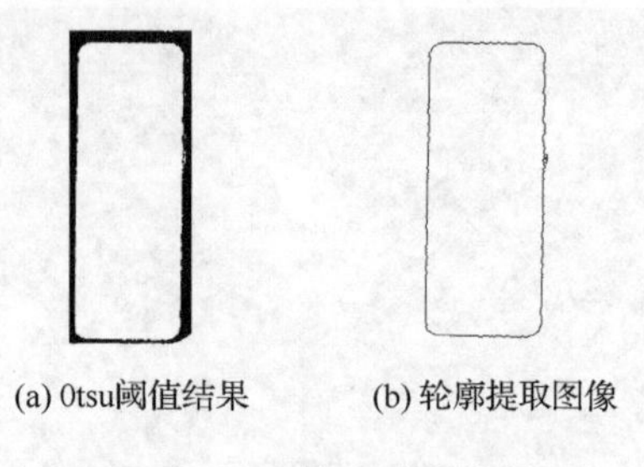

(a) 0tsu阈值结果　(b) 轮廓提取图像

图 3.22　FPC 补强片轮廓提取

2. FPC 补强片图像掩模设计

掩模是图像处理中一种十分实用的技术，其最大特点是可以设置任意形状的感兴趣区域。其原理是用预先制作的感兴趣区域掩模[92, 93]与待处理图像进行数学运算，使得感兴趣区域内图像特征保持不变，而区域外的图像将会被屏蔽。这里以 FPC 补强片轮廓设计区域掩模，并将其用到缺陷识别算法中。

具体实现为：首先提取图像中补强片轮廓，将轮廓以像素精度画在另一幅在内存中开辟的与采集图像大小相同且像素灰度全为 0 的图像上，作为缺陷识别掩模的母体；分别填充掩模母体轮廓内部与外部区域，从而产生内外两个图像掩模；分别用内外掩模与原图像进行数学运算，得到内外感兴趣区域图像。以 FPC 的补强片轮廓为界，内掩模与采集图像处理后可使 FPC 补强片轮廓内部的图像得以全部保留，外部被忽略(处理后灰度值为 0)。若与外掩模作用，则处理效果正好相反。

3.2.4　汽车锁扣铆点视觉测量的铆点 ROI 提取

由图 3.23 可以看出，汽车锁扣表面造型十分复杂，存在着大量圆形和弧形工艺，对铆点轮廓的提取造成极大干扰，难以直接对铆点直径进行测量。通过大量观察和实验研究发现，该类型汽车锁扣的两条棱边较其他特征区别明显，轮廓比较清晰，而每个铆点相对两条棱边的位置是基本不变的。因此，采用概率 Hough 变换对预处理后的图像进行直线检测，然后分别以两条棱边直线所组成的坐标系为参考，定位各铆点中心。

首先由图纸得到铆点直径及其中心到两条边缘的距离，分别为 d_w、x_w、y_w，转换成以两条棱边交点为原点的图像测量坐标系下的对应值，即

$$d_{\text{pixel}} = d_w / S_x \tag{3.33}$$

$$x_{\text{pixel}} = x_w / S_x \tag{3.34}$$

$$y_{\text{pixel}} = y_w / S_y \tag{3.35}$$

$$\text{WinSize}_x = d_w \times \text{Scale} / S_x \tag{3.36}$$

$$\mathrm{WinSize}_y = d_w \times \mathrm{Scale} / S_y \tag{3.37}$$

式中，x_{pixel}、y_{pixel}、d_{pixel}、$\mathrm{WinSize}_x$、$\mathrm{WinSize}_y$ 分别表示图像像素坐标系下铆点圆心坐标、直径及 ROI 的窗口大小；S_x，S_y 分别表示像素在横向和纵向的物理分辨率，一般两者很接近；Scale 表示 ROI 窗口比例系数，此处取 Scale=1.2，通过以上计算，可以定位每个铆点所在的区域，如图 3.23 中各矩形区域所示。

图 3.23 铆点 ROI 定位结果

3.2.5 TFDS 挡键故障识别的 ROI 定位

由于 TFDS 系统采集的图像拍摄角度不同，并且挡键是一个很小的构件，很难直接定位它所在的区域，而货运列车轮轴及通孔是一个很大并且能很容易检测的目标，所以采用由货运列车轮轴及通孔的位置间接定位挡键所在区域的方法。

1. 轮轴及通孔定位

经过预处理和分割后，根据货运列车轮轴及通孔轮廓一定是圆的特征，基于 Hough 圆变换可以检测图像中所有圆形轮廓并确定其圆心位置；然后，基于轮轴及通孔的几何尺寸等先验知识剔除干扰的圆轮廓，并最终定位轮轴及通孔。其算法流程如图 3.24 所示。

首先采用 Hough 圆变换检测原图像中所有存在的圆，经过多次试验统计，可以确定轮轴半径 $R\in[120, 150]$，通孔半径 $R\in[20, 40]$，于是可以设置一个限制条件，即 Hough 圆变换检测出的圆半径必须满足 $R\in[20, 40]\cup[120, 150]$的条件，然后将符合此条件的圆保存起来。

为此，定义一个结构体 Circle，用于存储圆的信息。结构体 Circle 的定义如下：

```
typedef struct _Circle
{
    int  nNum;              //圆的编号
```

```
    CvPoint  nPT;        //圆心坐标
    double  nRadius;     //圆的半径
  } Circle;
```

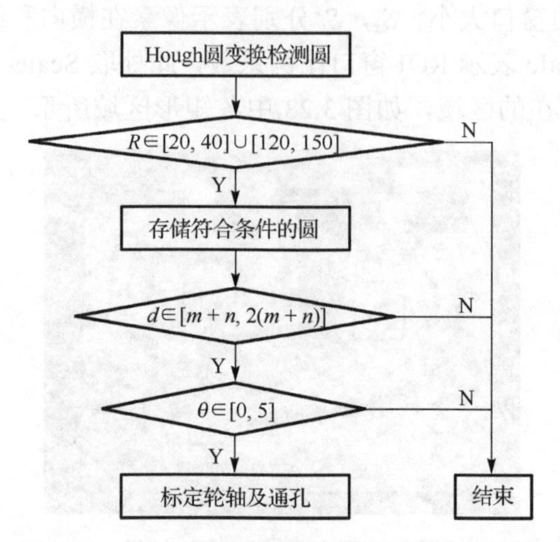

图 3.24　Hough 圆变换标定轮轴及通孔流程图

借助动态创建 Circle 结构体的存储空间，保存符合条件圆的关键信息。接着，将存储的圆提取出来，两两进行比较。把满足两圆圆心距 d 处于区间$[m+n, 2(m+n)]$(其中，m、n 分别表示大、小圆半径)内的圆筛选出来，进一步计算此两圆圆心与水平方向的夹角 θ，如果满足 $0\leqslant\theta\leqslant5$，则可以断定大圆为轮轴，小圆为通孔，并最终完成两个参考圆的标定。其检测效果如图 3.25 所示。

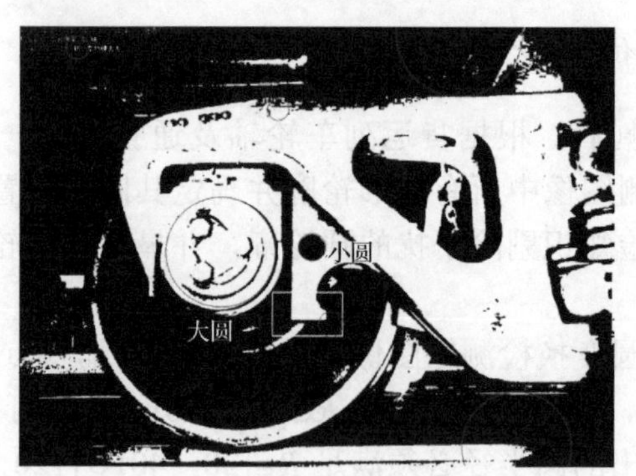

图 3.25　轮轴与通孔定位效果图

2. 挡键故障区域定位

如图 3.25 所示，挡键丢失的位置处于轮轴和通孔之间，偏轮轴右下侧。为方便准确地标定挡键位置，根据三者的位置关系可构建以下数学模型，如图 3.26 所示。

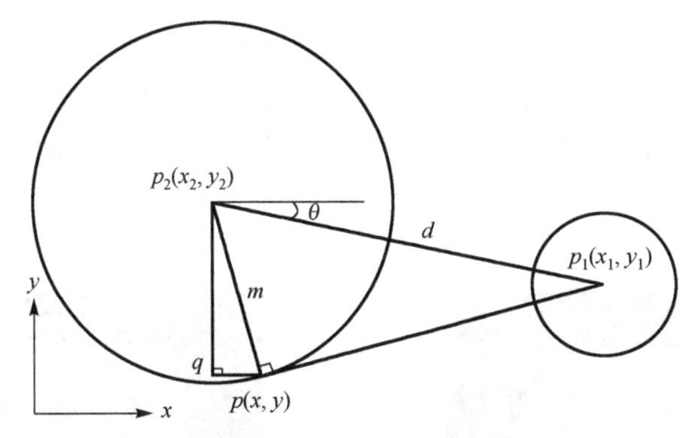

图 3.26　轮轴、通孔与挡键间简化的几何模型

其中，大、小圆圆心坐标分别为 $p_2(x_2,\ y_2)$、$p_1(x_1,\ y_1)$，大圆的半径 $R=m$，d 是大、小圆圆心距。设点 $p(x,\ y)$ 是由小圆向大圆所作外切线的切点，则

$$d=\sqrt{(x_1-x_2)^2+(y_1-y_2)^2} \tag{3.38}$$

由该模型可知，在 Rt$\triangle pp_1p_2$ 中，有

$$(x-x_1)^2+(y-y_1)^2=d^2-m^2 \tag{3.39}$$

在 Rt$\triangle qpp_2$ 中，有

$$(x-x_2)^2+(y-y_2)^2=m^2 \tag{3.40}$$

由式(3.39)和式(3.40)可得

$$x=\frac{x_1+x_2}{2}+\frac{y_1^2-y_2^2}{2(x_1-x_2)}-\frac{y(y_1-y_2)}{x_1-x_2}-\frac{d^2-m^2}{2(x_1-x_2)} \tag{3.41}$$

令 $k=\dfrac{y_1-y_2}{x_1-x_2}$，$B=\dfrac{x_1+x_2}{2}+\dfrac{{y_1}^2-{y_2}^2}{2(x_1-x_2)}-\dfrac{d^2-m^2}{2(x_1-x_2)}$ 代入式(3.41)，有

$$x=B-ky \tag{3.42}$$

将式(3.42)代入式(3.40)，消元化简有一元二次方程：

$$(k^2+1)y^2+2(kx_1-Bk-y_1)y+(B-x_1)^2+y_1^2-m^2=0 \tag{3.43}$$

又因为挡键所在位置的切点必须始终位于大、小圆圆心之下，故有

$$y<y_1,\quad y<y_2 \tag{3.44}$$

利用一元二次方程公式法对式(3.43)进行求解，即可求出符合条件(3.44)的唯一解 y，然后将所得值 y 代入式(3.42)即可得到 x。此时，切点 $p(x,\ y)$ 便准确求出。

因所求切点 p 非常靠近挡键位置，可以考虑以切点 p 为基点，按照一定的像素比例提取矩形感兴趣区域间接标定挡键丢失区域[94]。

由于轮轴和通孔之间存在着如图 3.27(a)和图 3.27(b)两种不同形式的排列方式，所以此处可以依据大小圆的相对位置来确定切点 p 分别为所标定矩形感兴趣区域的右上或左上端点，并以轮轴与通孔间圆心距的一半为矩形区域的长确定其他端点。其标定效果如图 3.27 所示，其中矩形区域即为所标定的挡键区域，由图可见标定效果较好。

(a) 轮轴在右

(b) 轮轴在左

图 3.27 挡键区域标定结果

3.3 直方图反向投影

直方图反向投影是一种特征统计方法。最早以颜色直方图反向投影的方式提出，颜色直方图反向投影是在复杂背景中寻找目标的一种低复杂度且有效的视觉算法。1991 年 Swain 等首次提出了颜色直方图反向投影用于目标定位，介绍了颜色直方图反向投影的原理[95]。Ennesser 等于 1995 年对 Swain 所提出的颜色直方图反向投影进行扩展和具体分析，提出了基于局部直方图匹配的算法，代替了直接取代属于目标像素的方式[96]。Agbinya 等使用颜色直方图的反向投影进行视频中的多目标追踪，使用单一的模型框架，需要自主选择感兴趣的区域颜色[97]。Lee 等利用多重颜色直方图的反向投影来进行目标追踪，建立了多重的颜色直方图模型，并用 3D 标记分离，如果目标的面积已知，则可以自动提取该区域[98]。Chen 等用颜色直方图反向投影和带宽自适应算法均值漂移算法进行目标检测，颜色直方图反向投影用于粗略检测阶段，均值漂移算法用于精确检测阶段[99]。

3.3.1 基于灰度的直方图反向投影算法

以灰度图像为例，某种灰度值在整幅图像中所占面积越大，其在直方图中的值越大，则反向投影时，其对应的像素的新值就越大(越亮)；反之，某种灰度值在整幅图像中所占面积越小，其新值就越小。基于灰度直方图的反向投影的计算公式为

$$\mathrm{bp}(i,j)=\frac{255\times q_{b(i,j)}}{\max(q_m)},\quad m=1,2,3,\cdots,n \tag{3.45}$$

式中，$\mathrm{bp}(i,\ j)$为在位置$(i,\ j)$处反向投影的像素值；$b(i,\ j)$表示图像中在位置$(i,\ j)$上的像素对应灰度直方图的第$b(i,\ j)$个bin，直方图共n个bin；$q_{b(i,j)}$表示第$b(i,\ j)$个bin的值；q_m表示灰度直方图第m个bin的值；$\max(q_m)$表示灰度直方图所有bin中bin值最大的bin值。

在检测坯布缺陷时，缺陷通常仅占所采集图像中的一小部分区域，并且由于坯布纹理的特性，按照式(3.45)所述原理得到的反向投影图中缺陷和非缺陷的灰度值相距较近，不易区分。为了更有效、更合理地检测出缺陷，反向投影的计算公式可变换为

$$\mathrm{bp}(i,j)=\begin{cases}q_{b(i,j)}, & q_{b(i,j)}<255\\ 255, & q_{b(i,j)}\geqslant 255\end{cases} \tag{3.46}$$

当图像进行灰度直方图统计后，如果灰度值对应的像素点个数小于255，则将像素点的个数作为这些像素点的灰度值；如果灰度值对应的像素点个数大于等于255，则这些像素点的灰度值全部置为255。这样处理可以过滤掉大部分非缺陷的像素点，对剩余像素点的反向投影将更具有针对性。

现以一幅具有破洞缺陷的斜纹坯布图像为例进行测试，测试图像如图3.28(a)所示，图3.28(b)和图3.28(c)分别是根据式(3.45)和式(3.46)处理后的反向投影图。从图中可以很明显地看出，根据式(3.46)得到的反向投影图的效果更好，对缺陷识别更有效。

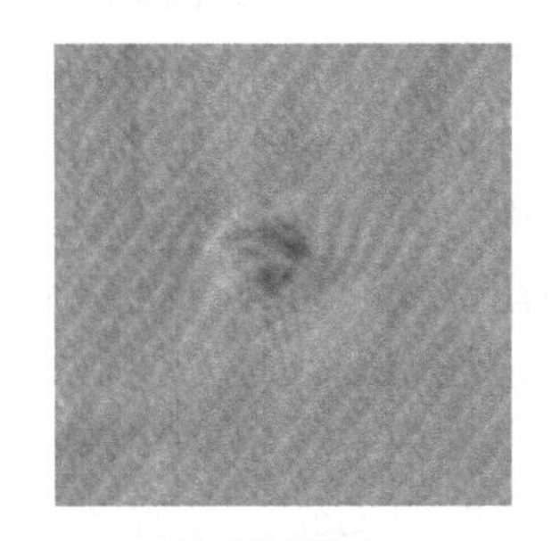

(a) 测试图像

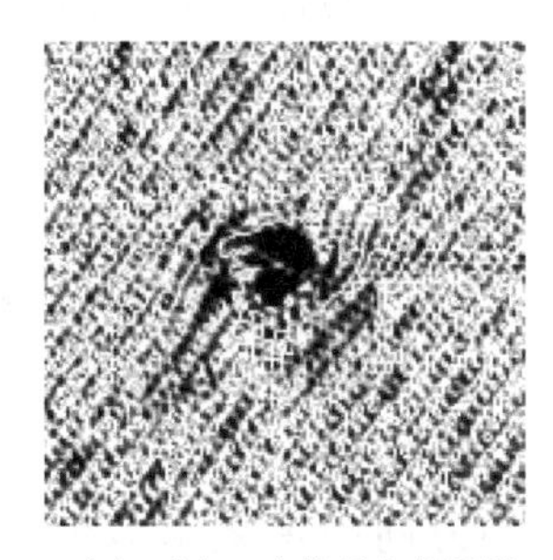

(b) 式(3.45)的反向投影图

(c) 式(3.46)的反向投影图

图3.28　两种反向投影方式效果比较

3.3.2　基于直方图反向投影的坯布疵点定位

反向投影用于坯布疵点检测具有较好的效果。以破洞缺陷为例，图3.29(a)为含有破洞缺陷的坯布图像及在其上截取的破洞缺陷，图3.29(b)为图3.29(a)的灰度直

方图，直方图维数尺寸为 255，其中底部的灰色部分为破洞缺陷的灰度分布。整个布匹图像的灰度值范围为[114，215]，缺陷的灰度值范围为[114，212]。从灰度直方图可以看出缺陷的灰度值范围与整幅图像基本一致，整个图像中非缺陷的灰度值比较集中。根据反向投影的原理，灰度直方图中纵坐标大于 255 的即灰度值在(161，192)的像素点在反向投影图中灰度值为 255。这部分像素点占整幅图像所有像素点的 87.44%，尽管其中也有少部分缺陷，但这已表明大量的非缺陷像素点被过滤掉了，即布匹的纹理被屏蔽了。

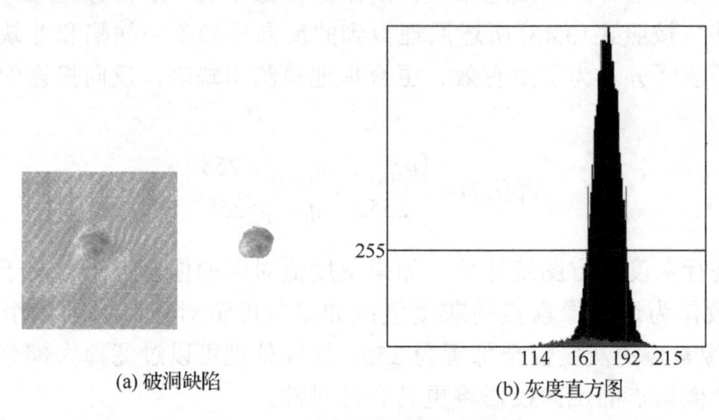

(a) 破洞缺陷　　(b) 灰度直方图

图 3.29　破洞缺陷的灰度统计

图 3.30(a)和图 3.30(b)分别为正常坯布图像和有破洞缺陷的坯布图像，从左至右分别为它们的原图、二值化图和反向投影图。从实验结果可以看出，坯布纹理的图像是一种明暗相间的条纹，明的像素点个数和暗的像素点个数基本相同。由于图像既具有灰度值较高的像素点，又具有灰度值较低的像素点，且缺陷的像素点的灰度值也是高低不一，简单的二值化阈值处理很难分离出缺陷，而反向投影可以将明暗相间的条纹归为一类，缺陷归为另一类，从而有效地分离出缺陷。二值化后的图很难对它进行下一步处理，而反向投影后的图在经过形态学处理后就可以很好地保留有缺陷的地方，排除非缺陷的地方。不论坯布的纹理是何种方向，反向投影的这种特性都可以很好地起到纹理屏蔽的作用，并且简单实用，相比 Gabor 变换等需要确定纹理的方向或者采用多个方向和尺度的 Gabor 核算子，复杂度大大降低了。

反向投影计算坯布灰度图像的直方图时，直方图维数尺寸的数组大小即 bin 的个数 m 对反向投影的图像具有一定影响。m 取 16 时相当于 256 个灰度级中每隔 16 个灰度级为一个 bin 的区间，m 取 256 时相当于每隔 1 个灰度级为一个 bin 的区间。以图 3.28(a)中含破洞缺陷的坯布图像为测试图像，图 3.31(a)和图 3.31(b)分别为 m 依次取 16、32、64、128、256 时破洞缺陷坯布图像的反向投影图和最终处理的效果图。

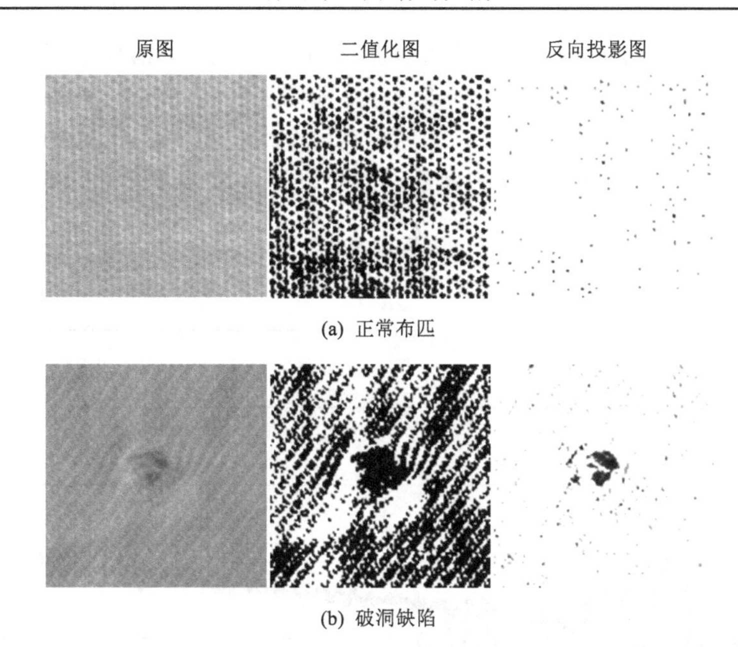

(a) 正常布匹

(b) 破洞缺陷

图 3.30 坯布图像的反向投影与二值化处理对比

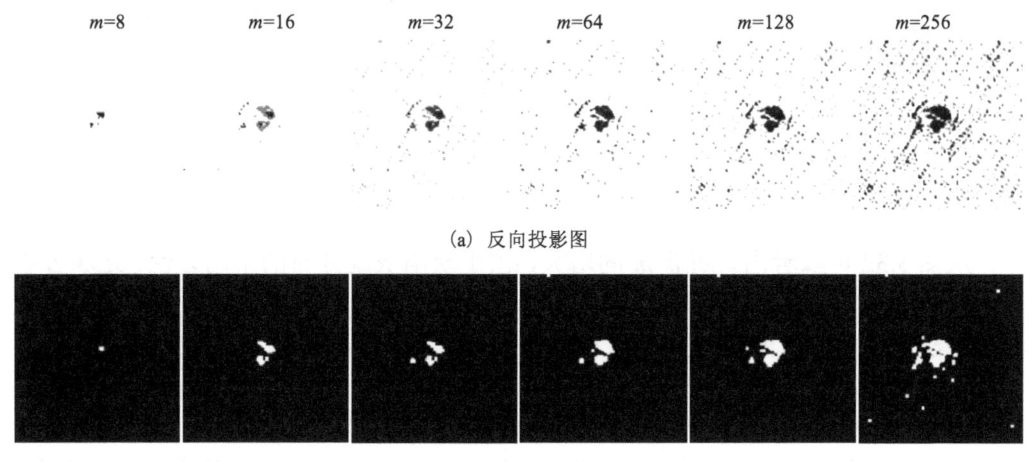

(a) 反向投影图

(b) 最终处理图

图 3.31 bin 的个数对反向投影的影响

从图 3.31(a)可以看出，在反向投影图中缺陷的灰度值是最低的，随着 m 的增大，反向投影图中杂质点逐渐变多，但是相应地 m 取值过小时，从图 3.31(b)可以看出检测出来的缺陷区域也会缩小，不利于缺陷的真实还原。为了合理地选择 m 的取值范围，统计出 m 取 8～256 时的测试图像中缺陷检出率及缺陷占有率，数据曲线如图 3.32 所示。

其中，缺陷检出率记为 A，缺陷占有率记为 B。图 3.29(b) 中破洞缺陷的像素点个数记为 Q，这些像素点中被检出的像素点，即图 3.29(a) 的灰度直方图中灰度值对应的个数小于 255 的属于图 3.29(b) 的像素点的个数记为 C，图 3.29(a) 的灰度直方图中灰度值对应的个数小于 255 的像素点的个数记为 S。A、B 的计算公式为

$$A=\frac{C}{Q},\quad B=\frac{C}{S} \tag{3.47}$$

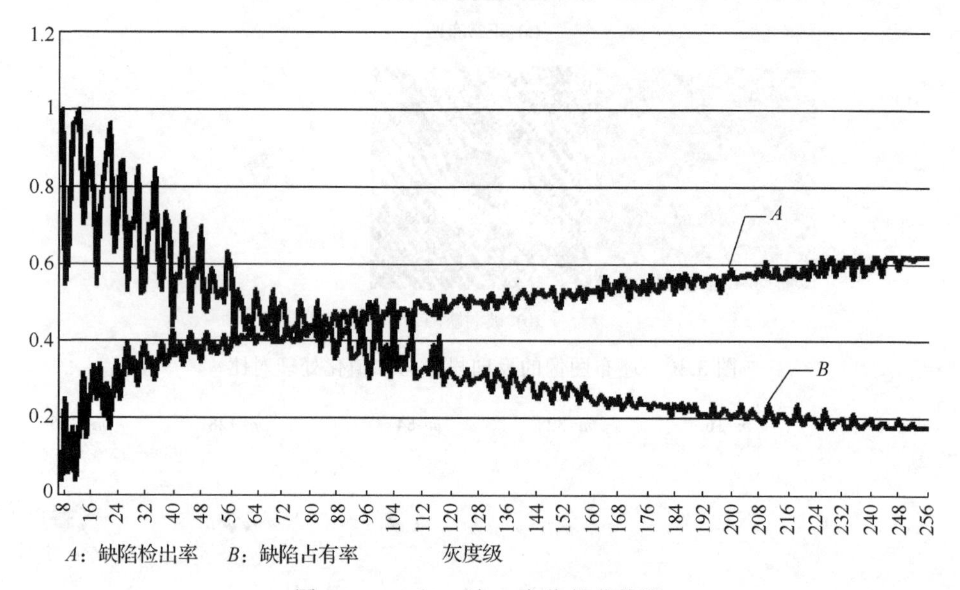

图 3.32　A 和 B 随 m 变化的曲线图

从图 3.32 可以看出，随着 m 的增大，由于缺陷灰度分布的不均匀性，A 和 B 在局部是波动的，但从整体上看，A 逐渐增大，B 逐渐减小。A 和 B 越大则缺陷的检测效果越好，但两者的变化规律是相反的，因此需要找一个平衡点。A 和 B 其中之一较小时皆不可取，因而 m 最适合的取值范围为 A、B 曲线相交的区域。这个区域 m 的取值范围为(58，104)。随着缺陷种类的变化和光照的变化，这个范围会有少许变化，但不会偏离太远，分析结果给出 m 的取值范围对其他缺陷图像也是有效的。在坯布检测过程中对每幅图像进行实验分析，人为地选取 m 是不切实际的，因此只需要一个预先验证的经验值，在这里 m 取 80，效果较好。

常见的坯布缺陷包括破洞、抽丝、断疵、起球、油污、断经、断纬等，这里列举了破洞、抽丝、断疵、起球、油污、断经这六种缺陷的处理效果图，如图 3.33(a)～图 3.33(f) 所示。从实验结果可以看出，这几种缺陷的处理效果都很好，再经过闭运算或滤波以及二值化等处理后可很好地提取出缺陷。

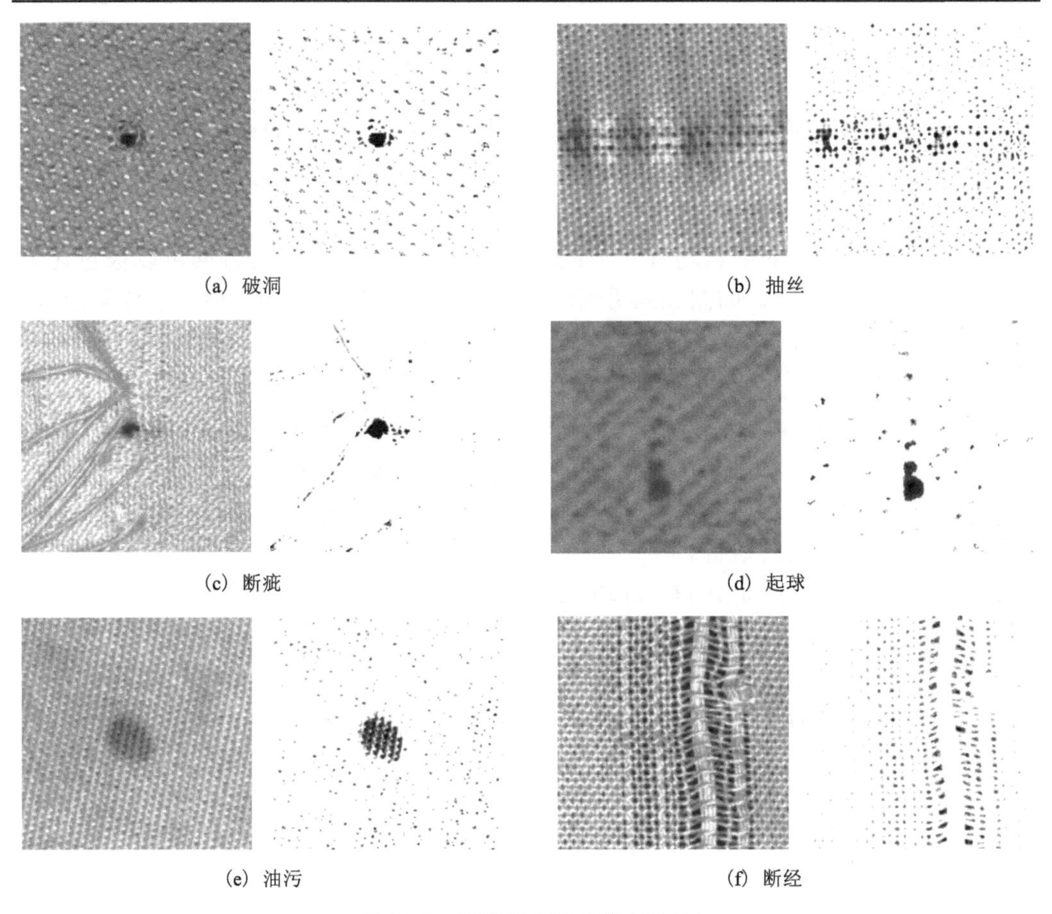

(a) 破洞　　(b) 抽丝

(c) 断疵　　(d) 起球

(e) 油污　　(f) 断经

图 3.33　缺陷坯布的反向投影图

3.3.3　基于灰度共生矩阵与反向投影的坯布疵点定位

3.3.2 节所提出的基于直方图反向投影的疵点定位方法仅从像素的统计数量上来屏蔽坯布的纹理，没有考虑纹理的空间分布情况，使得疵点的分离略显粗糙。因此，本节将灰度共生矩阵(Gray-Level Co-occurrence Matrix，GLCM)与反向投影结合起来，提出了一种基于 GLCM 的反向投影方法用于坯布疵点检测，以下简称为 GLCM-BP。该方法没有使用 GLCM 特征参数作为坯布检测的判断依据，而是将重点直接放在 GLCM 的统计值上，根据反向投影的思路统计每个像素点与其邻域的 GLCM 的灰度频率的均值作为像素点的灰度值。

1. GLCM 的原理

设 i、j 为灰度图像 I 中在一定方向上相隔一定距离的两个像素点(k, l)和$(m,$

n)的灰度值($I(k, l)=i$, $I(m, n)=j$)。若图像的灰度值被量化为 N 个灰度级，则 $i\in[0, N)$，$j\in[0, N)$。以 i 的范围为矩阵的行，j 的范围为矩阵的列，就可以构成一个大小为 $N\times N$ 的灰度共生矩阵。灰度共生矩阵中第 i 行第 j 列的值 $P(i, j)$ 为 I 中灰度值为 i 和 j 的像素对同时出现的频率。这样就可以构成不同方向和距离上的灰度共生矩阵以描绘图像的纹理特征。

一般非图像边界的像素均有八个最近邻像素。所以像素对的方向可以被量化为0°、45°、90°和135°。如图 3.34 所示，在求图像的灰度共生矩阵时，以像素点(k, l)为例，像素点(k, $l+d$)和(k, $l-d$)是其 0°方向的相距 d 的像素，像素点($k-d$, $l+d$)和($k+d$, $l-d$)是其 45°方向的相距 d 的像素，像素点($k-d$, l)和($k+d$, l)是其 90°方向的相距 d 的像素，像素点($k-d$, $l-d$)和($k+d$, $l+d$)是其 135°方向的相距 d 的像素。灰度共生矩阵的距离度量 $d((k, l), (m,n))=\max\{|k-m|, |l-n|\}$。四个不同方向的灰度共生矩阵的定义如式(3.48)所示[100]，#表示图像中像素值为 i 和 j 的两个像素点(k, l)和(m, n)同时出现的数目。

$$
\begin{aligned}
&P(i,j,d,0^\circ)=\#\{((k,l),(m,n))\,|\,k-m=0,|l-n|=d\}\\
&P(i,j,d,45^\circ)=\#\{((k,l),(m,n))\,|\,(k-m=d,l-n=-d)\text{or}(k-m=-d,l-n=d)\}\\
&P(i,j,d,90^\circ)=\#\{((k,l),(m,n))\,||\,k-m|=d,l-n=0\}\\
&P(i,j,d,135^\circ)=\#\{((k,l),(m,n))\,|\,(k-m=d,l-n=d)\text{or}(k-m=-d,l-n=-d)\}
\end{aligned}
\tag{3.48}
$$

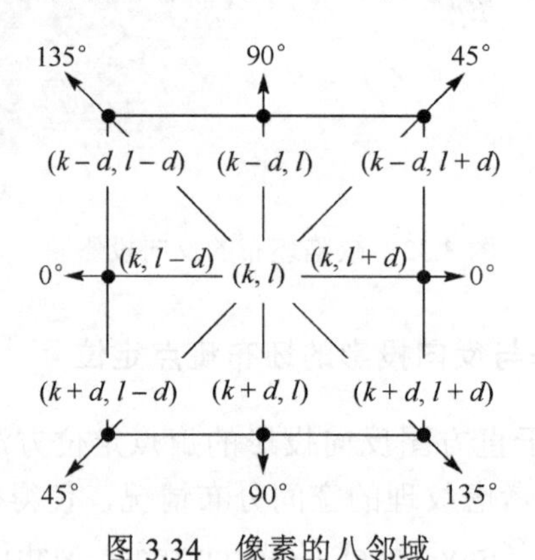

图 3.34　像素的八邻域

2. GLCM-BP 算法原理

GLCM-BP 将 GLCM 与反向投影结合起来，其算法原理及步骤如下。

(1)选定灰度共生矩阵的距离 d 及灰度级 N。为了更全面地表现纹理特征，4 个方向的灰度共生矩阵都会用到，所以不用选择灰度共生矩阵的方向。d 与 N 的大小对最后的结果有影响。

(2)计算 4 个方向的灰度共生矩阵。

(3)根据原图像的像素灰度值及其相距 d 的邻域的灰度值，依次计算每个原图像像素对应的新的特征值。以图 3.34 为例，(k, l)处的新的特征值 $I'(k, l)=[P(I(k, l), I(k-d, l-d), d, 135°)+P(I(k, l), I(k-d, l), d, 90°)+P(I(k, l), I(k-d, l+d), d, 45°)+P(I(k, l), I(k, l+d), d, 0°)+P(I(k, l), I(k+d, l+d), d, 135°)+P(I(k, l), I(k+d, l), d, 90°)+P(I(k, l), I(k+d, l-d), d, 45°)+P(I(k, l), I(k, l-d), d, 0°)]/n$。$n$ 为邻域的个数，像素在边界时为 3 或 5，其余位置时为 8。此处借用了灰度直方图反向投影的思路，灰度直方图反向投影是将像素灰度值对应的直方图 bin 的值作为替代的特征值，而此处是将像素灰度值与其邻域灰度值对应的灰度共生矩阵的值的均值作为替代的特征值。

(4)对新的特征值矩阵进行 $I'(k, l)>255\ ?\ 255 : I'(k, l)$ 的处理。如果特征值大于 255，则置为 255；反之，则不变。

以一个 4×4 像素大小的灰度图像为例，其像素值矩阵如图 3.35(a)所示，灰度级为 4。设 d=1，其 0°、45°、90°和 135°方向的灰度共生矩阵如图 3.35(b)～图 3.35(e)所示。然后依次计算图像中每个像素的特征值，根据像素的位置，图像中像素值为 0 的点有 3 个邻域，像素值为 1 的点有 5 个邻域，像素值为 2 和 3 的点有 8 个邻域。$I'(i, j)$为图像新的特征值，则 $I'(0, 0)=(P_0(0, 1)+P_{135}(0, 2)+P_{90}(0, 1))/3=(4+2+4)/3=3$；$I'(0, 1)=(P_0(1, 1)+P_{135}(1, 3)+P_{90}(1, 2)+P_{45}(1, 1)+P_0(1, 0))/5=(4+4+2+4+4)/5=3$；$I'(1,1)=(P_{135}(2,0)+P_{90}(2,1)+P_{45}(2,1)+P_0(2,3)+P_{135}(2, 2)+P_{90}(2, 3)+P_{45}(2, 1)+P_0(2, 1))/8=(2+2+4+2+2+2+4+2)/8=2$。

以此类推，图像新的特征值矩阵如图 3.35(f)所示。用新的特征值矩阵替代原图像的灰度值，然后对新的特征值矩阵进行值大于 255 时置为 255 的处理，就可以得到与原图像同样大小的 GLCM-BP 图像了。

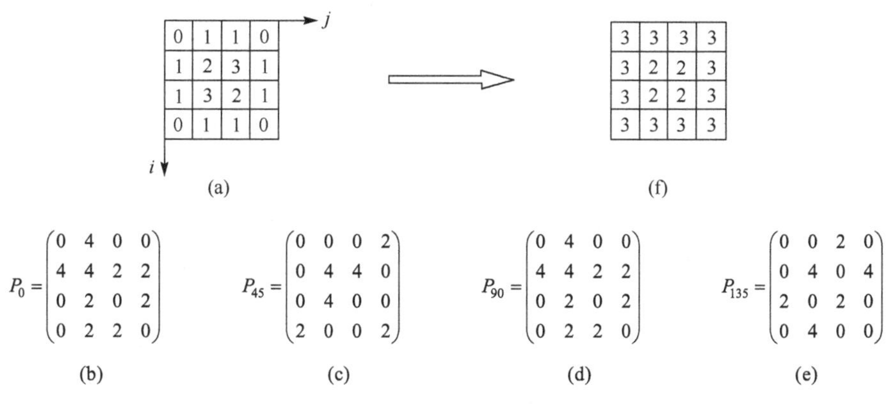

图 3.35　GLCM-BP 的计算过程

3. 算法实验分析

图 3.36 给出了几种典型的匹配疵点图像，主要包括破洞、油污、断经、断纬、起球、断疵、折痕(不可恢复的)等，下面将以这些疵点图像为例测试所提出算法的性能。

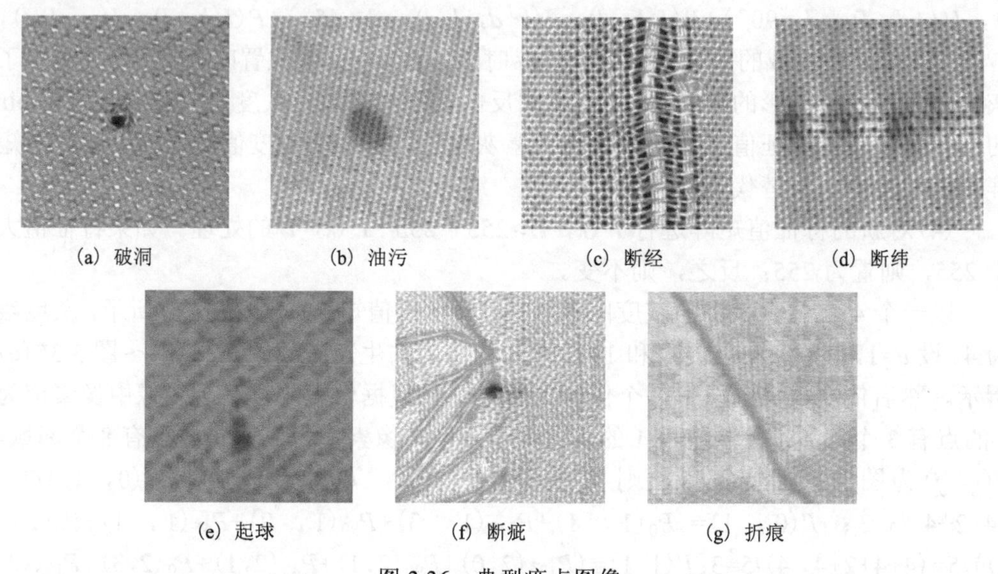
(a) 破洞　(b) 油污　(c) 断经　(d) 断纬
(e) 起球　(f) 断疵　(g) 折痕

图 3.36　典型疵点图像

坯布纹理是由经、纬纱线按设计要求有规律相互交织形成的。因此，在坯布图像中，每隔一定的像素点，就会有灰度值重复的情况出现[101]。根据这个先验规律，灰度共生矩阵的距离 d 应与坯布图像中纱线的尺寸密度相匹配。d 最小应该为一根纱线的宽度，最大为两根纱线之间的距离[102]。已知图 3.36 中坯布的纱线密度规格为 120×96(根/英寸)，坯布图像的分辨率均为 0.045mm/pixel，则

$$\text{经纱密度} = (1/0.045)/(120/25.4) = 4.7\ (\text{pixel})$$

$$\text{纬纱密度} = (1/0.045)/(96/25.4) = 5.9\ (\text{pixel})$$

所以，选择 d 为 5。

另外，灰度共生矩阵的灰度级 N 决定了灰度共生矩阵的大小，不仅影响计算的时间，更重要的是影响统计的结果。N 越大，计算所需时间越长，灰度共生矩阵也越稀疏；N 越小，计算所需时间越短，灰度共生矩阵也越密集。灰度共生矩阵的密集程度与 GLCM-BP 图像的结果是密切相关的。以图 3.36 中的起球疵点图像为例，图 3.37 为其 d=5，N 依次取 8、16、32、64、128、256 时的 GLCM-BP 图像。从图中可以看出 N 取 32～64 时疵点特征提取得比较好。考虑到计算时间的因素，选取 N 为 32。当 d 取 5，N 取 32 时，图 3.36 中疵点的 GLCM-BP 图像如图 3.38 所示。

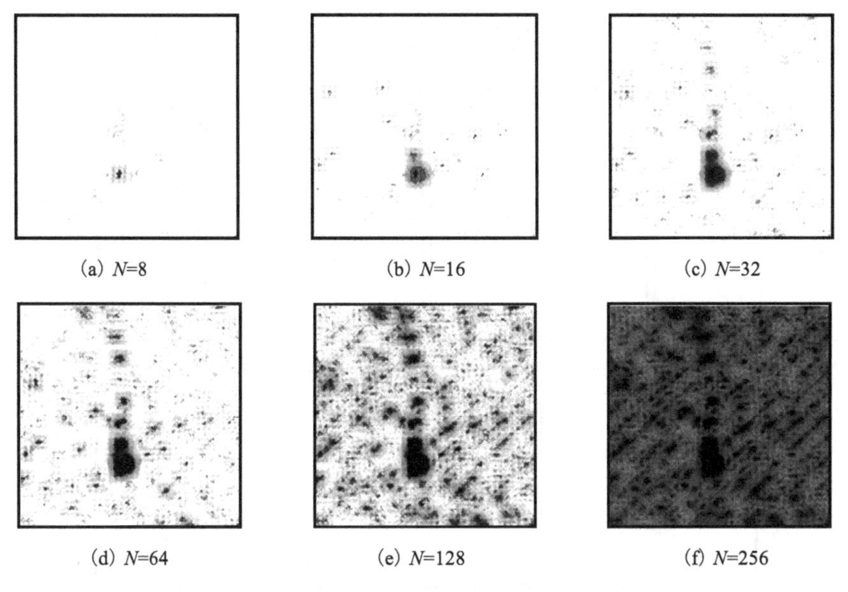

(a) N=8　(b) N=16　(c) N=32

(d) N=64　(e) N=128　(f) N=256

图 3.37　不同灰度级下的 GLCM-BP 图像

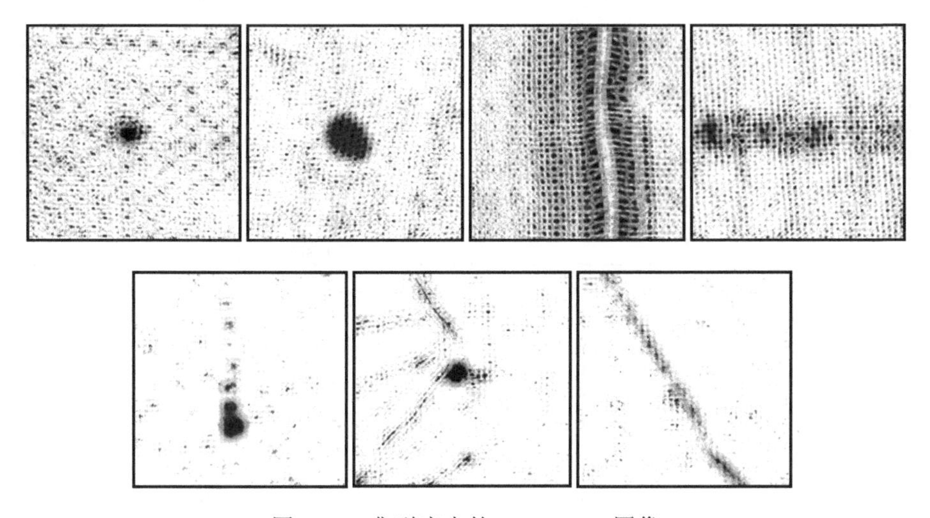

图 3.38　典型疵点的 GLCM-BP 图像

图 3.38 中的疵点图像经过 GLCM-BP 处理后均有许多干扰，用滤波去除干扰是比较适合的方法。经过实验验证，中值滤波的效果较好，可以满足实验需求。滤波的模板选为 7×7 较合适。中值滤波的效果图如图 3.39 所示。

坯布图像受光照和自身性能及纹理的影响，灰度值会有所不同，采用固定阈值分割难以满足不同的情况。为了提高通用性，采用自适应阈值分割。常见的自适应阈值分割方法有最大类间方差法(Otsu)、基本全局阈值分割法和最大熵阈值分割法等。经过实验验证，Otsu 和基本全局阈值分割法的效果较其他方法好，可以满足检测需求。故采用 Otsu 阈值分割，其效果如图 3.40 所示。

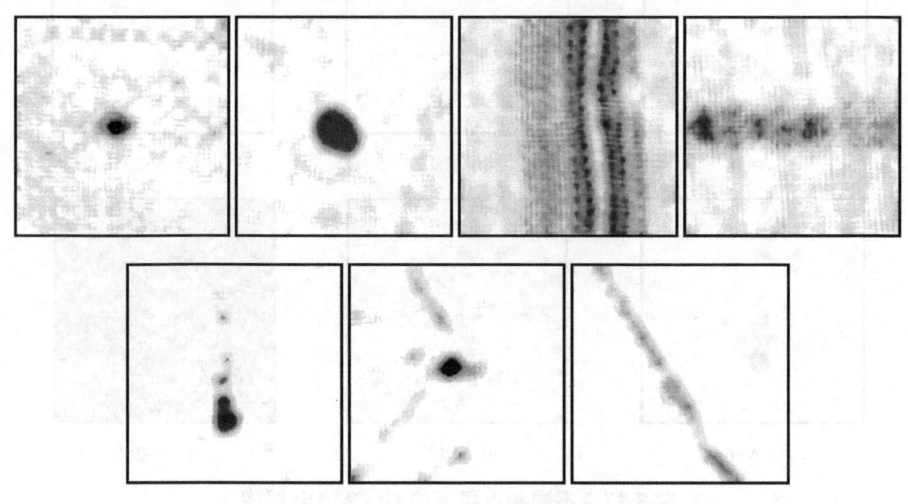

图 3.39　GLCM-BP 图像中值滤波效果

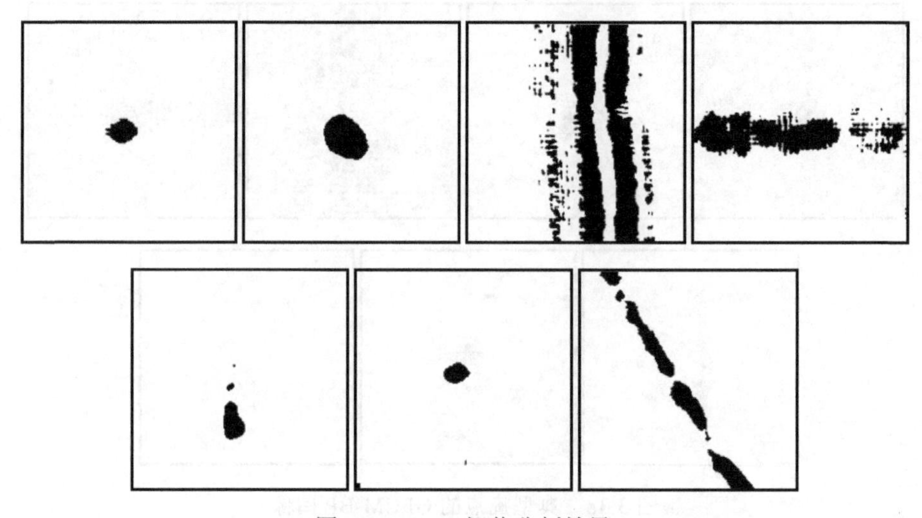

图 3.40　Otsu 阈值分割效果

3.4　阈 值 分 割

阈值分割也可称为二值化，其通过阈值将图像中像素的灰度值设置为 0 或 255，也就是将整个图像呈现出明显的只有黑与白的视觉效果。阈值分割方法由于其计算简单、易于实现、效率高等性质，在图像分割中一直处于中心地位。特别是在处理速度要求苛刻的应用场合，其优势较强。阈值分割方法的关键在于确定最优阈值，目前大部分算法都集中在如何确定阈值上，主要分为全局阈值分割和局部阈值分割两类。就阈值类型而言，又可分为固定阈值和自适应阈值[103]。

3.4.1 全局阈值分割

全局阈值分割可分为固定全局阈值分割以及自适应全局阈值分割。自适应全局阈值分割方法主要包括基本全局阈值、大津法、双峰法、最大熵分割法等。

1. 固定全局阈值分割

图像通常分为目标和背景两部分，图像分割即将目标从背景中分离出来，以便对目标进行分析。设输入图像为 $f(x,y)$，$g(x,y)$ 为输出图像，T 为图像分割阈值，则可用阈值 T 将图像分割成两部分：大于或等于 T 的像素群和小于 T 的像素群，如

$$g(x,y)=\begin{cases}1, & f(x,y)\geqslant T\\ 0, & f(x,y)<T\end{cases} \tag{3.49}$$

在实际应用中，图像的目标和背景不一定会单纯地分布在两个灰度区间，故有时需要两个或两个以上的阈值进行分割，如

$$g(x,y)=\begin{cases}1, & T_1\leqslant f(x,y)\leqslant T_2\\ 0, & \text{其他}\end{cases} \tag{3.50}$$

式中，T_1 和 T_2 为选取的双阈值。

固定全局阈值分割相对简单，但 T、T_1 和 T_2 等均为手动设置的固定值，适应性较差。

2. 自适应全局阈值分割

自适应阈值分割是基于固定阈值分割而言的，即 T、T_1 和 T_2 等均依据不同图像自适应地计算而来。

1) 基本全局阈值

基本全局阈值的原理及其步骤如下。

(1) 选择一个初始估计阈值 T，该初始值可以为图像的平均灰度值。

(2) 用 T 分割图像，从而产生两组像素集：G_1 由所有灰度值小于 T 的像素组成，G_2 由所有灰度值大于或等于 T 的像素组成。

(3) 分别计算区域 G_1 和 G_2 内的平均灰度值 μ_1 和 μ_2。

(4) 计算新的阈值：

$$T=\frac{1}{2}(\mu_1+\mu_2) \tag{3.51}$$

(5) 重复步骤(2)～步骤(4)，逐次迭代，直到相邻两次所得 T 值之差为零或比预先设定的参数ΔT小。这时的 T 即为所得到的自适应阈值。

2) 大津法

大津法(Otsu)也叫最大类间方差法，由日本大津展之于 1979 年基于最小二乘法原理推导出来。它是一种阈值自动选择的方法，基本思想是将图像灰度直方图在某一阈值处分割为两组，当被分成的两组间方差最大时，确定对应阈值为所选阈值。

设一幅图像的灰度值为 0～m−1 级，灰度值为 i 的像素数是 n_i，此时得到像素总数和各灰度值的概率分别为

$$N=\sum_{i=0}^{m-1} n_i \tag{3.52}$$

$$p_i=\frac{n_i}{N} \tag{3.53}$$

然后选取 T，将图像分为两组：$C_0=\{0\sim T-1\}$和 $C_1=\{T\sim m-1\}$，各组产生的概率如下。

C_0 产生的概率为

$$w_0=\sum_{i=0}^{T-1} p_i=w(T) \tag{3.54}$$

C_1 产生的概率为

$$w_1=\sum_{i=T}^{m-1} p_i=1-w_0 \tag{3.55}$$

C_0 的平均值为

$$u_0=\sum_{i=0}^{T-1}\frac{ip_i}{w_0}=\frac{u(T)}{w(T)} \tag{3.56}$$

C_1 的平均值为

$$u_1=\sum_{i=T}^{m-1}\frac{ip_i}{w_1}=\frac{u-u(T)}{1-w(T)} \tag{3.57}$$

式中，$u=\sum_{i=0}^{m-1} ip_i$ 为整个图像的灰度平均值；$u(T)=\sum_{i=0}^{T-1} ip_i$ 是阈值为 T 时的灰度平均值。

故全部采样的灰度平均值为

$$u=w_0u_0+w_1u_1 \tag{3.58}$$

两组间的方差为

$$\sigma^2(T)=w_0(u_0-u)^2+w_1(u_1-u)^2=w_0w_1(u_1-u_0)^2=\frac{[u\cdot w(T)-u(T)]^2}{w(T)[1-w(T)]} \tag{3.59}$$

T 的取值从[1，m−1]改变时，式(3.59)为最大值时的 T 即为所选阈值。

3)双峰法

在一些简单的图像中，物体的灰度分布比较有规律，背景与目标在图像的直方图中各自形成一个波峰，即区域与波峰一一对应，每两个波峰之间形成一个波谷。于是，选择双峰之间的波谷所代表的灰度值 T 作为阈值，即可实现目标与背景区域的分割。

图 3.41 给出了一个双峰直方图，其波峰波谷比较明显，可在 T～T+ΔT 之间选取阈值，使用交互式分割方法不断调节阈值，使图像分割的效果最佳。

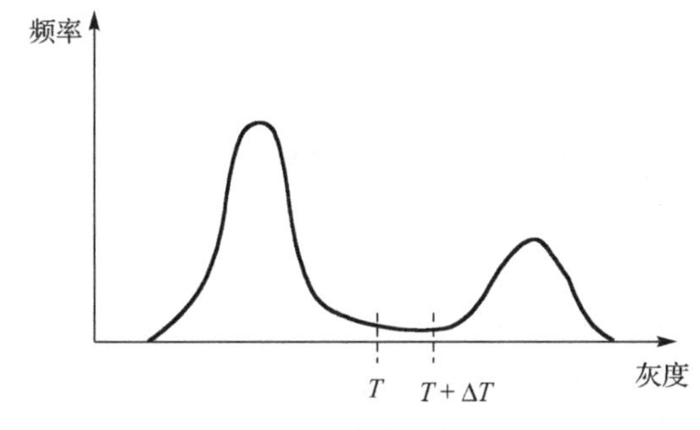

图 3.41　双峰直方图

4)最大熵分割法

由熵的定义可知，当一个信息源中所有的事件以相同的概率出现时，信息源的不确定性大，故此时信息熵大。将最大熵法应用于图像分割来求最佳阈值，其依据就是找出一个分割阈值使得目标和背景两类的信息熵之和最大。对一幅大小为 M×N，灰度级为 L 的图像，如果设图像中灰度级为 i 的像素一共有 N_i 个，则灰度级 i 的概率 P_i 为

$$P_i=\frac{N_i}{N\times M} \tag{3.60}$$

图像目标区域的熵 H_f 和图像背景区域的熵 H_b 可以表示为

$$H_f=-\sum_{i=1}^{T}\frac{P_i}{P_t}\log_2\frac{P_i}{P_t} \tag{3.61}$$

$$H_b=-\sum_{i=T+1}^{L}\frac{P_i}{1-P_t}\log_2\frac{P_i}{1-P_t} \tag{3.62}$$

式中，P_t 为灰度级 1～T 的概率之和，即

$$P_t = \sum_{i=1}^{T} P_i \tag{3.63}$$

最大熵法的最佳阈值公式为

$$T^* = \arg\max\left[H_f(T) + H_b(T)\right] \tag{3.64}$$

遍历图像的灰度级，求使得目标区域的熵和背景区域的熵之和最大的灰度级，即为最佳分割阈值 T^*。

3.4.2 局部阈值分割

局部自适应阈值是根据像素邻域的灰度值分布来确定该像素位置上的二值化阈值。这样做的好处在于每个像素位置处的二值化阈值不是固定不变的，而是由其周围邻域像素的分布来决定的。亮度较高的图像区域的二值化阈值通常会较高，而亮度较低的图像区域的二值化阈值则会相适应地变小。不同亮度、对比度、纹理的局部图像区域将会拥有相对应的局部二值化阈值。

常用的局部自适应阈值如下。

(1) 局部邻域块的均值。

(2) 局部邻域块的高斯加权和。

(3) 局部邻域块中灰度最大值和最小值的均值。

(4) 局部邻域块的均值加上某一系数和标准差的乘积。

邻域块的大小可以根据图像的具体情况选取[104]。

3.4.3 导爆管视觉检测的阈值分割

在 3.1.6 节中，Sobel 算子的边缘检测并没有严格地将图像的目标区域与背景分离出来，即 Sobel 算子并不是基于灰度完成图像分割。由于 Sobel 算子实现边缘检测的过程与人眼的识别过程存在差异，所以 Sobel 算子检测的边缘并非最优。针对导爆管灰度直方图呈现多个峰值的现象(图 2.7)，采用阈值分割是一种简单快捷而且最符合人眼视觉习惯的方法。根据阈值选取方式的不同，分别采用大津阈值分割和交互式阈值分割对导爆管的边缘进行处理。

大津阈值分割是一种自动选取阈值的分割方法，大津阈值分割结果如图 3.42(a)所示，很明显，大津阈值分割将图像的管壁部分完全屏蔽，只分离出导爆管的内径，而且即便是内径的分离效果也不好。

交互式阈值分割是一种人工选取阈值进行分割的方法，该方法通过观察灰度直方图(PDF)，不断地调整阈值来实现图像分割，耗时较短、操作灵活、适应性强。

在导爆管检测过程中，由于光照环境不同、产品的颜色和类型也不同，为了获得最佳的分割效果，采用交互式阈值分割的思路。导爆管的管径检测中，需要测量外径尺寸和管壁厚度，所以分离出导爆管的内外径是十分必要的。从图 2.6 可以看出，导爆管的背景、内径、外径的对比度高而且彼此互不连通，其灰度直方图呈现典型的双峰分布，因此设计了一种基于多阈值的导爆管管径分割算法。

基于多阈值的导爆管图像分割算法原理是模拟人眼的识别过程，通过对比不同区域的灰度差异，确定图像不同区域的边缘。其实现过程主要包括以下几个步骤。

(1) 输入一幅导爆管的灰度图像 $f(x, y)$，经过均值滤波以后得到 $g(x, y)$，读取 $g(x, y)$ 中每一点的灰度值。

(2) 根据导爆管的 PDF(图 2.7)，选取阈值 T_1 和 T_2。

(3) 将两个阈值与每个像素比较，依据式(3.50)实施多阈值分割，输出图像 $g'(x, y)$。

(4) 重复步骤(2)，直到获得满意的分割结果。

两种阈值分割方法的导爆管处理结果如图 3.42 所示。

(a) 大津阈值分割　(b) 多阈值分割[T_1=155，T_2=220]

(c) 多阈值分割[T_1=160，T_2=220]　(d) 多阈值分割[T_1=165，T_2=220]

图 3.42 导爆管阈值分割结果

图 3.42(a)采用大津阈值分割，完全没有分割出内外径；图 3.42(b)～图 3.42(d)采用双阈值分割方法，根据图 2.7 中的双峰直方图，推测第二个波峰是内径像素点的灰度集合。图像内外径与背景的差异性很大，背景几乎完全为白色，因此，阈值上限很容易选择，几次试验后，选择 220 最合适。而内外径的灰度对比度适中，因此阈值下限选择了 155、160 和 165 进行对比，结果发现：T_1 取 155 的分割图像内径边缘呈现较多的锯齿形，效果比较差，如图 3.42(b)所示；T_1 取 160 分割的内外径均比较光滑，效果最好，如图 3.42(c)所示；T_1 取 165 分割后，内径左侧的边缘形状偏大，而且管壁区域存在孔洞，分割效果最差，如图 3.42(d)所示。因此，选择 T_1=160 和 T_2=220 的双阈值对导爆管图像的内外径进行二值化。

根据导爆管的灰度直方图所呈现的双峰分布特点，设计了一种多阈值的管径分割算法，经过反复测试，发现阈值上限取 220、阈值下限取 160 的分割结果最理想。该算法提高了系统的实时性，具有较强的通用性。

3.4.4 坯布疵点视觉检测的阈值分割

图 3.43(a)为采用直方图反向投影处理后的坯布缺陷图像，从左往右依次为抽丝、断疵、破洞、起球四类缺陷，现在需要对其进行二值化，以方便定位。为了适

应不同缺陷图像，采用自适应阈值二值化，分别使用基本全局阈值、Otsu、迭代法和最大熵法对这些缺陷图像进行对比实验，结果如图 3.43 所示。

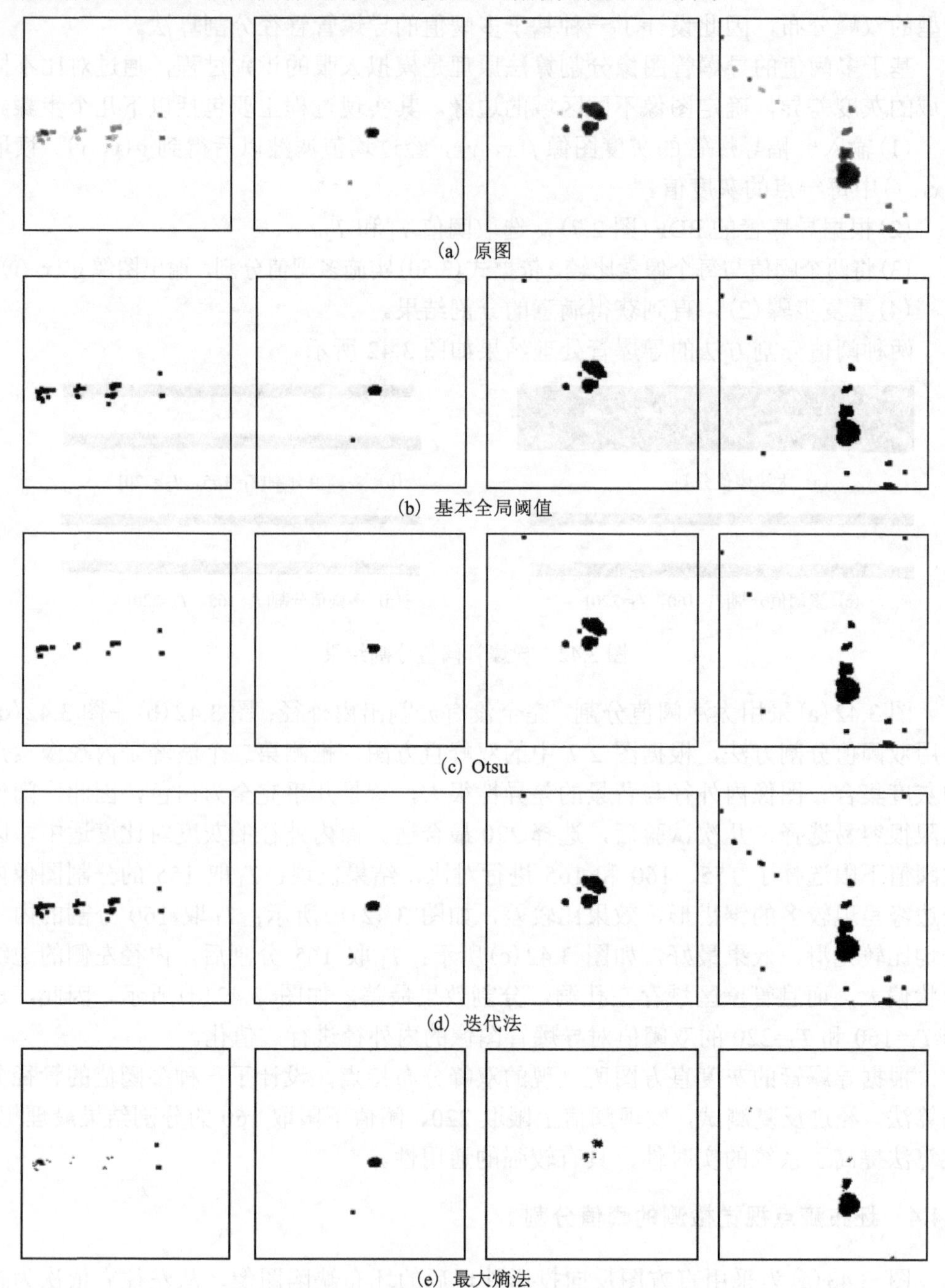

(a) 原图

(b) 基本全局阈值

(c) Otsu

(d) 迭代法

(e) 最大熵法

图 3.43　四种坯布疵点阈值分割效果

以上四种自适应阈值分割方法所得到的自适应阈值如表3.1所示。

表3.1　四种自适应阈值分割方法的阈值

	抽丝	断疵	破洞	起球
基本全局阈值	221	216	155	171
Otsu	154	51	137	162
迭代法	234	236	198	214
最大熵法	147	157	30	113

从以上实验结果可以看出，基本全局阈值、Otsu和迭代法这三种方法均有一定效果，其中基本全局阈值效果最好，Otsu得到的阈值偏低，迭代法得到的阈值偏高；最大熵法效果则较差。

3.4.5　网孔织物质量视觉检测的阈值分割

以宽门幅的网孔织物为例，给出一种基于明暗度的自适应图像分割方法。图3.44为线阵CCD相机采集的网孔织物图像，根据线阵CCD相机工作原理，从图中可以看出，从上到下，图像明暗度一致；而从左至右，由于光照不均匀，图像明暗度不一致，图像灰度直方图如图3.45所示。若采用全局阈值分割，则其分割效果肯定不理想。若采用局部阈值分割，将图像分为固定的几块，则由于其明暗度分布不一致，分割效果不尽如人意，如单纯增加划分的区域，将导致图像处理效率下降而效果改善又不太显著。鉴于此，提出了一种基于明暗度的自适应阈值分割方法[105]。首先，根据图像明暗度对图像进行分块；然后，对各块选择合适的阈值进行分割，可很好地克服光照不均匀影响，为后续图像分析提供良好基础。

图3.44　线阵CCD相机采集的网孔织物图像

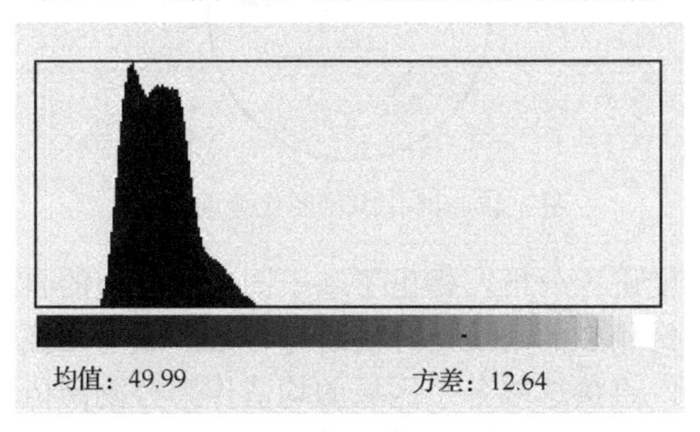

图3.45　网孔织物图像的灰度直方图

为了依据图像明暗度划分图像区域，利用线阵 CCD 相机采集的图像自上而下明暗度一致，而按列存在差异的特点，计算网孔织物图像中各列的平均值，用来代表各列的明暗度信息，并将所有列的灰度均值绘制为如图 3.46 所示的明暗度变化曲线。

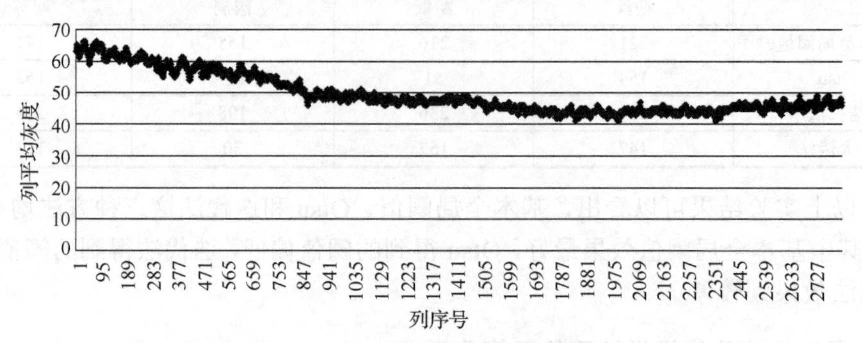

图 3.46　网孔织物按列的明暗度变化曲线

由图 3.46 可知，图像明暗度从左到右，依次递减，最大灰度平均值为 66，最小灰度平均值为 44。总体亮度相差较大，而局部亮度相差不大，与图 3.45 中灰度直方图相符合。

通过分析明暗度曲线，总结其变化规律，提出了基于明暗度的自适应分块方法。首先，根据明暗度曲线得出其亮度平均值 Avg；再以均值 Avg 和最大值 Max 为一区域，均值 Avg 和最小值 Min 为另一区域，依次对图像进行分块；为防止残留噪声等影响产生图像波动现象，导致只有几个或几十个像素被分为一个区域，浪费处理时间，在对明暗度曲线进行扫描的同时，记录其像素个数，设定区域像素个数阈值 P，以克服此类现象。

经所提出的算法处理后，图 3.44 中的网孔织物图像被自适应地分为 A[0，859]，B[860，2816]两块区域，区域分块的结果如图 3.47 所示。

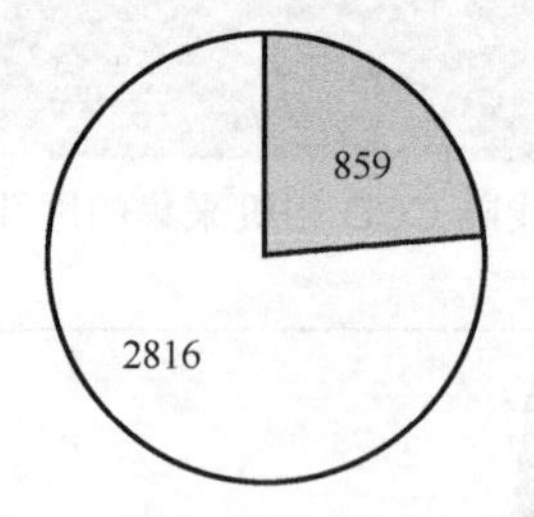

图 3.47　网孔织物图像分块区域

通过对图像明暗度进行分析，提出了基于图像明暗度的自适应区域分块方法，然后针对不同区域选定相应的阈值，分别进行各自区域的图像分割。通过分析其分割区域的灰度直方图，直接选取各个区域的均值作为分割阈值以节约处理时间。该图像分割算法的流程如图 3.48 所示。

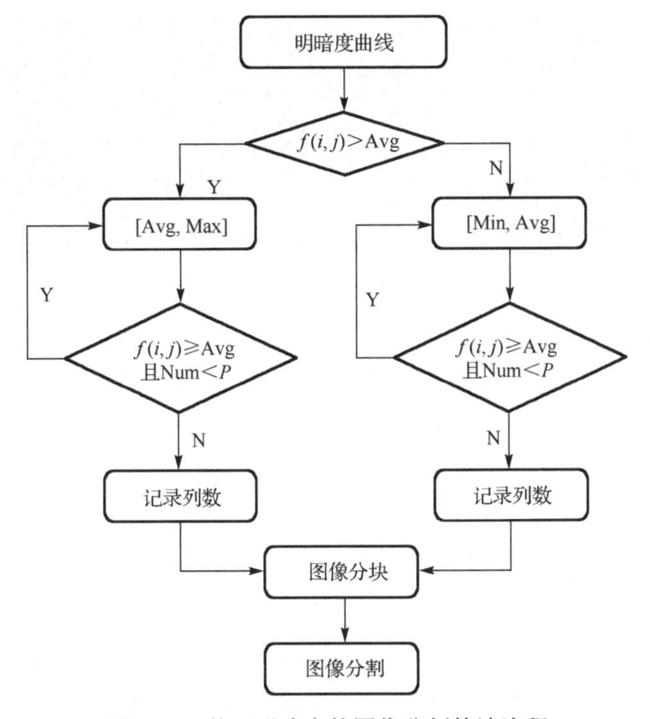

图 3.48 基于明暗度的图像分割算法流程

为了验证所提出的基于明暗度的图像分割方法的有效性，对其与大津分割方法进行对比实验，结果如图 3.49 与图 3.50 所示。其中，图 3.49 为大津分割效果，图 3.50 为基于明暗度的图像分割效果。破孔是网孔织物最主要的缺陷，孔洞大小作为识别破孔缺陷的主要特征尤其重要。而大津分割后图像呈现 A、B 两个明显区域(图 3.49)，A 区域中各网线断裂，B 区域中网孔偏小，导致在后续以网孔大小为特征的疵点识别中，这些原本正常的网孔大小将因为该分割算法产生的网孔大小不一致而被判别为疵点，从而严重降低了视觉检测系统识别的准确度。而在基于明暗度的分割方法中(图 3.50)，A、B 两个区域中网格大小基本一致，分割效果良好，为网孔大小特征提取以及后续疵点识别提供了良好的基础。

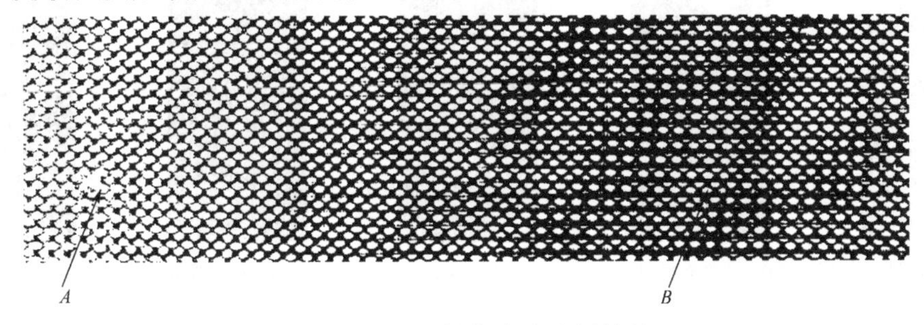

图 3.49 网孔织物大津分割效果

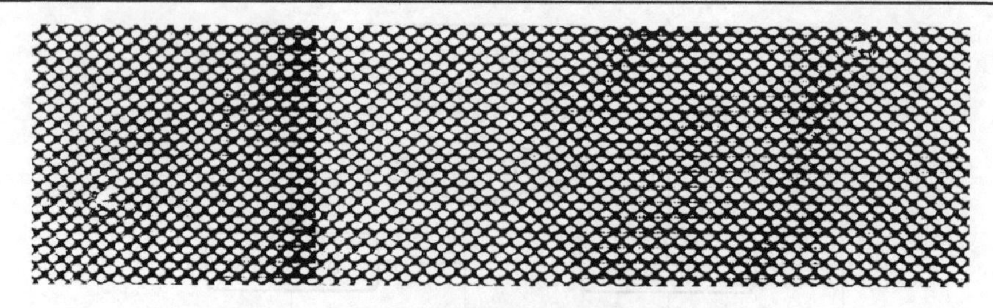

图 3.50　基于明暗度的网孔织物图像分割效果

为了考核所提出方法的计算效率是否满足在线视觉检测系统的实时性要求，分别对大津分割与基于明暗度的分割方法的处理时间进行比较，如表 3.2 所示。大津分割平均耗时 47ms，基于明暗度的分割方法平均耗时 31ms。同时实验表明，随着分块区域的增加，处理时间也随之增加。

表 3.2　分割算法处理时间比较

分割算法	平均耗时/ms
大津分割方法	47
基于明暗度的分割方法	31

以上实验结果表明，所提出的基于明暗度的自适应阈值分割方法对消除光照不均匀影响具有良好的效果，而且平均处理时间满足视觉检测系统的实时性要求。

3.4.6　FPC 补强片缺陷检测的阈值分割

利用轮廓掩模提取 FPC 补强片轮廓并获取 ROI 子图像后，可进一步采用阈值分割方法对补强片上的缺陷进行图像分割。图 3.51 为 FPC 补强片的划伤缺陷，分别采用基本全局阈值、Otsu、最大熵法和局部阈值对片体的划伤缺陷进行分割，实验结果如图 3.51 所示。从实验结果可以看出 Otsu 的效果最好。

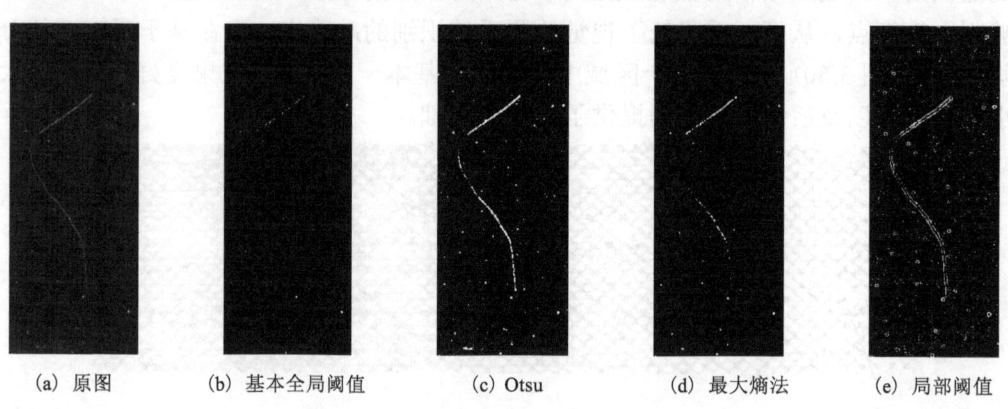

(a) 原图　(b) 基本全局阈值　(c) Otsu　(d) 最大熵法　(e) 局部阈值

图 3.51　FPC 补强片划伤缺陷分割

3.4.7 TFDS 挡键故障识别的阈值分割

以 TFDS 挡键故障图像为例，结合 TFDS 图像灰度特征，适合采用的图像分割方法为基本全局阈值法。

图 3.52(a)和图 3.52(b)分别为正常图像和挡键丢失故障图像经过二值化处理后的结果，比较这两张图像可以得出，正常图像经过二值化以后在原挡键的位置存在一块类似三角形的白色区域，而挡键丢失故障图像经过二值化以后却没有此类特征，这正是挡键丢失故障的关键特征。首先定位挡键区域，对挡键区域子图像二值化后，然后通过检查结果图像中是否存在该白色三角形区域来判定挡键是否丢失。

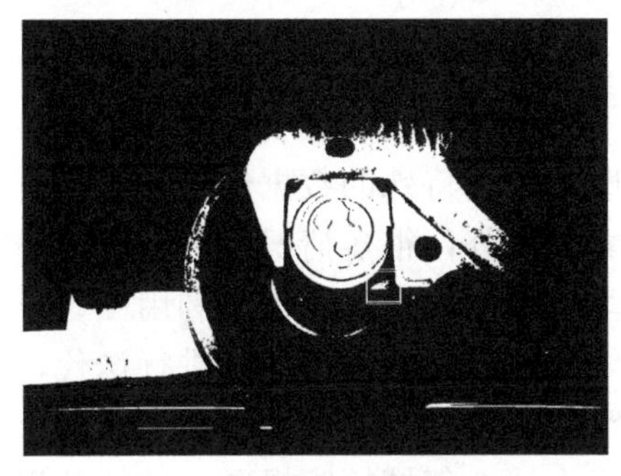
(a) 正常图像二值化结果

(b) 故障图像二值化结果

图 3.52 挡键图像分割效果

3.5 轮廓算法

轮廓指界定表现对象形体范围的边缘线，是在不同亮度区域之间的一个明显变化，即亮度级差突然变化而形成的。轮廓是构成任何一个形状的边界或外形线。根据轮廓是否有形、是否有显见的形，而把轮廓分为客观轮廓和主观轮廓。客观轮廓是指一个亮度级差的比较突然的变化。轮廓是图像的初级特征向高级特征过渡的一个重要纽带，或者直接代表图像处理的特征，是图像处理当中一个重要的部分。

3.5.1 轮廓提取

轮廓的变化过程与边缘灰度阶变化类似，其算法主要也是依靠微分算子来提取。因此受灰度变化影响较大，相对灰度特征具有一定的鲁棒性，但同样受外界因素的影响，寻求一种具有稳定区分度的特征是其轮廓提取的关键。由于轮廓提取往往用于二值图像中，本节只讨论二值图像的轮廓提取方法，其基本原理就是挖取内部点。具体来讲，对于一幅背景为白色、前景为黑色的图像，如果在图像中找到一个黑色种子点，且其 8 邻域也均为黑色，则表明其为目标内部的点(图 3.53)。同理，一个白色种子点的 8 邻域内均为白色，则其为背景点，只有邻域内黑点与白点混合时，才认为该点为轮廓上的点，图 3.53 中的离散数值代表了邻域内元素的方向。

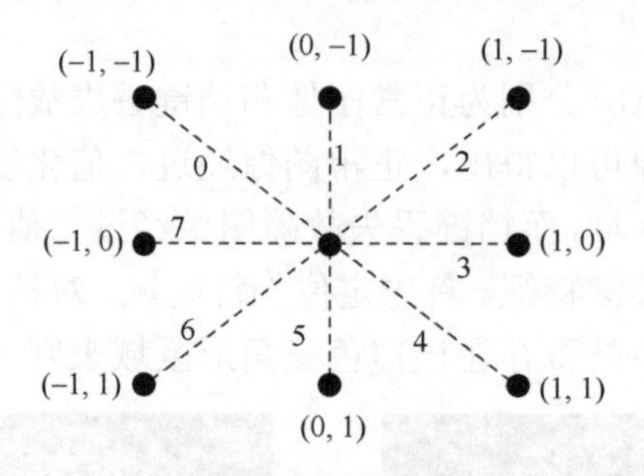

图 3.53　8 邻域示意图

在计算机中，通常以链码的形式存储轮廓，采用特殊的数据结构来存储链码中有特殊意义的位置坐标，以供计算机遍历搜索。此外，很多情况下利用图像分割算法进行轮廓提取，事实上，对物体的轮廓获取更广泛的情况下也是利用图像分割算法。另一类为主动轮廓模型，这类算法需要给出初始的轮廓，然后进行迭代，使轮廓沿能量降低的方向靠近真实轮廓，最后得到一个优化的轮廓。图 3.54 以一个近似圆形区域与一个任意多边形区域为例，验证了上述 8 邻域轮廓提取方法的效果。

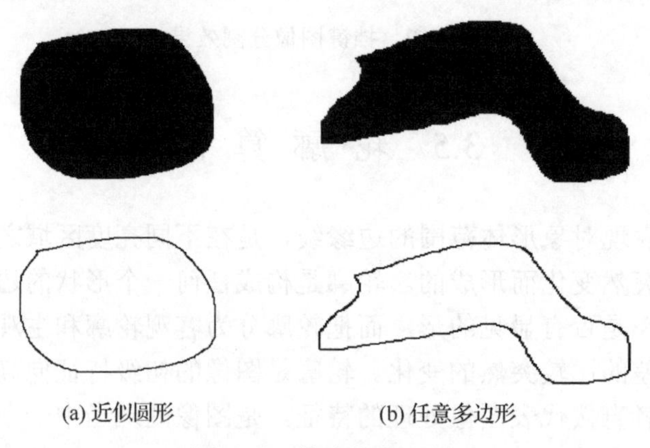

(a) 近似圆形　(b) 任意多边形

图 3.54　轮廓提取示例

可以看出轮廓保留了目标物体重要的信息，可以大大减少图像处理的运算量，广泛用于分类、检验、定位、轨迹跟踪等任务。

3.5.2　连通标记

目前已有大量文献介绍连通标记算法，这些标记算法通常可划分为两类。

(1) 局部邻域算法。这类算法有多种不同形式，基本思想是从局部到整体，逐个检查每个连通成分，对每一个都要先确定一个“种子点”，再向周围邻域扩展地填入标记。

(2)“分而治之”算法。基本思想是从整体到局部，先确定不同的连通成分，再对每一个采用区域填充方法填入标记。

区域统计大多数都采用区域填充的方法来实现，大致可以分为两类：一类是基于奇偶校验的，另一类是基于种子生长的填充算法。

前者采用水平扫描线从上到下扫描多边形的边，每根扫描线与多边形各边产生一系列交点。将这些交点按照 X 坐标进行分类，将分类后的交点成对取出并连接后进行填充。该算法充分利用了边的连贯性原理，避免了针对像素点的逐点判断，能有效地选择像素点进行图形的填充。

而后者则在被填充的区域中预先设置一个种子像素，然后以该像素为起点，按四近邻算法或八近邻算法搜索下一个像素，由此蔓延直到找到区域中的所有像素。其缺点是需要建立一个堆栈来存放大量数据，效率比较低，并且实现自动寻找合适的种子像素点比较困难。

3.5.3　边界追踪

在处理数字图像时，往往不关心整幅图像，而只关注感兴趣区域。因此，经过轮廓提取获得图像的内外轮廓后，可以继续通过边界跟踪把感兴趣区域和不感兴趣区域分离出来，只得到目标的外轮廓。这样不仅可以突出目标，而且大大减少信息量。

边界跟踪的基本方法是先根据某些“检测准则”找出目标物体轮廓上的像素，再根据这些像素的某些特征用一定的“跟踪准则”找出目标物体上的其他像素。一般的跟踪准则是：从图像的左上角开始逐像素点扫描，当遇到边缘点时则开始顺序跟踪，直至跟踪的后续点回到起点(对于闭合轮廓线)或其后续点再没有新的后续点(对于非闭合线)。追踪的示意图如图 3.55 所示，先选择一个种子点，然后按事先规定的邻域方向去搜寻下一个点，若追踪规则相同，则认为其为边界点。值得注意的是，遍历方向需要人为地规定其优先级，若遇到边缘分叉，则需要专门的算法去解决。

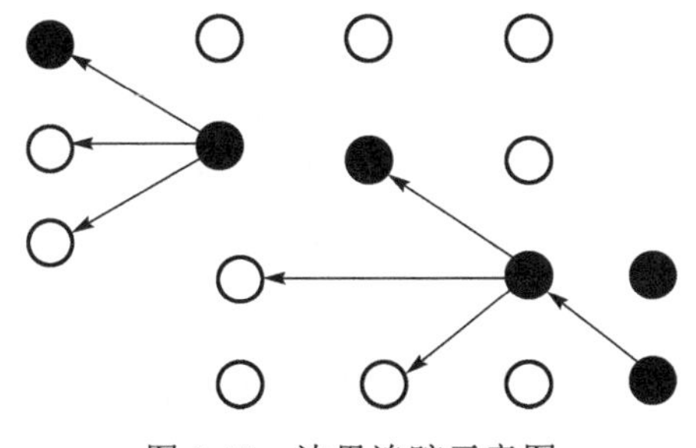

图 3.55　边界追踪示意图

如果为非闭合曲线，则跟踪一侧后需要从起始点开始朝相反方向跟踪到另一尾点。如果不止一个后续点，则按上述连接准则选择加权平均最大的点作为后续点，另一次的后续点作为新的边界跟踪起点另行跟踪。待一条先跟踪完后，接着扫描下一个未跟踪点，直至图像内的所有边缘都跟踪完毕。这种边界跟踪在处理图像的时候，执行是有先后次序的，每一个像素的处理都是顺序的，即后面的处理要用到前面的处理结果，前面的处理没有完成，后面的处理就不能进行。

轮廓追踪方法很难避免对图像进行多次扫描，故一般效率不高。可采用标记矫正来减少图像扫描次数，然后对标记采用游程编码以提高合并效率。这种改进算法对大多数形状目标可以在一次扫描中完成像素的标记，但是该算法不能对所有复杂的连通形状(如分叉)采取一种通用方式处理，对于不同分叉方向只能采用不同扫描方式来处理，不具有普遍性，因此该算法的处理速度比轮廓提取算法慢，但同时也因为这个原因，该方法对于边界点的判断更为准确，而且整个边界连续无中断。对于边界跟踪来说，跟踪后产生的轮廓边缘宽度只有一个像素。

依靠边界追踪的长度约束去除其他轮廓干扰是非常有用的图像处理算法，图 3.56(a)为一种 FPC 电路软板的 Mark 孔经去噪处理和边缘分割后的结果，可以看出图像依然存在大量的孤立边缘，这将严重影响 Mark 孔拟合的准确度，因此采用基于链码轮廓长度约束来去除其干扰。设图像中任一轮廓的起点为 p，首先对该点进行初始标记并记录其位置信息，若其 8 邻域空间存在相同灰度的像素点，则继续执行相同操作，链码的长度加 1，同时判断当前点是否与起点位置相同，按照此规则依次迭代。跟踪完成后，设某一轮廓链码的长度为 L，若 L 小于限定阈值 T_h，则为孤立边缘，应立即去除。然后按上述定义规则，继续搜寻下一个种子点，直到所有的孤立边缘全部去除，循环终止，该算法的 Mark 孔处理效果如图 3.56(b)所示。

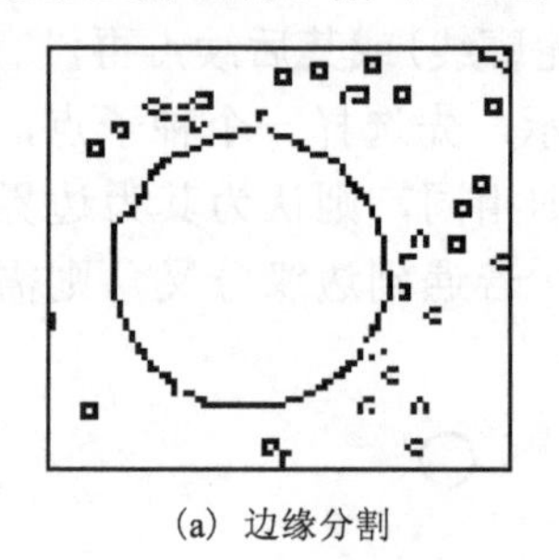

(a) 边缘分割　　(b) 轮廓长度约束

图 3.56　FPC 的 Mark 孔边界跟踪

3.5.4　轮廓的几何特征

轮廓的几何特征是指轮廓所代表物体的位置、方向、近似拟合等特征，因为几何特征比较简单、直观，方便于进行数学运算，下面将分别介绍各种辅助或者拟合的轮廓形状特征。为突出轮廓形状特征的对比效果，本节选用图 3.54 所示的两类轮廓，分别代表了扁平度、圆度差别较大的两类轮廓。

在图像处理过程中，用数学函数来描述轮廓形状是比较困难的一个问题，因为轮廓并不是规则的几何单元，尤其当轮廓比较复杂时，数学描述可以理解为非常多的分段函数构成的集合，并没有实际的应用价值。因此，用一些标准的轮廓基元来间接地描述轮廓是必要的，事实也证明存在这样的标准基元，如轮廓的最小内外接矩形、外接圆、椭圆、凸包、多边形拟合等。在实际检测应用中，可以根据具体情况来选择满足轮廓描述要求的基元。

1) 最小外接矩形

最小外接矩形是图像应用中最为普遍的一种，它可以表示轮廓的很多信息，因为外接矩形的四条边相切于轮廓中离轮廓中心最远的边，所以可以通过其面积值与轮廓面积的比值来取出自己需要的轮廓，其比值称为填充率。填充率可以区分细长的轮廓和点圆状轮廓，在 FPC 补强片缺陷检测中，就使用了这种轮廓特征来区分压点和划痕缺陷，并取得了较好的识别效果。两个示例轮廓的最小外接矩形效果如图 3.57 所示。

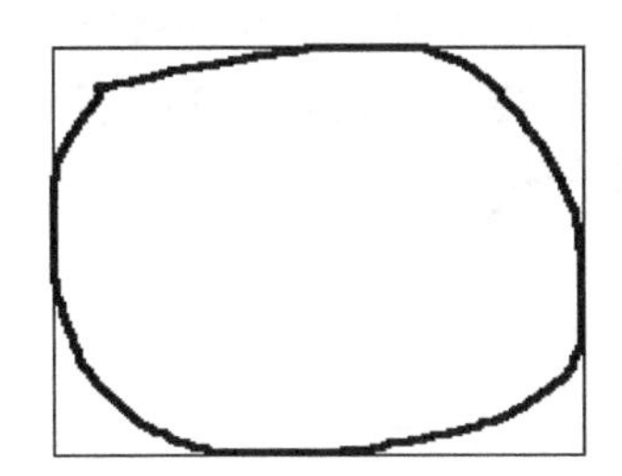
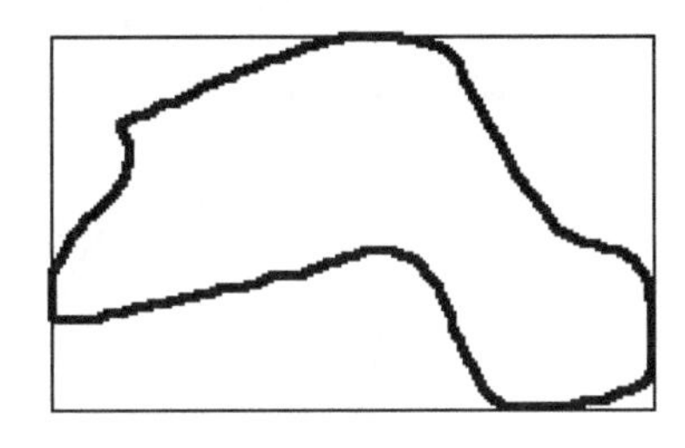

图 3.57　示例轮廓的最小外接矩形效果图

而且，最小外接矩形的中心更加接近于完整轮廓的中心，在电子元器件视觉检测其引脚间距时，就使用了最小外接矩形的中心，实验表明外接矩形比轮廓质心以及其他拟合中心定位更加准确，如图 3.58 所示，引脚中心的小圆圈代表其最小外接矩形的中心，引脚间的间距测量通过计算最小外接矩形中心在水平投影上的距离来实现。

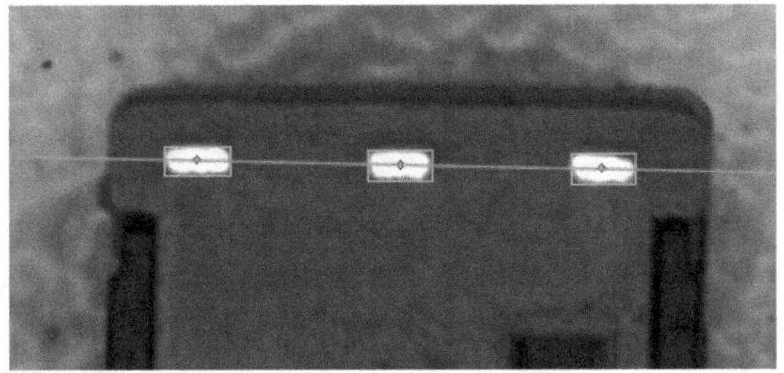

图 3.58　电子元器件引脚定位与间距测量效果

2）最小斜外接矩形

轮廓的最小斜外接矩形也是一种十分有用的轮廓几何描述，不仅具有上述介绍的最小外接矩形的所有描述特征，更重要的有两点：① 因为它是紧贴轮廓的边界点，可以出现在任意方向，所以对轮廓外形的描述更贴切；② 可以通过矩形对角线的夹角来对识别目标进行位置校正，可用于仿射变换或者投射变换的参数。两个示例轮廓的最小斜外接矩形效果如图 3.59 所示。

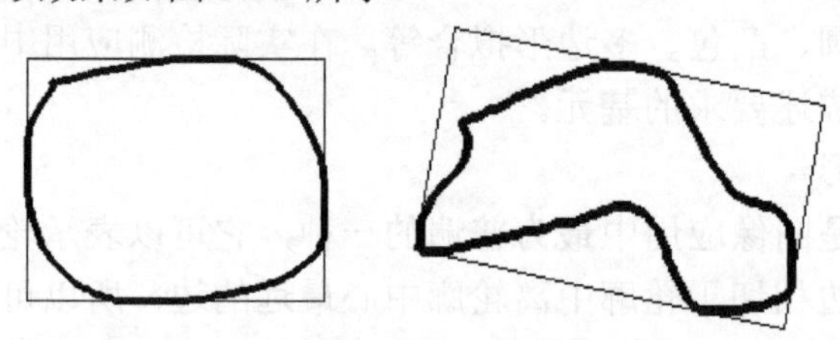

图 3.59　示例轮廓的最小斜外接矩形效果图

3）最小外接圆

最小外接圆与最小外接矩形一样，能够包含诸如填充度相关信息，一个重要的特征是最小外接圆可以描述轮廓的圆形度，这种圆形度可以通过其外接圆的面积与轮廓自身面积的比值来表示。两个示例轮廓的最小外接圆效果如图 3.60 所示。

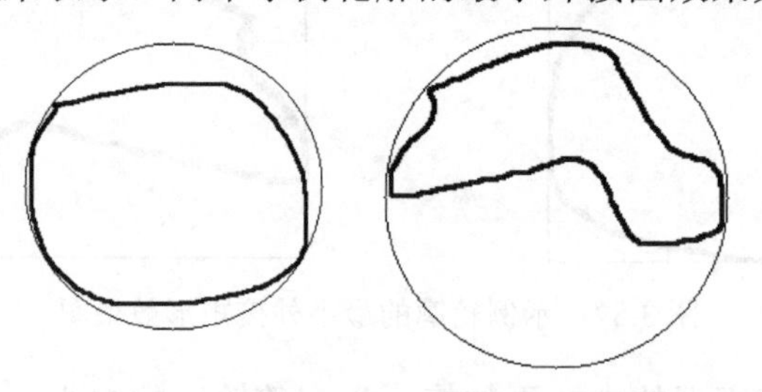

图 3.60　示例轮廓的最小外接圆效果图

4）最小外接椭圆

最小外接椭圆也是轮廓的一个重要特征，相对其他特征而言，其意义在于能够进行轮廓的矫正。因为椭圆相对圆来讲，其轮廓点具有各向异性，可以通过椭圆的几何中心、长轴与水平方向的夹角来确定轮廓的偏转角度及其位置，是一种轮廓位置矫正的好选择。两个示例轮廓的最小外接椭圆效果如图 3.61 所示。

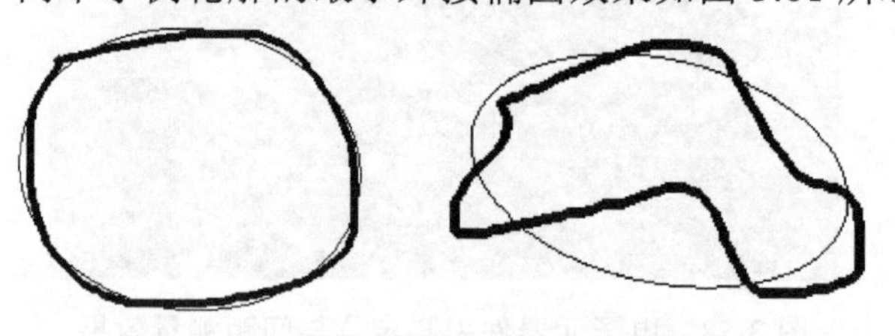

图 3.61　示例轮廓的最小外接椭圆效果图

5）凸包

凸包(convex hull)是计算机图形学中的概念。在一个实数向量空间V中，对于给定集合X，所有包含X的凸集的交集S被称为X的凸包。X的凸包可以用X内所有点(X_1，X_2，…，X_n)的线性组合来构造。在二维欧氏空间中，凸包可想象为一条刚好包着所有点的橡皮圈。通俗地讲，给定二维平面上的点集，凸包就是将最外层的点连接起来构成的凸多边形，它能够包含点集中的所有点。点集X的凸包是指一个最小凸多边形，满足X中的点或者在多边形边上或者在其内。两个示例轮廓的凸包效果如图3.62所示。

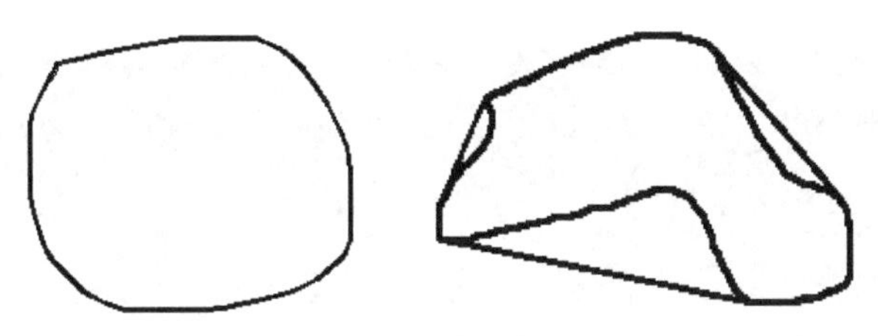

图3.62　示例轮廓的凸包效果图

6）多边形拟合

为了尽可能地描述轮廓，对轮廓的多边形拟合也是一种常见的描述方法。在数字图像处理中，形状是物体的一种重要特征，其主要信息蕴涵在物体轮廓边界曲线上那些曲率变化较大的特征点上。初步提取的物体边界曲线通常由大量连续的像素点构成，其中有很多相邻的点可能位于同一条直线上，这些点对曲线的特征计算贡献是很小的。多边形拟合的目的在于如何采用极少量的点作为多边形的顶点，以这个多边形来逼近原始的目标物体的轮廓曲线，从而减少用于表达曲线的数据量，去除冗余像素点。由于把不规则的数字曲线拟合成规则的多边形，一些特征量的计算变得方便，同时极大限度地保留了原始轮廓曲线的形状特征。

多边形拟合问题可以归结为三类：①指定拟合误差门限阈值，求满足该误差门限阈值要求的具有最少顶点数目的多边形；②指定拟合结果中顶点数目的上界，求满足该上界且和原始轮廓曲线误差最小的多边形；③指定拟合误差门限阈值和逼近结果中顶点数目的上界，求得满足上述两个指定条件的多边形。

两个示例轮廓的多边形拟合效果如图3.63所示。

图3.63　示例轮廓的多边形拟合效果图

3.5.5　网孔织物质量视觉检测的网孔轮廓标记

由前面所介绍的阈值分割方法处理后，网孔织物图像可变为纹理清晰可见的二值图像，如图 3.64 所示，其中，图 3.64(a)为包含一个破孔的网孔织物图像，图 3.64(b)为阈值分割后的图像。分割后的图像具有极强的可读性，其前景与背景对比明显，前景为白色，背景为黑色。分析图像可得出，正常纹理处网孔大小基本相同，而破孔缺陷处，纹理无规则，且网孔明显偏大。根据此特点，提出了一种基于网孔大小特征的网孔织物疵点分割方法，可实现疵点的快速、准确定位与分割。

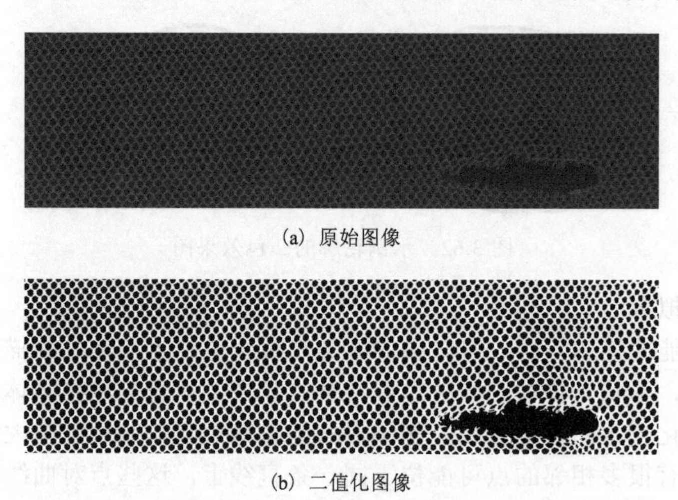

(a) 原始图像

(b) 二值化图像

图 3.64　网孔织物阈值分割

基于网孔大小特征的网孔织物轮廓标记与疵点分割方法具体流程如下。

第一步：从图像第一行开始扫描，找到第一个黑点(灰度值为 0)，将其作为种子点。

第二步：以该种子点作区域增长，若其四周有黑点，则将黑点入栈，种子点置为白(即灰度值置为 255)。

第三步：依次弹出栈内的点，判断其四周是否有黑点。若有，则入栈；若无，则将其置白，直到栈为空。

第四步：记录此次区域增长过程中的黑点个数(即网孔大小)，以及最小、最大行列数。

第五步：第一行检测完毕后，根据记录的最大行数，从此行开始重复以上步骤，直至标出全部网孔大小。

第六步：设定相应阈值，即可标出疵点区域，对疵点进行分割。

根据以上流程，对此网孔轮廓标记与疵点分割方法进行设计、调试、优化，网孔大小数据曲线如图 3.65 所示。从图中可以看出，疵点处网孔大小(像素数)明显偏大，根据此特性，可快速定位、分割疵点。

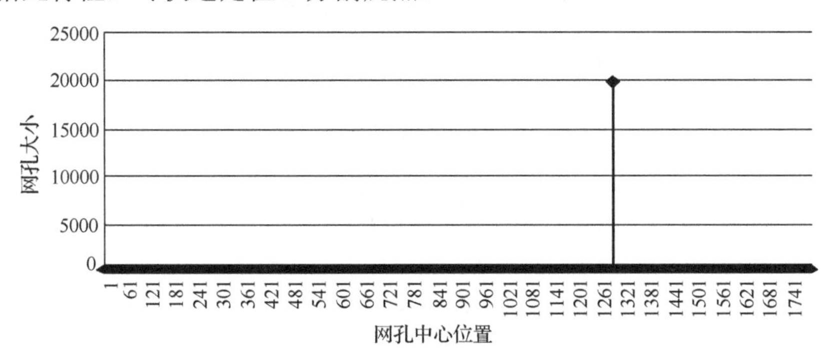

图 3.65　网孔织物网孔大小曲线图

3.5.6　电子接插件视觉检测的 Pin 轮廓定位

电子接插件视觉检测软件中，图像处理模块的关键在于边缘检测算法的选取，边缘检测算法将直接影响到该系统的检测效率及检测精度。Canny 算子的三大最优准则使得该算法能够达到电子接插件视觉检测的精度要求。

1. Pin 尺寸测量方法

FPC 类型电子接插件的外观结构并不是完全对称的，故在图像采集过程中，易出现其他平面遮挡待检测面的情况，为排除异面接插件对检测的干扰，送料装置会先设定检测姿态，并在检测部分采用三台相机分别检测接插件在规定姿态下的三个面；舍弃其中不利于缺陷识别的图像，图 3.66 给出了系统所采集的接插件插针(Pin)的有效图像。

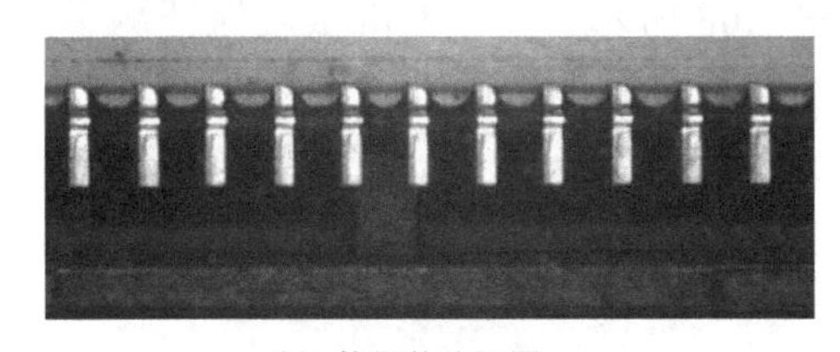

(a) 接插件俯视图

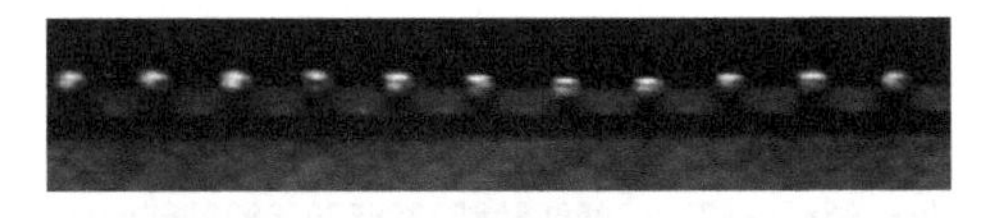

(b) 接插件侧视图

图 3.66　接插件不同视角的图像

以图 3.66(a)为例，给出插针的长度与宽度的检测方法。如图 3.67 所示，接插件在实际加工过程中，其伸出部分插针并不能保证与根部保持平行，假定其偏角为 θ，插针上的各顶点为 $A_i(x_i, y_i)$，形心为 $O_1(x_1, y_1)$，则接插件插针的长度 L 与宽度 W 的计算公式为

$$L = |A_1A_2| = |y_1 - y_2| \cdot \sec\theta \tag{3.65}$$

$$W = |A_2A_3| = |x_2 - x_3| \cdot \sec\theta \tag{3.66}$$

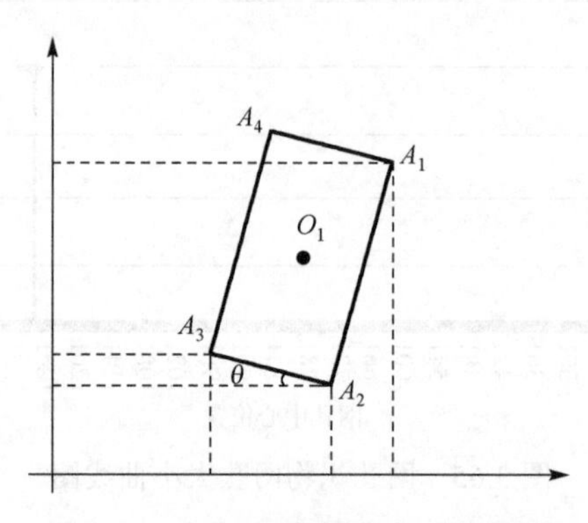

图 3.67　插针长度与宽度计算图示

综上所述，θ 值将直接影响 Pin 尺寸的测量值。该偏角可通过图像的二阶中心矩确定[106]，显然该方法计算量较大而且复杂，可能会带来较大误差。为减少误差，提出了一种改进算法，即

$$L = \frac{1}{2}\left(|A_1A_2| + |A_3A_4|\right) \tag{3.67}$$

$$W = \frac{1}{2}\left(|A_2A_3| + |A_1A_4|\right) \tag{3.68}$$

2. 插针位置度的检测

接插件位置度的测量方法如下：计算每个插针中心的轴端偏差(实测插针顶端和底端到基准的距离——理论值)，然后取绝对值中的最大值乘以 2[107]。在实际检测中，接插件的基准端面(记为 A)比较小，如图 3.68 所示，一个基准很难保证测量的准确性，因此，添加另一个基准(记为 B)以确保测量时的准确性和重复性。

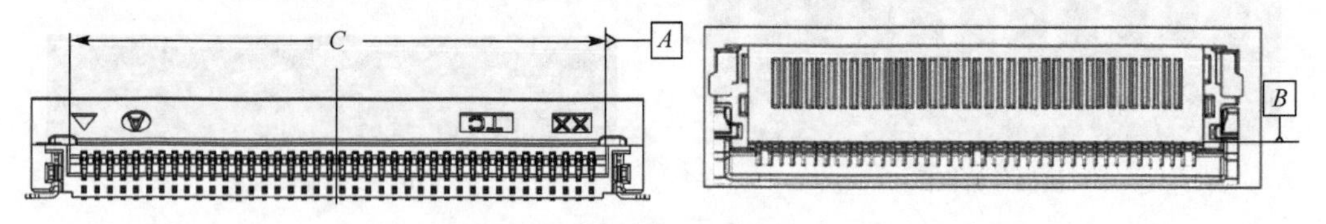

图 3.68　位置度基准的设定

插针顶端中点的位置坐标记为 $M_{i1}\left(\dfrac{x_{i1}+x_{i4}}{2}, \dfrac{y_{i1}+y_{i4}}{2}\right)$，插针底端中点的位置坐标记为 $M_{i2}\left(\dfrac{x_{i2}+x_{i3}}{2}, \dfrac{y_{i2}+y_{i3}}{2}\right)$，那么设定基准 A、B 分别为 $x=m$，$y=n$，插针顶端中

点 M_{i1} 到基准 A、B 的理论值分别为 T_A、T_B，则底端中点 M_{i2} 到基准 A、B 的理论值分别为 T'_A、T'_B。所以该插针的位置度可以表示为

$$P = 2 \cdot \max\left\{\left|\frac{x_{i1}+x_{i4}}{2}-m\right|-T_A, \left|\frac{y_{i1}+y_{i4}}{2}-n\right|-T_B, \left|\frac{x_{i2}+x_{i3}}{2}-m\right|-T'_A, \left|\frac{y_{i2}+y_{i3}}{2}-n\right|-T'_B\right\} \tag{3.69}$$

3. 插针共面度的检测

接插件插针共面度如图 3.69 所示，所有的插针都应位于公差值为 t 的两平行平面间，那么 t 值就为插针的共面度。为了提高测量精度，提出了一种基于形心拟合平面算法来评价 FPC 型接插件插针的共面度。

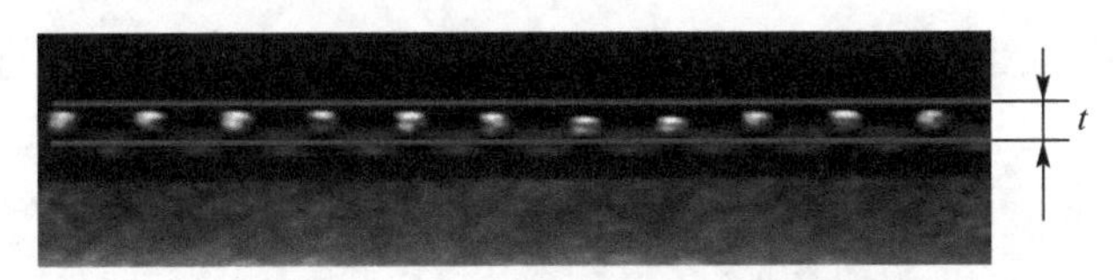

图 3.69　FPC 型接插件插针共面度

基于形心拟合平面法运用最小二乘法将每个插针端部的形心作为基本点拟合基准平面 S，再计算端面偏差(端面顶端与底端到基准平面距离的最大值之和)评定共面度。

令插针的矩形端面的形心为 $O_j(x_j,\ y_j,\ z_j)$，将计算得到的形心按最小二乘法拟合基准平面 S，即

$$Ax + By + Cz = 1 \tag{3.70}$$

式中，A、B、C 分别为平面 S 法线方向的数值，同时使得残差平方和最小。

$$\arg\min(E) = \arg\min\left(\sum_{i=1}^{n}(Ax_i + By_i + Cz_i - 1)^2\right) \tag{3.71}$$

以基准平面 S 为界，实测端面的形心 O_j 到 S 的距离为 f_i，即为接插件插针的共面度。

为了简化运算，可在 $x=L_0$ 的投影面上进行计算，L_0 为插针的标准值，如图 3.70 所示。

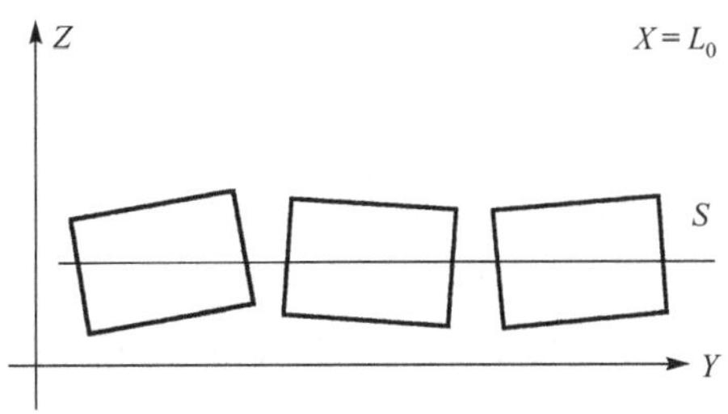

图 3.70　形心拟合平面法

4. 检测结果与误差分析

接插件视觉检测系统软件的界面如图 3.71 所示，该软件以 Canny 边缘检测算法为基础，对 FPC 型接插件进行外观检测。

图 3.71　FPC 型接插件视觉检测系统软件的界面

表 3.3 给出了 FPC 型接插件部分插针的检测数据，其插针长度标准值为：L_0= 0.153mm。

表 3.3　FPC 型接插件部分插针的检测数据　　(单位：mm)

插针编号	实验数据		插针编号	实验数据	
	测试	误差		测试	误差
1	0.148	−0.005	9	0.160	0.007
2	0.161	0.008	10	0.167	0.014
3	0.156	0.003	11	0.149	−0.004
4	0.149	−0.004	12	0.159	0.006
5	0.140	−0.013	13	0.163	0.010
6	0.155	0.002	14	0.140	−0.013
7	0.153	0	15	0.160	0.007
8	0.151	−0.002	16	0.156	0.003

表 3.3 中数据可绘制为图 3.72 所示的误差曲线图，插针长度测量误差绝对值的平均值为 0.0065mm，误差绝对值的最大值为 0.014mm，检测结果偏差小，符合企业检测要求。

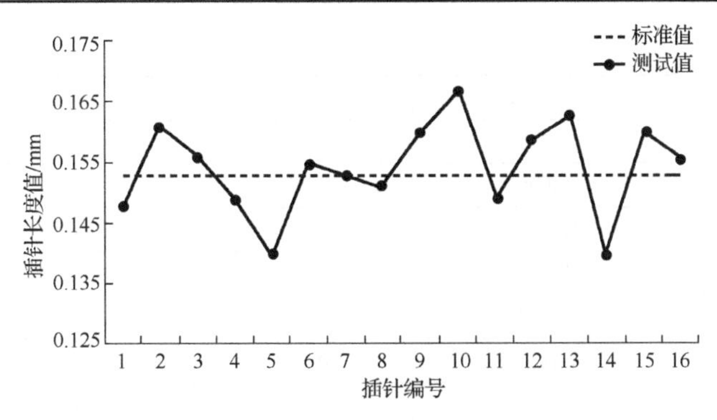

图 3.72　FPC 型接插件部分插针的尺寸数据曲线图

接插件插针的位置度与共面度数据如表 3.4 所示，位置度测量数据的误差平均值为 0.008mm，误差的绝对值最大为 0.016mm；共面度测量数据的误差平均值为 0.004mm，误差的绝对值最大为 0.009mm。测试结果表明，该视觉检测系统的精度已达到企业要求的±0.01mm[108]。

表 3.4　FPC 型接插件部分插针的位置度与共面度　　（单位：mm）

插针编号	公差类型	真值	测试值	误差值
1	位置度	0.005	0.010	0.005
	共面度	0.003	0.007	0.004
2	位置度	0.006	0.016	0.010
	共面度	0.004	0.008	0.004
3	位置度	0.012	0.015	0.003
	共面度	0.010	0.012	0.002
4	位置度	0.010	0.019	0.009
	共面度	0.005	0.008	0.003
5	位置度	0.011	0.014	0.003
	共面度	0.006	0.008	0.002
6	位置度	0.006	0.012	0.006
	共面度	0.002	0.004	0.002
7	位置度	0.012	0.021	0.009
	共面度	0.004	0.007	0.003
8	位置度	0.025	0.033	0.008
	共面度	0.000	0.003	0.003
9	位置度	0.012	0.026	0.014
	共面度	0.006	0.009	0.003
10	位置度	0.020	0.031	0.011
	共面度	0.001	0.005	0.004

续表

插针编号	公差类型	真值	测试值	误差值
11	位置度	0.026	0.028	0.002
	共面度	0.003	0.004	0.001
12	位置度	0.015	0.024	0.009
	共面度	0.007	0.012	0.005
13	位置度	0.010	0.018	0.008
	共面度	0.009	0.018	0.009
14	位置度	0.012	0.016	0.004
	共面度	0.003	0.010	0.007
15	位置度	0.020	0.036	0.016
	共面度	0.009	0.014	0.005
16	位置度	0.041	0.052	0.011
	共面度	0.003	0.009	0.006

机器视觉成功地实践于电子接插件的 Pin 参数检测中，实现了接插件插针尺寸、位置度和共面度的精确测量，使接插件视觉检测系统达到 0.008mm 检测精度，识别率在 95%以上。多面检测方式还可以应用于表面不规则物体的检测，对当前国内市场上存在的相关检测系统进行更新和完善，具有高效快捷、适应性强、成本低等特点，极大地提高企业对电子接插件的检测效率和测量精度，保证产品的质量。

3.5.7 FPC 补强片缺陷检测的缺陷轮廓特征

以 FPC 补强片轮廓为界，依据缺陷的空间信息可把缺陷分为内部缺陷和外部缺陷，如图 3.73 所示，溢胶全部在轮廓外侧属于外部缺陷，压点与划伤为内部缺陷。检测要求对内部缺陷进行进一步分类，依据内部缺陷的几何特征将其区分为压点与划伤，且采用缺陷轮廓面积 S_{con} 与其最小外接矩形面积 S_{rect} 的比值来描述这种区分，将其定义为填充度，如

$$R = S_{\text{con}} / S_{\text{rect}} \tag{3.72}$$

压点的填充度 R 比较大，实验发现都在 0.7 以上；而划伤成条状，填充度 R 较小，都在 0.3 以下。综合以上分析，缺陷分类准则可定义如下。

(1)若轮廓外部有宽度大于限定阈值 T_w 的白色区域，则为溢胶。

(2)同样，若轮廓内部存在面积大于限定阈值 T_s 的白色区域，则依据式(3.72)计算该区域的轮廓填充度 R。若 R>0.5，则为压点；否则为划伤。

本书取 T_w=3，T_s=5，单位为像素，按照上述分类准则，FPC 补强片缺陷识别效果如图 3.73 所示，图中间位置的标记为内部缺陷的轮廓，矩形框为内部缺陷轮廓的最小外接矩形。其中，图 3.73(a)的 R=0.95；图 3.73(b)两处缺陷的 R 值分别为 0.04

和0.78；图3.73(c)为溢胶效果图，其缺陷位置均在轮廓之外。实验表明该分类准则具有很强的鲁棒性。

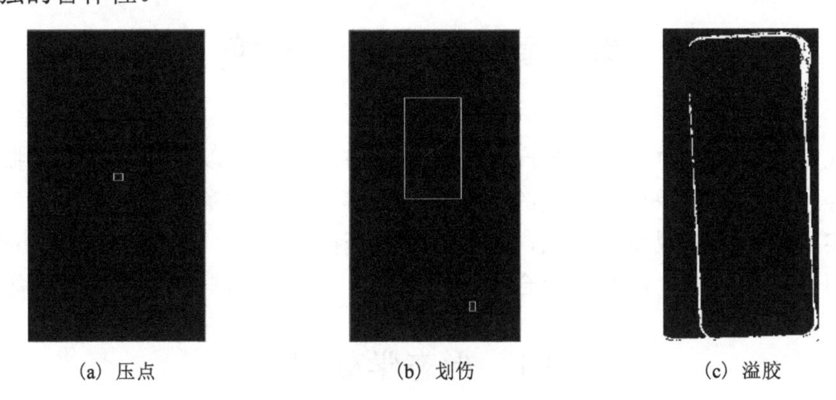

(a) 压点　(b) 划伤　(c) 溢胶

图3.73　FPC补强片缺陷检测的轮廓特征

第4章　图 像 变 换

在视觉检测系统中，待检测产品的位置与方位变化，以及设备的工作振动等干扰，会导致所采集图像存在一定的偏移、变形等现象。本章针对这些问题，主要给出一些实用的图像空域变换方法，包括形态学变换，平移、缩放与旋转，仿射变换，图像轮廓的直线、圆、椭圆、组合图元的拟合，直角坐标与极坐标的变换等。

4.1　形态学处理

形态学处理是以形态结构元素为基础对图像进行分析的数学工具。它的基本思想是用具有一定形态的结构元素去度量和提取图像中的对应形状以达到对图像分析与识别的目的。数学形态学的应用可以简化图像数据，保持它们基本的形状特征，并去除不相干的结构。数学形态学的基本运算有四种：膨胀、腐蚀、开运算和闭运算。它们在二值图像中和灰度图像中各有特点，基于这些基本运算还可以推导和组合成各种数学形态学实用算法。

数学形态学可以用来解决噪声抑制、特征提取、边缘检测、图像分割、形状识别、纹理分析、图像恢复与重建、图像压缩等图像处理问题。

4.1.1　腐蚀与膨胀

在形态学中，结构元素是最重要、最基本的概念，其在形态学变换中的作用相当于信号处理中的“滤波窗口”。在二值图像的腐蚀与膨胀中，若 $B(x)$ 为结构元素，则对图像空间 E 中的每一点 x，腐蚀与膨胀的定义为

$$\text{腐蚀：}\quad X = E\Theta B = \{x \mid B(x) \subset E\} \tag{4.1}$$

$$\text{膨胀：}\quad Y = E \oplus B = \{y \mid B(y) \cap E \neq \varnothing\} \tag{4.2}$$

用 $B(x)$ 对 E 进行腐蚀的结果就是把结构元素 B 平移后使 B 包含于 E 的所有点所构成的集合。用 $B(x)$ 对 E 进行膨胀的结果就是把结构元素 B 平移后使 B 与 E 的交集非空的所有点所构成的集合。

灰度图像腐蚀与膨胀的原理如下：$g(x, y)$ 为腐蚀后的灰度图像，$f(x, y)$ 为原灰度图像，A 为结构元素，D_A 为结构元素 A 的邻域。腐蚀是在结构元素确定的邻域块中选取图像值与结构元素值的差的最小值。膨胀是在结构元素确定的邻域块中选取图像值与结构元素值的和的最大值。

在灰度图的形态学操作中结构元素 A 的值一般取为 0，则腐蚀与膨胀的计算公式为

$$g(x,y)=\text{erode}[f(x,y),A]=\min\{f(x+\text{d}x,y+\text{d}y)\mid(\text{d}x,\text{d}y)\in D_A\} \tag{4.3}$$

$$g(x,y)=\text{dilate}[f(x,y),A]=\max\{f(x-\text{d}x,y-\text{d}y)\mid(\text{d}x,\text{d}y)\in D_A\} \tag{4.4}$$

4.1.2　开运算与闭运算

先腐蚀后膨胀的过程称为开运算。开运算具有消除细小物体，在纤细处分离物体和平滑较大物体边界的作用。先膨胀后腐蚀的过程称为闭运算。闭运算具有填充物体内细小空洞，连接邻近物体和平滑边界的作用。

图 4.1 给出了坯布疵点检测的形态学运算效果，其中，图 4.1(a)是有破洞缺陷的坯布图像经过反向投影后提取出的缺陷图像，可见图中存在许多干扰，而形态学处理有利于去除这些干扰。由于背景是高灰度值，要想去除这些干扰就需要先进行膨胀，然后为了还原缺陷大小，还要进行腐蚀，即对图像进行闭运算。图 4.1(b)是闭运算后的图像，可以看出干扰去除的效果较好，达到预期目的。

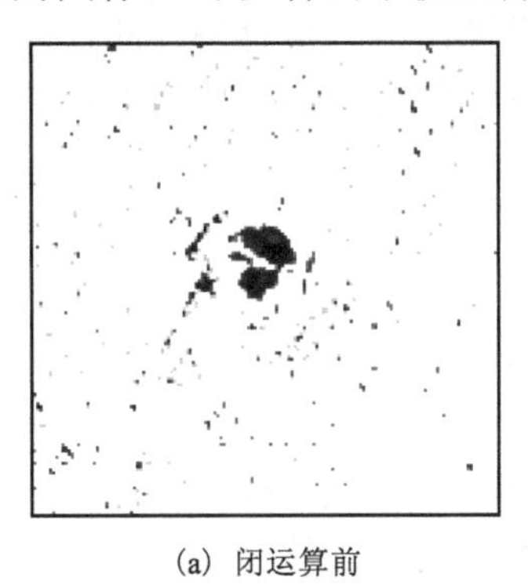

(a) 闭运算前

(b) 闭运算后

图 4.1　坯布破洞疵点开运算效果

4.1.3　形态骨架提取

在图像处理中，形状信息是非常重要的，寻找细化结构是图像处理的一个关键问题。为了便于描述和抽取特征，对那些细长的区域常用“类似骨架”的细线来表示，这些细线处于图像的中轴附近，并从视觉上依然保持原有形状即细化结构，骨架便是这样一种细化结构。20 世纪 70 年代中期 Matheron 严谨而详尽地论证了随机集论和积分几何，为数学形态学奠定了理论基础。与此同时，形态学细化算法也得到了相应发展，其基本思想是通过所给定的一系列具有一定形状的结构元素对的形态变换，删除满足击中击不中变换的像素[109]。

击中击不中变换(也称塞拉变换)是数学形态学的一种基本变换，该变换在一次运算中同时可以捕获到内外标记。击中击不中变换需要两个结构基元 E 和 F，且 $E\cap F=\varnothing$，这两个基元被称为一个结构元素对 $B=(E,F)$，一个探测图像内部，另一个探测图像外部。当且仅当 E 平移到某一点时可填入 A 的内部，F 平移到该点时可填入 A 的外部，该点才在击中击不中变换的输出中。利用该变换可以进行物体的识别。击中击不中定义为

$$A \Uparrow B = (A\Theta E)\bigcap(A^C\Theta F) \tag{4.5}$$

$$A \Uparrow B = \{x: E+x\subset A; F+x\subset A^C\} \tag{4.6}$$

细化可借用击中击不中变换定义如下，用结构元素 B 细化集合 A，记为

$$A\otimes B = A-(A\Uparrow B) = A\bigcap(A\Uparrow B)^C \tag{4.7}$$

条件细化：在细化 A 时，细化的结果仍然包含 C，表示为

$$A\otimes B:C = (A\otimes B)\bigcup C \tag{4.8}$$

细化的实质是将一个曲线形物体化为一条单像素宽的线，从而图像化显示出拓扑性质，细化过程可分为两步：①一个正常的腐蚀，但它是有条件的，即那些被标记为可除去的像素点并不立即消去；②只将那些消除后并不破坏连通性的点消除，否则保留。

4.1.4　FPC 补强片激光测高的光斑定位

FPC 补强片在贴合的过程中会出现漏贴和多贴的情况，为了检测出补强片是否漏贴或多贴，可以使用测高度的方法来判别。由于补强片高度很小，一般的检测方法难以测出,所以采用激光定位和视觉检测相结合的方法来测量补强片部位的高度。

补强片激光测高硬件子系统采用激光三角法测量原理[110]进行光路设计，根据补强片表面特性，可采用激光斜射式，需满足透镜成像和 Scheimpflug 条件[111]，光路如图 4.2 所示。

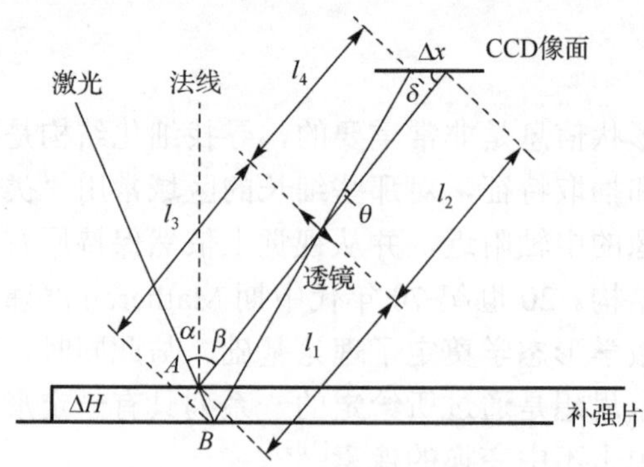

图 4.2　激光三角法测量原理图

图4.2中，入射光束与法线的夹角为 α，反射光束与法线的夹角为 β，CCD像面与反射光束的夹角为 δ，入射光斑与透镜的距离为 l_1，透镜与像面成像点的距离为 l_2，补强片的厚度为 ΔH，透镜的焦距为 f。随着补强片数量的增减，成像点即光斑中心在CCD像面上的移动范围为 Δx。由图可知

$$\frac{\Delta x \sin\delta}{\Delta H \sec\alpha \sin(\alpha+\beta)} = \frac{l_2 - \Delta x \cos\delta}{l_1 + \Delta H \sec\alpha \cos(\alpha+\beta)} \tag{4.9}$$

由透镜成像原理可知 $f^{-1} = u^{-1} + v^{-1}$，当入射光斑位于补强片表面 A 时，$u=l_1$，$v=l_2$，则满足

$$\Delta H = \frac{\Delta x l_1 (l_1 - f)\sin\delta\cos\alpha}{f l_1 \sin(\alpha+\beta) - \Delta x (l_1 - f)\sin(\alpha+\beta+\delta)} \tag{4.10}$$

当图示位置的补强片出现漏贴时，入射光斑位于表面 B。此时，入射光斑与透镜的距离为 l_3，透镜与像面成像点的距离为 l_4。图中两反射光束间的夹角为 θ。由图可知

$$l_3 = \frac{l_1}{1 - \tan\theta\cot(\alpha+\beta)},\ l_4 = \frac{l_2}{1 + \tan\theta\cot\delta} \tag{4.11}$$

由透镜成像原理可知 $l_1^{-1} + l_2^{-1} = l_3^{-1} + l_4^{-1}$，并依据式(4.11)与几何光学高斯定理[112]满足

$$l_1 \tan(\alpha+\beta) = l_2 \tan\delta \tag{4.12}$$

由式(4.12)可知，入射光束、透镜平面和CCD像面三者的延长线相交于一点，因此，补强片表面的激光光斑不管远近，都可通过透镜在CCD像面上成清晰的实像。

由式(4.10)可知，激光照射在补强片上，补强片是否漏贴或多贴表现为高度 ΔH 的变化，而 ΔH 的变化可以表现为横向 Δx 的变化，通过视觉检测系统可以采集并检测出横向 Δx 的变化值，从而可以判断出补强片贴合的缺陷。

为了定位激光光斑，首先必须分离出光斑区域，并提取其光心区域中心。图4.3(a)为原始激光光斑图像，可见光斑存在散射现象，即使采用高斯拉普拉斯算子提取光斑边缘(图4.3(b))，在光心区域仍然存在大量树枝状散射边缘与点状“噪声”。为了消除这些因素的影响，在基本不改变光斑区域面积的前提下，可采用形态学闭运算有效地去除裂缝状和点状“噪声”，如选取半径为5的圆盘形结构元素[113]进行闭运算，得到如图4.3(c)所示的光心区域(图中为放大显示)，可见树枝状散射光区域被明显消除，而光心区域被较好保留。

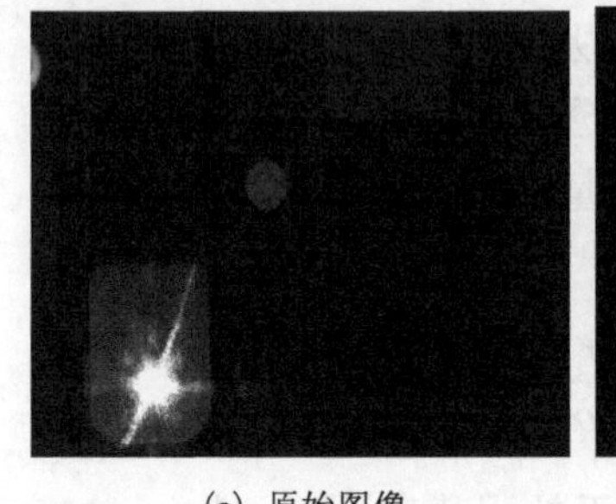

(a) 原始图像

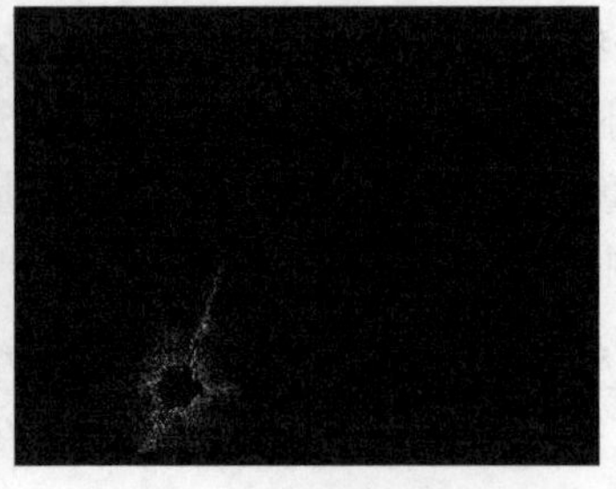

(b) 边缘检测

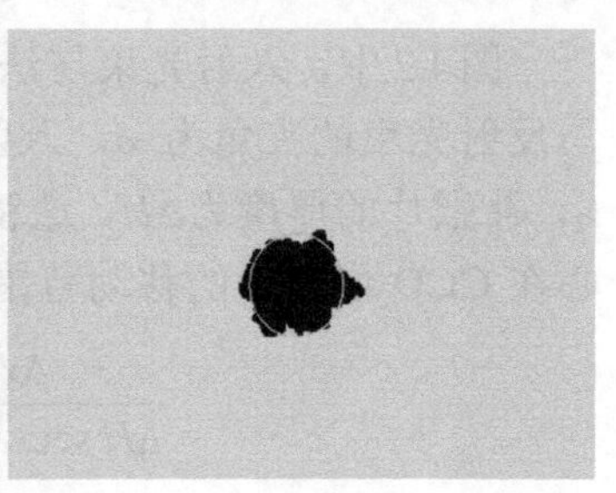

(c) 闭运算

图 4.3　激光光斑形态学处理

4.2 几何变换

4.2.1 平移、缩放与旋转

1. 缩放

图像缩放是根据具体的处理要求改变图像的尺度，按照一定的比例进行缩小或放大，在缩小或放大的过程中，通常采用插值算法来进行近似处理。其中，最邻近元法、双线性内插法、三次内插法是几种最常见的插值算法。

在数字图像处理中，经常会碰到小数像素坐标的取值问题，这时需要依据邻近像素的值来对该坐标进行插值。例如，在地图投影转换时，对目标图像的一个像素进行坐标变换到源图像上对应的点时，变换后所对应的坐标很可能是一个小数。此外，在图像的几何校正时，也会遇到同样的问题。

1) 最邻近元法

这是最简单的一种插值方法，不需要计算，在待求像素的四邻像素中，将距离待求像素最近的邻像素灰度赋给待求像素。设 $i+u$，$j+v$ (i，j 为正整数，u，v 为大于零且小于 1 的小数，下同) 为待求像素坐标，则待求像素的灰度值 $f(i+u, j+v)$ 如图 4.4 所示。

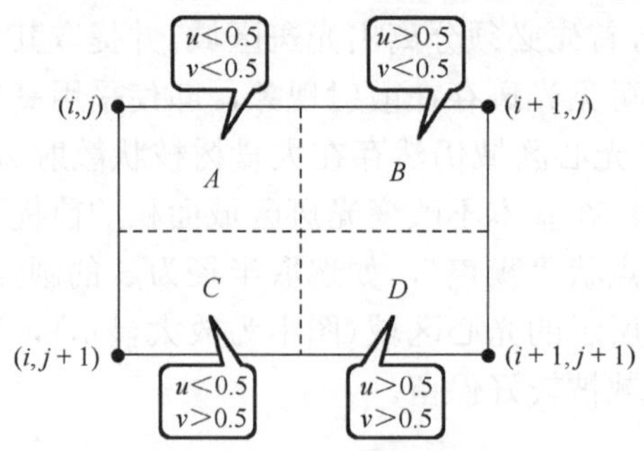

图 4.4　最邻近插值示意图

如果$(i+u, j+v)$落在A区，即$u<0.5$，$v<0.5$，则将左上角像素的灰度值赋给待求像素。同理，落在B区则赋予右上角像素的灰度值，落在C区则赋予左下角像素的灰度值，落在D区则赋予右下角像素的灰度值。

最邻近元法计算量较小，但可能会造成插值生成的图像灰度上的不连续，在灰度变化的区域可能出现明显的锯齿状，导致处理后的图像质量不高。

2) 双线性内插法

双线性内插法是利用待求像素四个邻近像素的灰度在两个方向上作线性内插，如图4.5所示。

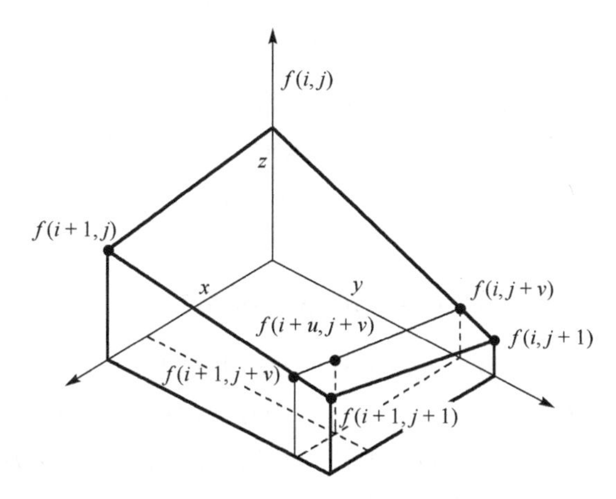

图4.5 双线性内插法示意图

对于$(i, j+v)$，假设$f(i, j)$到$f(i, j+1)$的灰度变化为线性关系，则有

$$f(i, j+v) = [f(i, j+1) - f(i, j)] \cdot v + f(i, j) \tag{4.13}$$

同理，对于$(i+1, j+v)$，则有

$$f(i+1, j+v) = [f(i+1, j+1) - f(i+1, j)] \cdot v + f(i+1, j) \tag{4.14}$$

从$f(i, j+v)$到$f(i+1, j+v)$的灰度变化也为线性关系，由此可推导出待求像素灰度的计算式为

$$\begin{aligned} f(i+u, j+v) = &(1-u)\cdot(1-v)\cdot f(i,j) + (1-u)\cdot v\cdot f(i,j+1) \\ &+ u\cdot(1-v)\cdot f(i+1,j) + u\cdot v\cdot f(i+1,j+1) \end{aligned} \tag{4.15}$$

双线性内插法的计算比最邻近元法复杂，计算量较大，但克服了灰度不连续的缺点，结果基本令人满意。它具有低通滤波性质，使高频分量受损，图像轮廓可能会变得稍微模糊。

3) 三次内插法

三次内插法利用三次多项式$S(x)$求逼近理论上最佳的插值函数$\sin(x)/x$，待求像素(x, y)的灰度值由其周围16个灰度值加权内插得到，如图4.6所示。

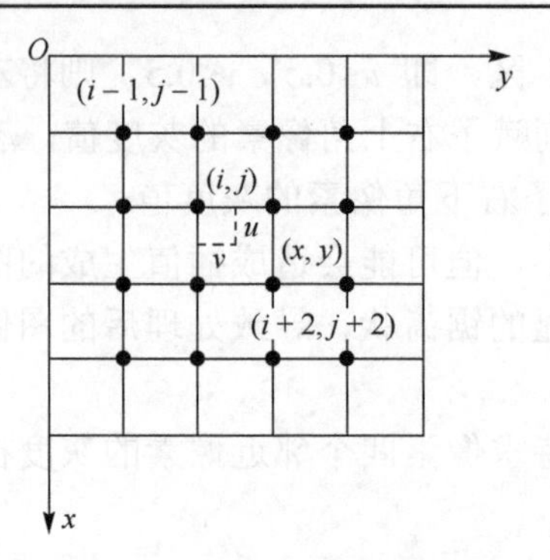

图 4.6　三次内插法示意图

三次内插法能够克服以上算法的不足，考虑一个浮点坐标 $(i+u, j+v)$ 周围的 16 个点，计算精度高，但计算量较大。待求像素的灰度值计算公式为

$$f(i+u, j+v) = ABC \tag{4.16}$$

式中，A、B、C 的表达式为

$$A = (S(1+u)S(u)S(1-u)S(2-u)) \tag{4.17}$$

$$B = \begin{pmatrix} f(i-1,j-1) & f(i-1,j) & f(i-1,j+1) & f(i-1,j+2) \\ f(i,j-1) & f(i,j) & f(i,j+1) & f(i,j+2) \\ f(i+1,j-1) & f(i+1,j) & f(i+1,j+1) & f(i+1,j+2) \\ f(i+2,j-1) & f(i+2,j) & f(i+2,j+1) & f(i+2,j+2) \end{pmatrix} \tag{4.18}$$

$$C = \begin{pmatrix} S(1+v) \\ S(v) \\ S(1-v) \\ S(2-v) \end{pmatrix} \tag{4.19}$$

设水平缩放系数为 s_x，垂直缩放系数为 s_y，(x_0, y_0) 为缩放前坐标，(x, y) 为缩放后坐标，其缩放的坐标映射关系为

$$\begin{cases} x_0 = \dfrac{x}{s_x} \\ y_0 = \dfrac{y}{s_y} \end{cases} \tag{4.20}$$

其矩阵表示形式为

$$[x, y, 1] = [x_0, y_0, 1]\begin{bmatrix} s_x & 0 & 0 \\ 0 & s_y & 0 \\ 0 & 0 & 1 \end{bmatrix} \tag{4.21}$$

图像缩放主要用于改变图像的大小，缩放后图像的宽度和高度会发生变化。水平缩放系数控制图像宽度的缩放，若其值为 1，则图像的宽度不变；垂直缩放系数控制图像高度的缩放，若其值为 1，则图像的高度不变。如果水平缩放系数和垂直缩放系数不相等，那么缩放后图像的宽度和高度的比例会发生变化，导致图像变形。要保持图像宽度和高度的比例不发生变化，就需要水平缩放系数和垂直缩放系数相等。

在视觉检测中，图像缩放主要用于制作匹配模块、提取图像特征时将图像设定为规定的尺寸大小或者进行归一化处理。图 4.7 为 TFDS 中列车集尘器图像的缩放效果。

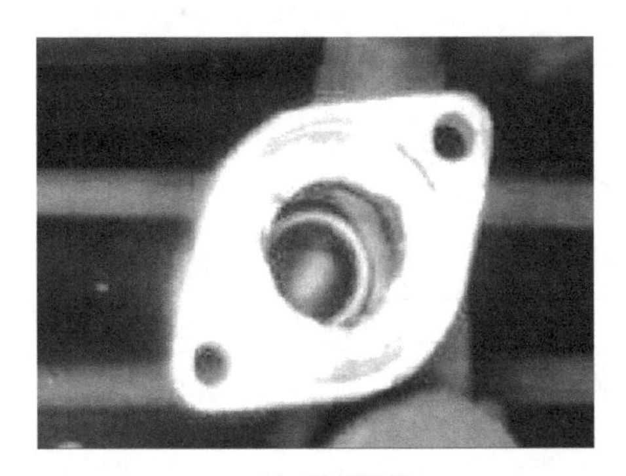

(a) 采集图像

(b) 缩放修正图像

图 4.7 列车集尘器图像的缩放效果

2. *旋转*

图像旋转是将图像按照某一点旋转指定的角度。图像旋转后不会变形，但是其垂直对称轴和水平对称轴都会发生改变，旋转后图像的坐标和原图像坐标之间的关系已不能通过简单的加减乘法得到，而需要通过一系列的复杂运算，而且图像在旋转后，其宽度和高度都会发生变化，其坐标原点也会发生变化。

图像坐标系与常用的笛卡儿坐标系有所不同，其左上角是其坐标原点，X 轴沿着水平方向向右，Y 轴沿着竖直方向向下。而在旋转过程中，一般使用旋转中心为坐标原点的笛卡儿坐标系，所以图像旋转的第一步是坐标系的变换。设旋转中心为 (x_0, y_0)，(x', y') 是旋转后以旋转中心为坐标原点的坐标，(x, y) 是旋转后默认坐标系下的坐标，则坐标变换为

$$\begin{cases} x' = x - x_0 \\ y' = y - y_0 \end{cases} \tag{4.22}$$

用矩阵表示为

$$[x' \ y' \ 1]=[x \ y \ 1]\begin{bmatrix}1 & 0 & 0\\ 0 & -1 & 0\\ -x_0 & y_0 & 1\end{bmatrix} \tag{4.23}$$

在最终的实现中，常用的是有缩放后的图像通过映射关系找到其坐标在原图像中的相应位置，这就需要上述映射的逆变换将坐标系变换到以旋转中心为原点后，对图像的坐标进行变换。

如图 4.8 所示，将坐标$(x_0，y_0)$顺时针方向旋转 a，得到$(x_1，y_1)$。

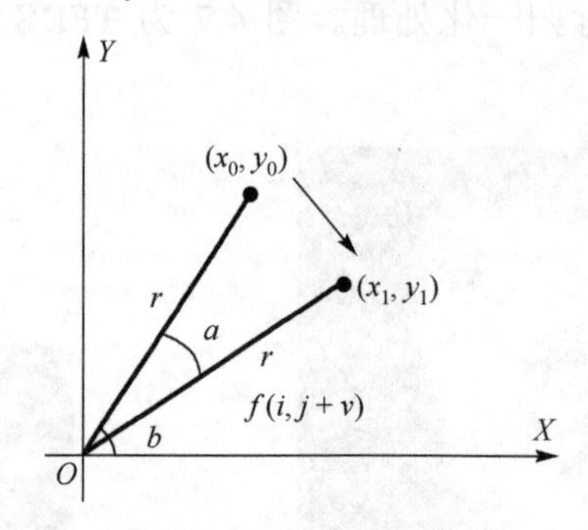

图 4.8　几何旋转示意图

旋转前有

$$\begin{cases}x_0 = r\times\cos b\\ y_0 = r\times\sin b\end{cases} \tag{4.24}$$

旋转 a 角度后有

$$\begin{cases}x_1 = r\cos b - a = r\cos b\cos a + r\sin b\sin a = x_0\cos a + y_0\sin a\\ y_1 = r\sin b - a = r\sin b\cos a - r\cos b\sin a = -x_0\sin a + y_0\cos a\end{cases} \tag{4.25}$$

用矩阵形式表示为

$$[x_1 \ y_1 \ 1]=[x_0 \ y_0 \ 1]\begin{bmatrix}\cos a & -\sin a & 0\\ \sin a & \cos a & 0\\ 0 & 0 & 1\end{bmatrix} \tag{4.26}$$

其逆变换为

$$[x_0 \ y_0 \ 1]=[x_1 \ y_1 \ 1]\begin{bmatrix}\cos a & \sin a & 0\\ -\sin a & \cos a & 0\\ 0 & 0 & 1\end{bmatrix} \tag{4.27}$$

由于旋转时以旋转中心为坐标原点，旋转后还需要将坐标原点移到图像左上角，也就是还要进行一次变换。这里需要注意的是，旋转中心的坐标$(x_0，y_0)$是在以原图像的左上角为坐标原点的坐标系中得到的，而在旋转后由于图像的宽和高发生了变化，也就导致旋转后图像的坐标原点和旋转前发生了变化。图 4.9 为 TFDS 中列车底部图像的旋转效果。

(a) 采集图像

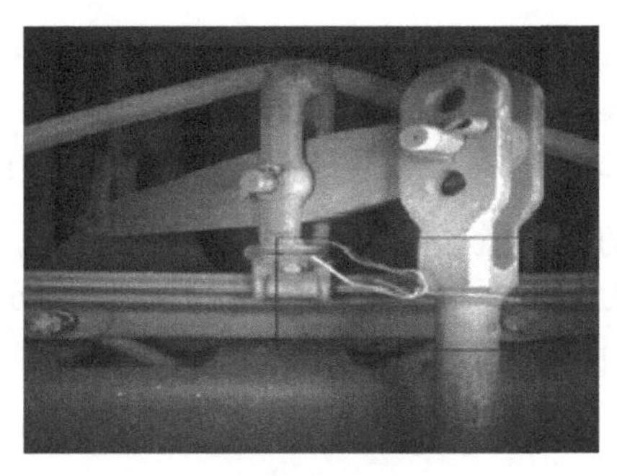
(b) 旋转修正图像

图 4.9 列车底部图像的旋转效果图

4.2.2 仿射变换

在一般的机械设备上，物体的位置和姿态难以得到精确的保证，将导致在测量过程中，物体与摄像机的距离发生变化，从而引起尺寸测量的误差。因此，有必要对物体进行初始位置的修正以提高视觉测量精度，其修正公式为

$$\begin{pmatrix} r \\ c \end{pmatrix} = \begin{pmatrix} a_{11} & a_{12} \\ a_{21} & a_{22} \end{pmatrix} \begin{pmatrix} r \\ c \end{pmatrix} + \begin{pmatrix} t_r \\ t_c \end{pmatrix} \tag{4.28}$$

其中，仿射变换包括一个由 2×2 矩阵所给定的线性部分与平移部分，若用齐次方程来表示，将其合成为一个矩阵，则有

$$\begin{pmatrix} r \\ c \\ 1 \end{pmatrix} = \begin{pmatrix} a_{11} & a_{12} & a_{13} \\ a_{21} & a_{22} & a_{23} \\ 0 & 0 & 1 \end{pmatrix} \begin{pmatrix} x \\ y \\ 1 \end{pmatrix} \tag{4.29}$$

该矩阵包含四个物理量，平移、旋转、行列方向缩放、沿纵轴的倾斜。

4.2.3 汽车锁扣铆点视觉测量的仿射变换

外界条件以及镜头畸变的影响，特别是由夹具制造误差引起锁扣绕光轴的纵向倾斜，会导致零件局部特征成像被拉长或缩短，存在一定的几何失真，难以保证坐标系的准确度和测量精度，因此采用仿射变换对图像进行校正[114]。仿射变换可以校正物体所有可能的与位姿相关的变化，设仿射变换后的图像坐标(x', y')，原图像为(x, y)，变换如式(4.30)所示。

$$\begin{pmatrix} x' \\ y' \\ 1 \end{pmatrix} = \begin{pmatrix} a_{11} & a_{12} & a_{13} \\ a_{21} & a_{22} & a_{23} \\ 0 & 0 & 1 \end{pmatrix} \begin{pmatrix} x \\ y \\ 1 \end{pmatrix} \tag{4.30}$$

由式(4.30)的线性方程可知，具有仿射变换的三个点组才能唯一确定其矩阵变换参数。为了与图像像素坐标统一，并便于后续铆点的定位，规定仿射变换后测量坐标的 x 轴与图像横坐标平行，y 轴与纵坐标平行，且锁扣边缘相互垂直。分别选取初级测量坐标系下的原点 $O(x_0, y_0)$，l_1 的端点 $a_2(x_2, y_2)$，l_2 的端点 $b_2(x_4, y_4)$ 作为仿射变换参考点，变换后对应点分别为 $O'(x_0', y_0')$、$a_2'(x_2', y_2')$ 和 $b_2'(x_4', y_4')$，点组之间的对应关系如图 4.10 所示。

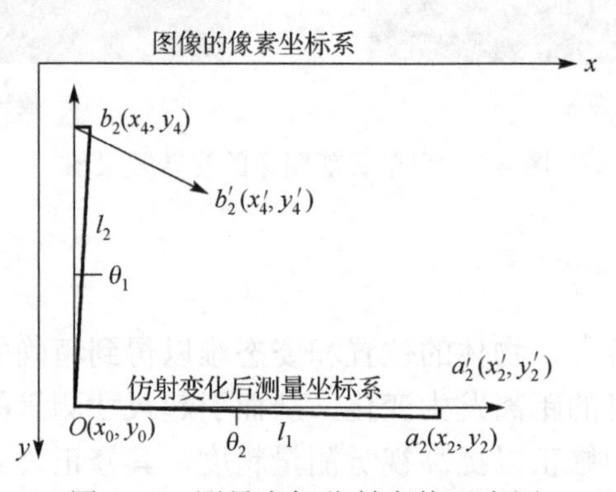

图 4.10　测量坐标仿射变换示意图

由图 4.10 可知，变化后 O 点保持不变，a_2' 的纵坐标 $y_2' = y_0$，b_2' 的横坐标 $x_4' = x_0$，x_2'、y_4' 分别为汽车锁扣在标准姿态下，即零件不绕 z 轴旋转且不发生纵向倾斜的放置状态，提取的水平边缘、竖直边缘所对应的坐标，仿射变换效果如图 4.11 所示，图 4.11(a)中的零件存在一定的偏移，通过仿射变换以后，零件又恢复到标准位置，更便于后续的测量。

(a) 偏转的图像

(b) 仿射变化后图像

图 4.11　锁扣仿射变换前后对比

4.3　图像轮廓拟合

4.3.1　直线拟合

在视觉检测中，目标通常具有一定的直线特征，因此有必要研究图像轮廓点的直线拟合算法。例如，汽车锁扣表面造型十分复杂，存在着大量圆形和弧形工艺，对铆点轮廓的提取造成极大干扰，难以直接对铆点直径进行测量。通过大量观察和实验研究发现，该类型汽车锁扣的两条棱边较其他特征区别明显，轮廓比较清晰。因此，采用概率 Hough 变换对预处理后的图像进行直线检测[115-117]（图 4.12），棱边提取效果非常理想，设提取的水平边缘 l_1 的起点和终点分别为 $a_1(x_1, y_1)$，$a_2(x_2, y_2)$，同理竖直边缘 l_2 为 $b_1(x_3, y_3)$，$b_2(x_4, y_4)$，分别求出两条边缘在图像像素坐标系下的斜率和截距为 k_1、k_2、b_1、b_2，测量坐标系原点 $O(x_0, y_0)$的计算公式为

$$x_0 = \frac{b_1 - b_2}{k_2 - k_1} \tag{4.31}$$

$$y_0 = \frac{b_2 - (k_2 / k_1) \times b_1}{1 - k_2 / k_1} \tag{4.32}$$

从而，建立以水平边缘为 x 轴，竖直边缘为 y 轴，O 点为原点的初级测量坐标系，如图 4.12 所示，锁扣图像间的特征相对边缘 l_1、l_2 的距离是由零件自身设计尺决定的，不会随锁扣沿相机光轴的旋转而发生变化。因此，测量坐标系对零件旋转具有一定的鲁棒性。

图 4.12　锁扣边缘直线检测效果图

4.3.2　圆的拟合

在综合各方面研究成果的基础上，提出了一种基于三点迭代的聚类圆拟合算法，聚类依据生成的特征量来剔除轮廓上的异形点，最后完成圆的拟合。对具有局部突变的圆轮廓进行拟合实验，验证了该算法具有速度较快、准确度高的优点。

1. 圆轮廓特征量生成

算法对象定义于 $\mathbf{R}^2$ 空间，度量距离为欧氏距离。由几何学知识可知圆上任意一点 $c(x, y)$ 均满足点集 $C\{x,y\in(x-a)^2+(y-b)^2=r^2\}$，且圆上的任意三点均可以确定该圆的几何模型。设轮廓的采样点集为 $P\{P|(x_k, y_k), k=1, 2, \cdots, N, N\geqslant 3\}$，为了消除圆轮廓局部曲率过度变化对整圆拟合准确度的影响并兼顾算法时间，该点集并不包含所有初始轮廓点，而是根据实际需求自适应控制样本点数量并进行二次采样。注意在采样时，若 $k>2$，则应加一个附属条件，即判断进入点集 P 的当前点与已进入的前两个元素是否共线。判别准则如下：设当前点的空间位置为 $c_i(x_i, y_i)$，$i>2$ 且 $i\in\mathbf{N}^+$，已进入点集 P 的两个元素分别为 $c_{i-1}(x_{i-1}, y_{i-1})$、$c_{i-2}(x_{i-2}, y_{i-2})$，$c_{i-1}$ 与 c_{i-2} 的直线方程如式(4.33)所示。

$$y-y_{i-2}=(y_{i-2}-y_{i-1})/(x_{i-2}-x_{i-1})(x-x_{i-2}) \tag{4.33}$$

判断当前点 $c_i(x_i, y_i)$ 是否满足式(4.33)，若满足则共线，立即剔除该元素，同时将与剔除点相邻的轮廓点再进行判断，直到不满足式(4.33)，若不共线，则不进行任何操作，当前点进入点集 P，经过上述运算可以保证 P 中的相邻三点能够拟合出圆。对于点集 P 中的任意一点 $c_k(x_k, y_k)$，相邻点的坐标分别为 $c_{k-1}(x_{k-1}, y_{k-1})$、$c_{k-2}(x_{k-2}, y_{k-2})$，将该三点进行圆拟合。

三点拟合圆的方法有很多种，通常采用中垂线相交法，可知三点任意连接成两条直线，其垂直平分线的交点必为圆心，圆心到任意一点的距离为半径，其几何模型如图 4.13 所示。

由图 4.13 可知，直线 l_{k-1} 与 l_k 分别是点 c_{k-2}、c_{k-1} 与点 c_{k-1}、c_k 的中垂线，l_{k-1} 的直线方程为

$$y-\frac{y_{k-2}+y_{k-1}}{2}=\frac{x_{k-1}-x_{k-2}}{y_{k-2}-y_{k-1}}\left(x-\frac{x_{k-1}+x_{k-2}}{2}\right) \tag{4.34}$$

l_k 的直线方程为：

$$y-\frac{y_{k-1}+y_k}{2}=\frac{x_k-x_{k-1}}{y_{k-1}-y_k}\left(x-\frac{x_{k-1}+x_k}{2}\right) \tag{4.35}$$

联立式(4.34)和式(4.35)求解，可以得到圆心 O_k 的坐标(x_{0k}, y_{0k})与半径 r_k，在计算 r_k 时，为减小算法的时间，用绝对值代替开方，即

$$r_k = |x_{0k} - x_k| + |y_{0k} - y_k| \tag{4.36}$$

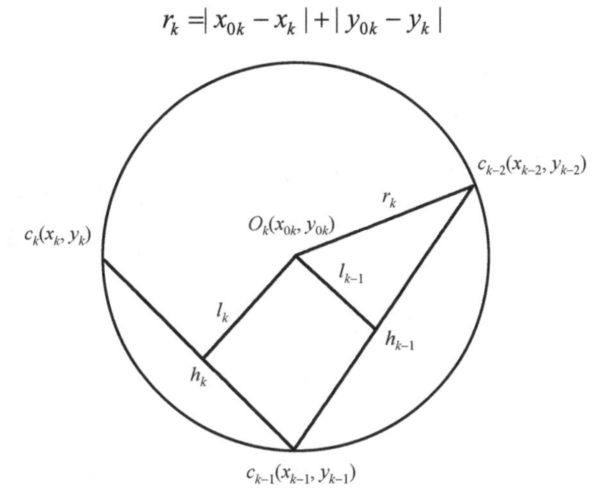

图 4.13 三点中垂线拟合圆的几何模型

拟合完成后，不断进行三点迭代，可以求出任意当前点对应的三个拟合参数。若点集 P 的相邻三点位置较靠近或者在拟合的圆上，则生成的迭代参数就与真实参数接近；若其远离圆或位于圆轮廓局部畸变位置，则其参数与真实参数相差较大。因此，迭代生成的参数可以客观地描述该点能否作为拟合圆轮廓的元素。将 $c_k(x_k, y_k)$ 生成的迭代参数映射成一个三维描述子 $T_k[x_k, y_k, r_k]$，通过该描述子就可以描述点的空间信息，将其作为评判点是否在圆轮廓上的重要依据。为方便处理，有必要对三维描述子进行整合处理。对于 P 中的任意描述子 $T_k[x_k, y_k, r_k]$，$0<k$ 且 $k<N-1$，设特征量为 A_k，其表达式为

$$A_k = (x_k + y_k) / r_k \tag{4.37}$$

图 4.14(a)所示的圆轮廓特征量 A_k 的分布情况如图 4.15 所示，可以看出，样本点区间[1，12]与[48，50]对应轮廓局部畸变部分，其特征量相比圆上轮廓出现了明显的起伏变化，因此 A_k 很好地描述了点在拟合轮廓圆上的逼近程度，具有较大区分，可将其作为聚类算法的输入。

(a) 本算法拟合

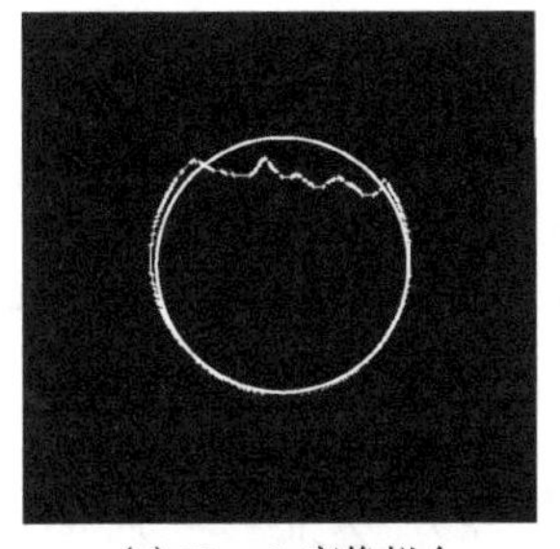

(b) Hough 变换拟合

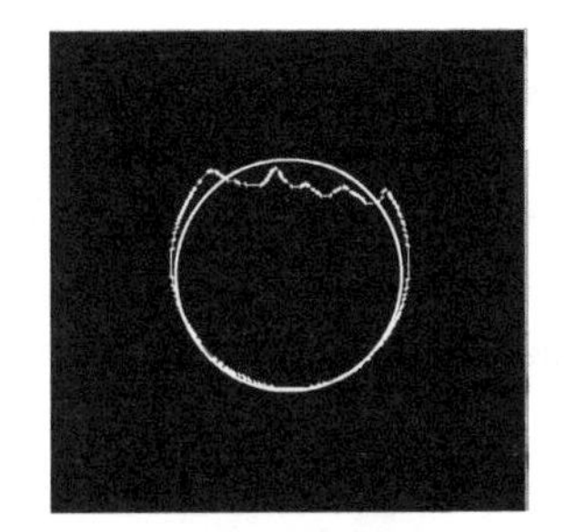

(c) 最小二乘法拟合

图 4.14 三种拟合方法的实验效果对比图

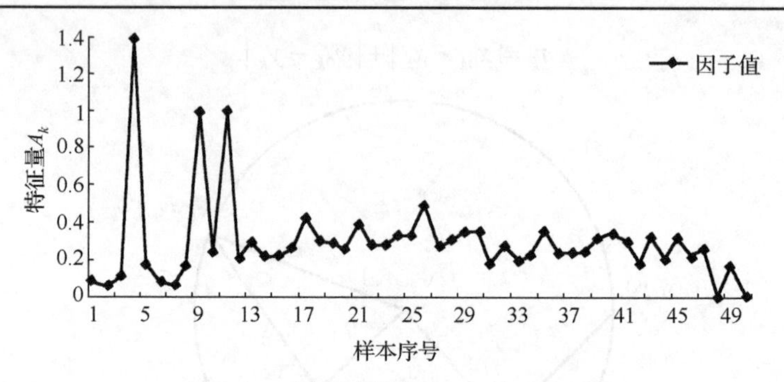

图 4.15　圆轮廓特征量 A_k 的分布图

2. 聚类圆的拟合

聚类算法是众多无监督分类器中的一种，其本质在于通过迭代过程把数据集划分为不同的类别，使得评价性能的准则函数达到最优，具体表现为处理后的数据类间相似度最小，类内的相似度最大，类间彼此独立。因此，聚类算法涉及两个核心问题：一是相似度度量方式，二是簇的划分准则。针对拟合样本点数量较少，分布区分度较明显的特点，采用 K 均值聚类算法对点集 P 进行分类[118-121]。

点集 P 的样本对应的特征量是$\{A^{(1)}, A^{(2)}, \cdots, A^{(m)}\}$且 $m=N-2$，每一个 $A^{(k)}\in\mathbf{R}^n$。将样本聚类成 K 个簇，具体的算法描述如下。

(1) 随机选取 K 个聚类质心点，设为 $\mu_1, \mu_2, \cdots, \mu_K\in\mathbf{R}^n$。

(2) 重复下面过程直到收敛，对于每一个样例 $A^{(k)}$，按照式(4.38)计算其应该属于的类。

$$c^{(j)} := \arg\min_j \| A^{(k)} - \mu_j \|^2 \tag{4.38}$$

(3) 对于每一个类 j，由式(4.39)重新计算该类的质心。

$$\mu_j := \frac{\sum_{k=1}^{m} I\{c^{(i)} = j\} A^{(k)}}{\sum_{k=1}^{m} I\{c^{(i)} = j\}} \tag{4.39}$$

式中，K 是事先设定的聚类数；函数 $I\{c^{(i)}=j\}$表示元素 $A^{(k)}$对 $c^{(j)}$的隶属度，K 均值属于硬性聚类，其值为 0 或者 1。用每个点集 P 的元素到质心的距离的平方和来描述类间的约束度，如

$$J(c,\mu) = \sum_{k=1}^{m} \| A^{(k)} - \mu_c(i) \|^2 \tag{4.40}$$

同时，式(4.40)也可以保证 K 均值约束条件强制性完全收敛，假设当前 J 没有达到最小值，则可以固定每个类的质心 μ_j，调整 P 中样本点的所属类别 $c^{(i)}$ 来让 J 函数减少，同样固定 $c^{(i)}$，调整每个类的质心 μ_j 也可以使 J 减小。但是由于 J 是非凸函数，意味着不能保证取得的最小值是全局最小值，也就是说 K 均值对质心初始位置的选取比较敏感。

针对 K 均值聚类算法要提前分族和对初始位置敏感的问题，对其进行一定的分析与优化，对于上述的样本点集 P 中任一个元素 $P_k(x_k, y_k)$，按照 A_k 特征量的约束，该元素要么属于圆轮廓点集，否则不为圆轮廓点或者为圆轮廓局部突变点。特征向量呈正态分布，由图 4.15 中数据的分布特点得出：圆轮廓附近的点对应的特征量分布集中，局部突变轮廓点对应的极大、极小特征量分布在正态分布的两边区域。综上所述，元素分为圆轮廓点与异形点，$K=3$。

拟合圆轮廓样本点集 P 的元素个数为 N，设异形点为 Y，一般有 $Y<N/2$，则有点集的中值元素为圆轮廓的点，将该元素的特征量 $A_{\rm mid}$ 与特征量的极大、极小值 $A_{\rm min}$、$A_{\rm max}$ 作为 K 均值聚类算法的初始化质心。

通过聚类算法，可将圆轮廓的异形点剔除，从而保证圆拟合的准确度。设分类后满足约束条件的聚类点集 $Q=\{(x_l, y_l), l=1, 2, \cdots, M, M\geqslant 3\}$。针对无法事先判断聚类后的哪个族包含圆轮廓点集的问题，提出了一种基于数据变化特征的判别方法。设聚类后的三个族分别为 c^1、c^2 与 c^3，可知包含圆轮廓点集族的绝大多数元素在圆上，其对应的特征量 A_k 数据变化平稳，异形点对应族的元素分布并无特定的规律，因此 A_k 数据波动较大，方差 D 可以很好地描述这一特性，设 c^1、c^2 与 c^3 对应的方差分别为 D_1、D_2 与 D_3。根据 $D_0=\min\{D_1, D_2, D_3\}$ 对应的归属值就可以把圆对应的族区分出来。

本算法相比其他拟合算法存在一个优点，即使在异形点 $Y>N/2$ 的情况下，仍然可以得到良好的拟合效果，只是 K 均值聚类算法的初始位置会受到影响，算法时间会加长而已，对拟合的准确度影响很小。

3. 圆拟合方法实验对比

最小二乘法是一种非常经典的数学优化方法，该算法通过最小化误差的平方和搜寻到一组数据的最佳函数匹配，令误差平方和最小，常用于曲线拟合。

为了评价所提出的聚类拟合算法性能，将该算法与传统的 Hough 圆拟合和最小二乘法在算法的时间、准确度上进行比较，对比效果如图 4.14 所示。可以看出，由于受圆轮廓局部突变的影响，Hough 和最小二乘法拟合都偏离真实的轮廓边缘，且 Hough 圆拟合对累加器阈值十分敏感，而所提出的算法拟合的圆依然十分准确[122]。

三种算法的拟合时间如表 4.1 所示，保留 4 位有效数字。可以看出本拟合算法比传统的 Hough 变换快一个数量级，虽然算法时间逊色于最小二乘拟合，但具有良好的拟合效果，可以满足大多数工业实时性的检测要求。本次实验环境为 Xeon 3.40GHz，内存 8.00GB 的 PC，操作系统为 Windows7 32 位操作系统，编程软件为 Visual Studio 2010+OpenCV 2.4.4。

表 4.1 三种算法拟合圆的时间对比 （单位：ms）

拟合算法	1	2	3	4	5	均值
所提出的算法	0.1142	0.1732	0.1120	0.1527	0.1242	0.1532
Hough 算法	5.954	7.397	5.510	5.690	6.662	6.243
最小二乘法	0.01770	0.01147	0.01156	0.01657	0.01236	0.01393

4.3.3 FPC 补强片激光测高的光斑椭圆拟合

在 4.1.4 节中，已采用边缘检测与形态学运算将激光光斑进行定位，并分离出光心区域，接下来需要提出光心中心坐标，进而依据之前介绍的激光测高原理进行判别。

目前，常用的光斑中心检测算法有：重心法，其要求光斑形状规则、灰度均匀；Hough 变换法，其对参数空间离散化，限制测量精度；圆拟合法，易受二值化阈值的影响[123]。而较为简单的最小二乘法易受错误边界点的影响[124]。这些算法在检测精度、速度和抗干扰性上各自都存在一定的不足。

椭圆拟合法是一种精度较高、运算速度较快的寻找光斑中心的方法。该方法采用计算光斑光心区域 R 的空间矩，以确定拟合椭圆的中心 (r_0, c_0)、长短轴长度 L_{Major} 与 L_{Minor} 和方向角 α。光心区域 R 的面积即该区域像素个数记为 A，每个像素的坐标为 (r, c)，长轴方向角为 α，光心区域的二阶行距、混合矩与列矩分别为 μ_{rr}、μ_{rc}、μ_{cc}，关系如下：

$$r_0 = \frac{1}{A}\sum_{(r,c)\in R} r,\ c_0 = \frac{1}{A}\sum_{(r,c)\in R} c \tag{4.41}$$

$$\left.\begin{aligned} \mu_{rr} &= \frac{1}{A}\sum_{(r,c)\in R}(r-r_0)^2 \\ \mu_{rc} &= \frac{1}{A}\sum_{(r,c)\in R}(r-r_0)(c-c_0) \\ \mu_{cc} &= \frac{1}{A}\sum_{(r,c)\in R}(c-c_0)^2 \end{aligned}\right\} \tag{4.42}$$

令 L_{MED} 满足

$$L_{\text{MED}} = \sqrt{(\mu_{rr}-\mu_{cc})^2 + 4\mu_{rc}^2} \tag{4.43}$$

那么拟合椭圆的两轴长度可表示为

$$L_{\text{Minor}} = \sqrt{8(\mu_{rr} + \mu_{cc} - L_{\text{MED}})} \tag{4.44}$$

$$L_{\text{Major}} = \sqrt{8(\mu_{rr} + \mu_{cc} + L_{\text{MED}})} \tag{4.45}$$

拟合椭圆的方向角 α 则需分两种情况考虑。

(1) 当 $\mu_{rr} - \mu_{cc} < 0$ 时，有

$$\alpha = \arctan\frac{-2\mu_{rc}}{\sqrt{\mu_{rr} - \mu_{cc} + L_{\text{MED}}}} \tag{4.46}$$

(2) 当 $\mu_{rr} - \mu_{cc} \geqslant 0$ 时，有

$$\alpha = \arctan\frac{\sqrt{\mu_{rr} - \mu_{cc} + L_{\text{MED}}}}{-2\mu_{rc}} \tag{4.47}$$

为了验证系统的检测精度，系统采集到标准贴片和多贴两种情况下的激光原始光斑图像，如图 4.16(a)和图 4.16(b)所示。其中，椭圆为光心区域 R 的椭圆拟合，中心点为拟合椭圆的中心。

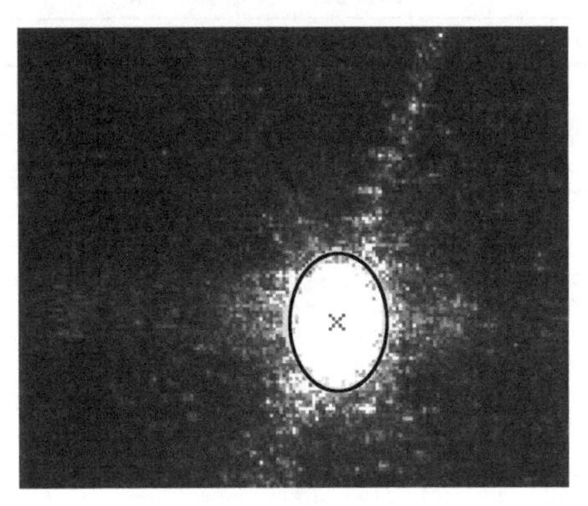

(a) 标准贴片图像

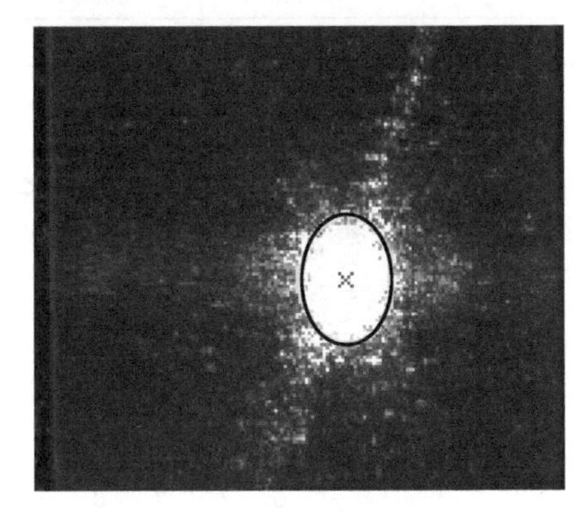

(b) 多贴缺陷图像

图 4.16 光斑椭圆拟合效果

测试实验中，选取的圆盘形(disk)结构元素大小为 5。为了提高算法的检测精度、速度和抗干扰性，改变结构元素的大小，利用不同 disk 值计算激光光斑的中心位置，并将其纵坐标差值转化为补强片厚度，进行定量分析。

实验中所采集到的两幅光斑图像，其区域 R 的中心位置横坐标在理论上应该是相等的，而实际处理结果(表 4.2 和表 4.3)与理论相符。取两组检测结果(纵坐标的差值)，记为ΔH，并绘制如图 4.17 所示的折线图。测试实验所用补强片的厚度标准值为 80.15pixel 高。

表 4.2　标准贴片的检测结果

disk	坐标/pixel		disk	坐标/pixel	
	x	*y*		*x*	*y*
5	1606.09	384.55	11	1606.22	383.52
6	1606.15	384.24	12	1606.17	383.35
7	1606.19	383.96	13	1606.17	383.20
8	1606.19	383.84	14	1606.22	383.07
9	1606.18	383.64	15	1606.21	383.06
10	1606.15	383.44	16	1606.21	383.51

表 4.3　多贴情况下的检测结果

disk	坐标/pixel		disk	坐标/pixel	
	x	*y*		*x*	*y*
5	1607.28	463.88	11	1607.20	463.68
6	1607.35	464.14	12	1607.19	463.64
7	1607.29	464.02	13	1607.18	463.62
8	1607.25	463.96	14	1607.15	463.59
9	1607.20	463.84	15	1607.22	463.44
10	1607.19	463.79	16	1607.19	463.68

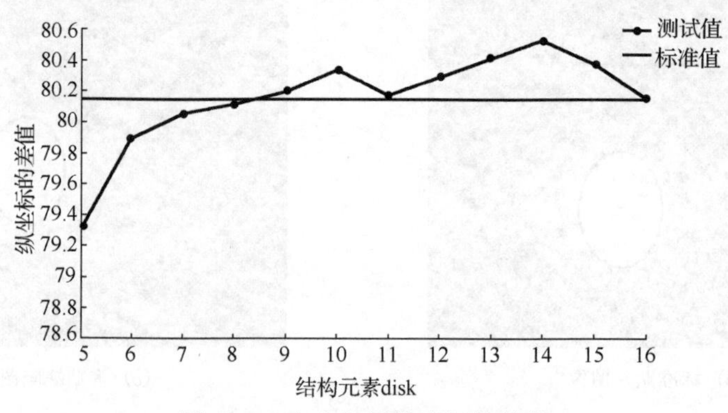

图 4.17　光心位置纵坐标的差值

由图 4.17 可知，改变结构元素的大小，对寻找光斑中心位置的影响很小，该算法稳定可靠。考虑到算法的精度和速度，可将结构元素 disk 值设定为 8。

4.3.4　TFDS 零件轮廓的组合图元识别

1．设计思路

以上所述均为图像处理中典型几何形状的轮廓拟合算法。由于 TFDS 所涉及的零件类型复杂、故障特征各异，仅依靠这些基本图像处理算法是达不到识别要求的。

图像识别包括基于图像灰度的识别和基于目标形状的识别两类。直接利用灰度信息区分目标，原理简单，但难以解决 TFDS 涉及的以下难题：因室外拍摄环境、列车划痕、干扰物以及噪声等导致图像出现过亮或过暗区域，影响二值化效果；曝光不足使得零件及其周边像素的灰度相近，干扰零件边缘特征提取；被遮挡的零部件因未能完整呈现而引发特征缺失；图像中零件位置会随来车方向与车型的变化而存在偏差。以上都将直接降低灰度识别的准确率，甚至产生漏检。

为克服单纯依靠灰度信息识别的不足，在研究 CAD 模型中组成零件的圆、直线等基本图元在图像中的识别方法的基础上，借助直线斜率与夹角等几何关系设计椭圆、矩形、梯形以及其他多边形等复杂图元的识别算法。从而，方便地定位那些具有明显几何形状的零件，并提取相应几何特征。所提出的由复杂图元辅助定位或者故障判别的思路如图 4.18 所示。

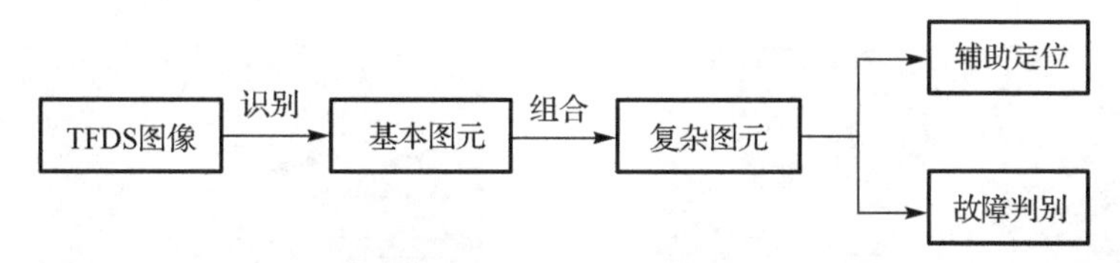

图 4.18　复杂图元辅助定位或者故障判别的思路

首先，识别 TFDS 系统所采集图像中的基本图元(圆、直线等)；接着，根据基本图元在图像中的形状分布特征，将这些基本图元组合成复杂图元；最后，将复杂图元作为一个整体用于辅助定位故障区域或者故障判别。

2. 实验结果与分析

高摩合成闸瓦作为制动易耗件，尽管是一个形状不规则的小零件，但它在货车制动过程中起着非常重要的作用。以高摩合成闸瓦插销丢失为例，给出了基于组合图元的辅助识别方法的简要实现过程。

1) 基本图元的识别

如前所述思路，首先利用已知图像处理算法识别图像中所包含的基本图元。图 4.19(a)为高摩合成闸瓦插销丢失故障原图像。首先，采用均值滤波预处理消除外界环境对图像识别的影响，经图像分割(阈值 $T = 128$)和 Hough 变换直线检测算法处理后，所得图像的边缘直线识别结果如图 4.19(d)所示，这些相互独立的直线可以被视为本图像中的基本图元。

分析该图像特征可知，这些基本图元与故障所在区域并无直接关系，仅依靠单个基本图元难以实现辅助定位故障区域或者故障判别。

2) 复杂图元的组合

借助先验知识，分析得到图像中的边缘直线应为交叉杆的边缘轮廓，而高摩合成闸瓦紧靠货车车厢底部的车轮旁，在交叉杆附近。依据图 4.19(d)所示结果，将这些直线按照其形状分布特征并结合交叉杆所在的直线斜率特征，近似组合成为一个类似于三条交叉线的复杂图元，如图 4.20(a)所示。

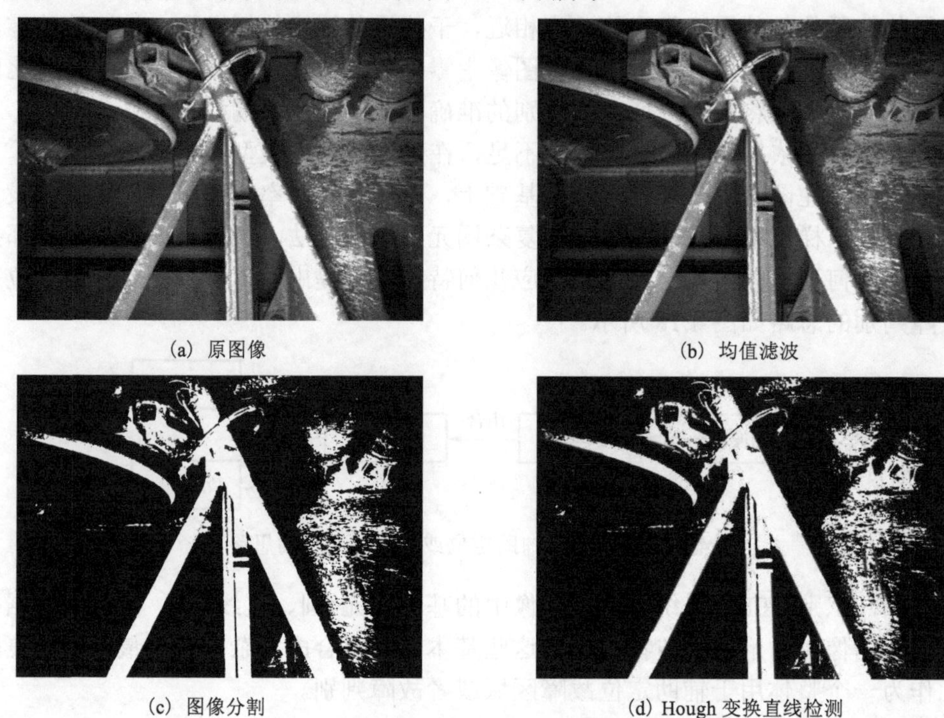

(a) 原图像 (b) 均值滤波

(c) 图像分割 (d) Hough 变换直线检测

图 4.19 TFDS 图像基本图元识别结果

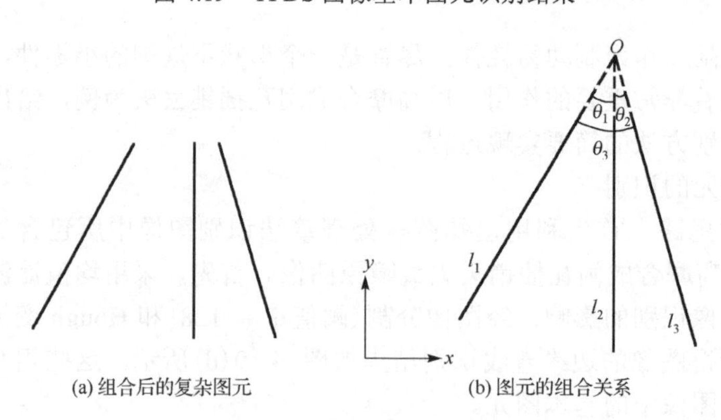

(a) 组合后的复杂图元 (b) 图元的组合关系

图 4.20 复杂图元的组合

设所检测的三条直线分别为 l_1、l_2 和 l_3，它们的延长线相交于点 O，直线 l_1 与 l_2 间的夹角为 θ_1，直线 l_2 与 l_3 间的夹角为 θ_2，直线 l_1 与 l_3 间的夹角为 θ_3，如图 4.20(b)所示。

经过多次试验统计分析，两两直线间的夹角满足以下关系：$\theta_1 = 30 \pm d$，$\theta_2 = 25 \pm d$，

$\theta_3 = 55 \pm d$，且 $d = 5$，d 为偏差角。依此几何关系条件，即可轻易实现对图像中交叉杆边缘轮廓直线的定位。

3) 辅助定位或故障判别

定位复杂图元后，由于它的几何结构特征更加明显，可以将其作为一个整体用于辅助定位故障区域或者故障判别。

如图4.21所示，根据复杂基元在待检测图像中的有无可以判别交叉杆是否存在；根据直线间斜率特征，可以对交叉杆弯曲故障进行判别；同时，利用交叉杆与高摩合成闸瓦插销的相对位置关系，可以实现对故障区域的辅助定位。

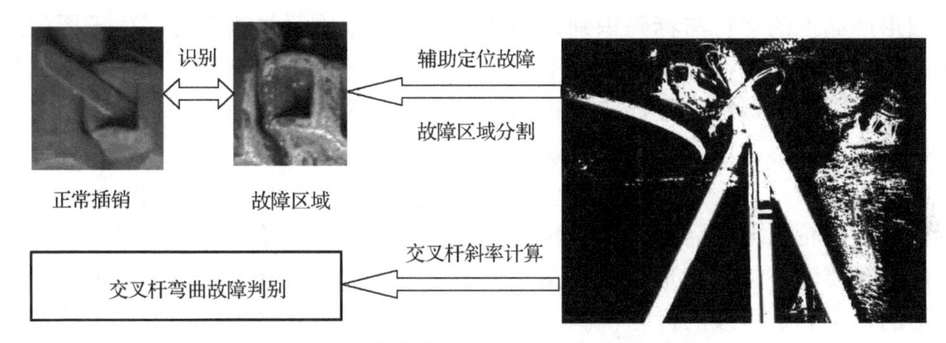

图 4.21 高摩合成闸瓦插销几何定位示意图

用于辅助定位与特征完善的几何形状与图元约束信息可由人工图纸分析与CAD模型导出相结合的方法提炼，最终形成图像识别算法的先验知识。其中，人工图纸分析后可直接定义识别规则；而CAD模型提炼则需要研究其多层次细节模型，以适当的粒度提取图元与约束特征，并设计相应的定量到定性的归一化算法。

此外，提炼 CAD 模型中零件间约束条件以完善、修正那些不太完整的形状信息，并利用区域生长与边缘成组思想研究相关图元的搜索与合并算法，例如，完善一个断续的圆，按斜率合并多条短线段为单条长线段等。

4.4 图像的直-极坐标变换

图4.22给出了直角坐标系中的 (x, y) 坐标变换为极坐标 (ρ, θ) 的几何变化关系图，它们之间的转换关系可通过以下三角函数变换实现。

$$\rho = x \times \sin\theta + y \times \cos\theta \tag{4.48}$$

$$\theta = \arctan\frac{y}{x} \tag{4.49}$$

$$\sin\theta = y \Big/ \sqrt{x^2 + y^2} \tag{4.50}$$

$$\cos\theta = x \Big/ \sqrt{x^2 + y^2} \tag{4.51}$$

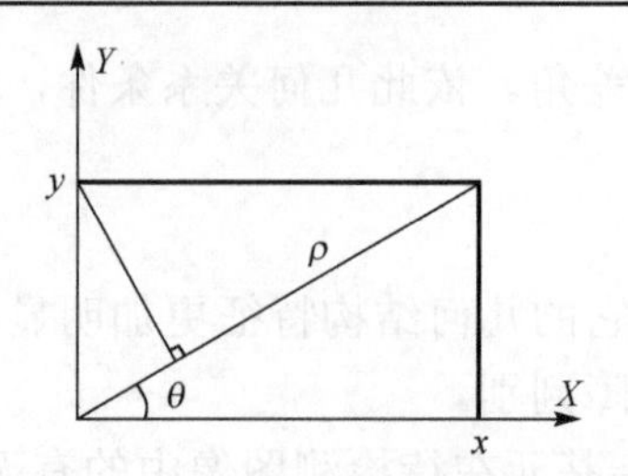

图 4.22 直-极坐标变换示意图

图像的直角坐标与极坐标的变换在圆形或弧形产品检测中具有重要意义。例如，一些圆形产品上的字符与标码识别，环状产品的视觉检测与测量等。由于图像遍历特征时按行列方向，在直角坐标系下要完成检测任务，首先需要在曲面上或弧形上按照自定义的弧形遍历路径提取待识别目标的图像区域，继而识别目标，由于提取的目标图像是变形的，这个识别算法非常复杂，且难以得到稳定的效果。

如图 4.23 所示，以一种齿轮的视觉检测为例来展示极坐标变换的优势。图 4.23（a）为待检测的齿轮图像，需要检测齿轮的总齿数、齿廓、齿轮上的标码等，为了提取这些齿，需要沿外圆与齿形来遍历图像，增加了难度，而且提取出的齿形子图像也是弧形的，不利于后续的齿轮检测。如果以齿轮中心建立极坐标，把图像按照离齿轮中心的距离以及与水平的夹角来变换，相当于把齿轮展开，则所有的齿位于同一水平线上，这样遍历各个齿的区域图像就可以按照通常的水平或竖直方向进行处理，从而减少了图像处理的难度。

(a) 齿轮原图像

(b) 极坐标变换后齿轮图像

图 4.23 齿轮检测的坐标变换

第 5 章　特征提取与图像匹配

图像匹配是通过对图像内容、特征、结构、关系、纹理以及灰度等的对应关系，相似性和一致性分析，寻求相同目标的方法。其利用互相关函数，评价两幅或多幅图像的相似性以确定同类目标。即首先取出以待定点为中心的小区域的图像，然后取出其在另一图像中相应区域的图像，计算二者的相关函数，以相关函数最大值对应的相应区域中心作为匹配点。图像匹配是图像融合、目标识别、目标跟踪、计算机视觉等问题的一个重要前期步骤，在遥感、视觉测量、计算机视觉、地图学以及军事应用等多个领域有着广泛的应用。

5.1　基于灰度的特征提取与匹配

“灰度”原是黑白摄像技术的术语，而在视觉中是指明度，简单地说，就是由黑到白的过渡色，这些过渡色具有深浅程度。基于灰度的匹配算法是比较常用的，这类方法简单，而且不需要对图像进行图像分割和特征提取，对于结果进行相似度量的比较也十分方便。一般灰度值从 0～255 共 256 级，表示亮度从暗到明，对应灰度图像中从黑到白，灰度图像被广泛应用于医学图像领域和视觉检测领域。

5.1.1　基于灰度的模板匹配

基于灰度的模板匹配是一种经典的模板匹配算法[125, 126]，其基本原理是在检测图像中选取待匹配点，以待匹配点作为中心选取与模板大小相同的模板窗口，统计其灰度值或者灰度分布特征作为匹配体与模板图像进行相似性度量。通过相似度的优劣来找到最佳的匹配位置，一般以模板窗口的中心点作为图像的匹配点。如图 5.1 所示，灰度模板匹配通过遍历整幅图像，再运用归一化相似值寻找最符合的区域。

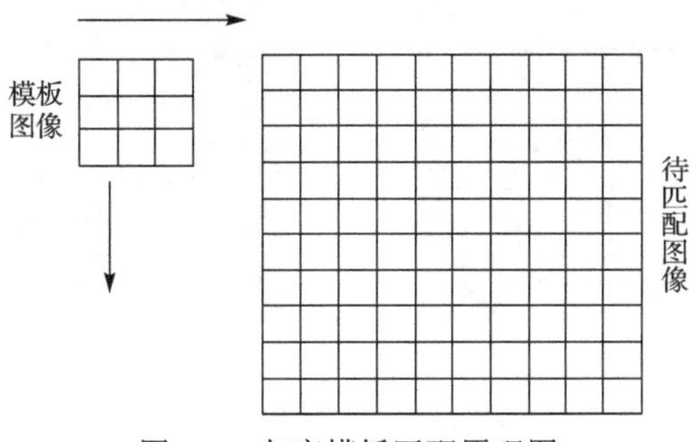

图 5.1　灰度模板匹配原理图

常用的相似性度量方法有绝对差法、平方差算法以及均方差算法。这里采用归一化相似性度量法，其匹配公式为

$$R_{\text{value}}^{i,j}=\frac{\sum_{i=1}^{m}\sum_{j=1}^{n}[S^{i,j}(m,n)\times T(m,n)]}{\sqrt{\sum_{i=1}^{m}\sum_{j=1}^{n}[T(m,n)]^2}\sqrt{\sum_{i=1}^{m}\sum_{j=1}^{n}[S^{i,j}(m,n)]^2}} \tag{5.1}$$

下面以 TFDS 中截断塞门手把为例，给出灰度模板匹配的实验效果。截断塞门手把[127]是货运列车制动过程中的一个重要部件，位于货车底部，用于关闭或者打开制动管，塞门在制动时操纵端必须打开，而非制动时操纵端要求关闭。由于手把操作是旋转运动，其位置存在一定的不确定性，很难直接定位手把所在区域。图 5.2 为所选取的两个塞门手把的模板。

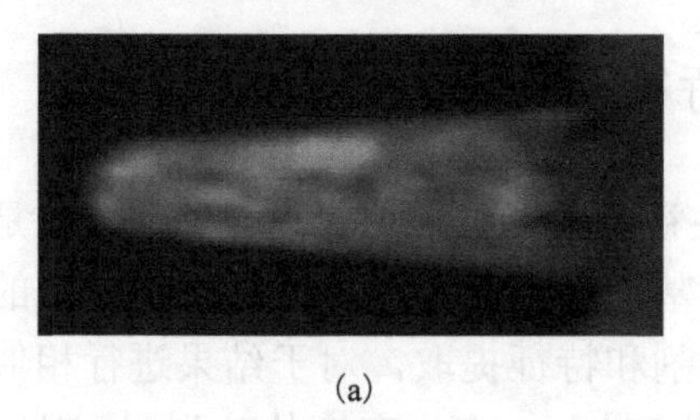
(a)

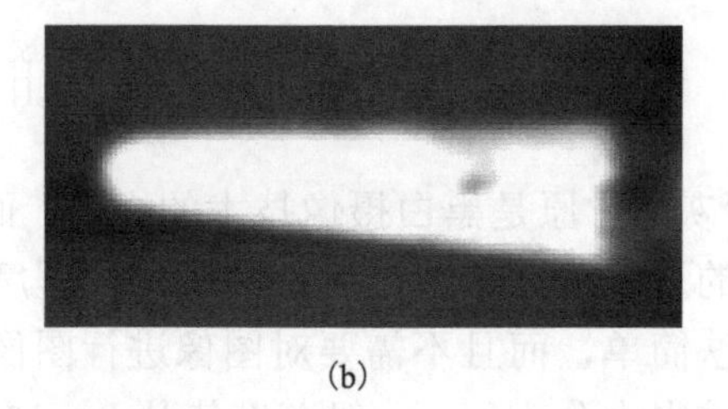
(b)

图 5.2　截断塞门手把模板图

图 5.3(a)和图 5.3(b)是分别以图 5.2(a)和图 5.2(b)的模板匹配的结果。从模板图和匹配结果可知，基于灰度的模板匹配方法强调模板图像和匹配对象的一一对应，如果用图 5.2(b)的模板去匹配图 5.3(a)或者用图 5.2(a)的模板去匹配图 5.3(b)，则难以得到如图 5.3 所示的效果。因为两个模板的灰度相关值之差明显很大，所以灰度模板匹配方法难以用一个模板检索到任意图像的目标。

(a) 图 5.2(a)的模板匹配

(b) 图 5.2(b)的模板匹配

图 5.3　截断塞门手把灰度匹配

灰度匹配是图像匹配中的传统方法，但鉴于其简单的特性，灰度匹配只适合简单的形状或场景。由于一幅图像的灰度数据往往很庞大，运算速度就会很慢，而且灰度特征会因图像的噪声、形状边缘的灰度变化而变得不稳定，所以在实际应用过程中通常会采用变步长、高斯金字塔等优化方法。其中，变步长匹配方法将在 5.2 节中详细介绍，而高斯金字塔匹配方法将在 5.1.2 节介绍。

5.1.2　高斯金字塔匹配

图像匹配往往是一个比较耗时的过程，可以通过调节遍历的步长来减少时间，但是往往步长难以控制，步长太大会影响匹配的准确度甚至产生错误的匹配，步长太短又难以起到缩短匹配时间的目的，针对这个问题，可在匹配过程中引入高斯金字塔搜索模型进行优化。

图像的高斯金字塔模型如图 5.4 所示，其根据图像自身的维度大小自适应确定高斯金字塔的层数，每层可以放大或者缩小图像的尺寸，但要保证一点，就是搜寻的目标在其金字塔的最高层能够被正确识别。高斯金字塔匹配模型建立的主要步骤如下。

(1) 通过高斯函数进行图像采样，构建每一层的金字塔图像。

(2) 在图像金字塔的最高层对目标进行识别，并记录下其高层匹配位置。

(3) 将高层的匹配位置映射到比其低一层的图像，继续进行匹配，依次迭代。

(4) 直到映射到最底层的图像(一般为原始图像)，记录匹配位置，该位置即为图像的最佳匹配位置。

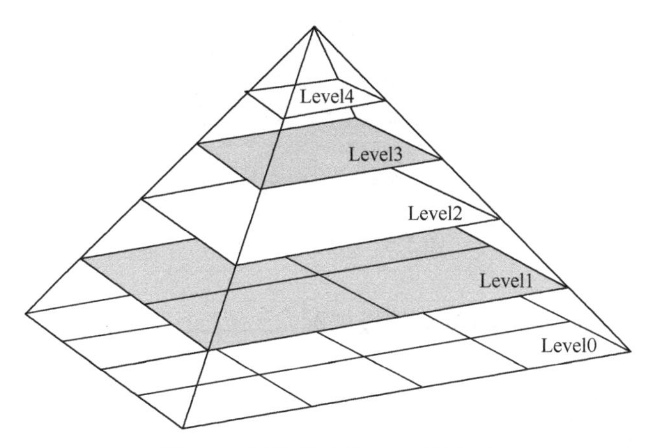

图 5.4　图像的高斯金字塔模型

高斯金字塔所带来的匹配时间减少具有质的飞越，每加一层，时间为原来的 1/16，以四层为例，搜寻时间仅为原来的 1/4096，该算法大大减少匹配时间。下面以电子元器件的引脚匹配为例进行说明。在图 5.5 中，图 5.5(a) 为引脚的模板图像，

图 5.5(b)～图 5.5(d)分别为电子元器件图像的三层高斯金字塔的每层图像。最终的匹配效果如图 5.6 所示。

(a) 模板图

(b) 第 2 层图像

(c) 第 1 层图像

(d) 第 0 层图像

图 5.5　电子元器件三层高斯金字塔模型

图 5.6　引脚匹配结果

5.1.3　TFDS 截断塞门手把的灰度模板匹配

本节以 TFDS 截断塞门手把为例，采用 5.1.1 节中所述的灰度模板匹配方法，实现在不同缩放因子与旋转变换条件下的归一化灰度匹配结果，如图 5.7 所示。

由图 5.7 的对比实验发现：归一化的灰度模板匹配算法在尺度缩放因子小范围变动、角度超过±3°之后，匹配性能迅速下降，出现匹配不准(图 5.7(b))或者匹配错误(图 5.7(c)和图 5.7(d))。因此，有必要研究其他更能表征目标信息特点的特征、描述子及其相应的匹配算法。

(a) 缩放因子 1.0，旋转 0°

(b) 缩放因子 0.9，旋转 3°

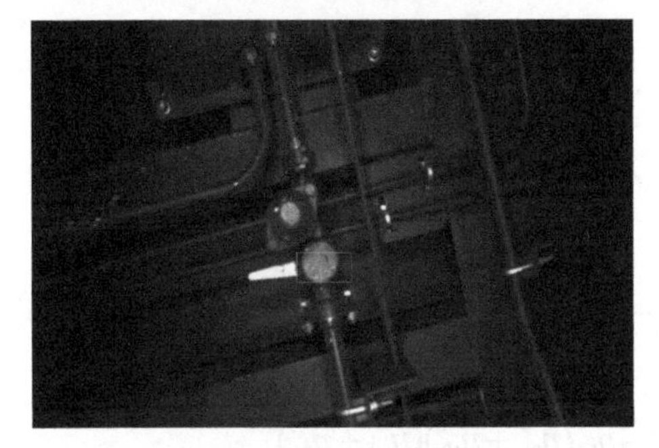

(c) 缩放因子 1.1，旋转−6°

(d) 缩放因子 0.9，旋转 8°

图 5.7　塞门手把归一化灰度匹配效果

5.2　基于不变矩的特征提取与匹配

5.2.1　不变矩特征

在图像处理中，不同阶次的矩是常用的描述图像信息的统计特征，且具有一定的平移、旋转和尺度不变性。由于高阶矩对图像噪声、变形非常敏感，常用的三阶 Hu 不变矩具有较好的匹配适应能力。基于 Hu 不变矩对图像良好的描述特性，采用不变矩来描述图像之间的相似度，并且不受几何失真影响。

对于一幅二维离散图像 $f(i，j)$ 的 $p+q$ 阶矩[128-130]定义为

$$m_{pq}=\sum_{i=1}^{n}\sum_{j=1}^{m}i^{p}j^{q}f(i,j) \tag{5.2}$$

图像重心坐标 $(\bar{i},\bar{j})$ 可由 m_{00}、m_{10} 以及 m_{01} 计算而来，即

$$\bar{i}=m_{10}/m_{00}，\quad \bar{j}=m_{01}/m_{00} \tag{5.3}$$

于是，可通过重心坐标$(\bar{i},\bar{j})$，计算以重心为原点的中心矩。为了使中心矩具有平移不变性，常用μ_{00}零阶矩对中心矩进行归一化，即

$$\mu_{pq}=\sum_{i=1}^{n}\sum_{j=1}^{m}(i-\bar{i})^{p}(j-\bar{j})^{q}f(i,j) \tag{5.4}$$

$$\eta_{pq}=\mu_{pq}/\mu_{00} \tag{5.5}$$

最后为了使中心矩描述与图像的大小、平移、旋转都无关，用二阶和三阶归一化中心矩导出以下 7 个不变矩，即

$$\begin{aligned}
&\phi_1=\eta_{20}+\eta_{02}\\
&\phi_2=(\eta_{20}+\eta_{02})^2+4\eta_{11}^2\\
&\phi_3=(\eta_{30}-3\eta_{12})^2+(\eta_{03}-3\eta_{21})^2\\
&\phi_4=(\eta_{30}+\eta_{12})^2+(\eta_{03}+\eta_{21})^2\\
&\phi_5=(\eta_{30}-3\eta_{12})(\eta_{30}+\eta_{12})[(\eta_{30}+\eta_{12})^2(\eta_{03}-3\eta_{21})^2]+[(\eta_{03}-3\eta_{21})\\
&\quad(\eta_{03}+\eta_{12})[(\eta_{03}+\eta_{21})^2-3(\eta_{30}+\eta_{12})^2]\\
&\phi_6=(\eta_{20}-\eta_{02})[(\eta_{30}+\eta_{12})^2-(\eta_{03}+\eta_{21})^2]+4\eta_{11}(\eta_{30}+\eta_{12})(\eta_{03}+\eta_{21})\\
&\phi_7=(3\eta_{12}-\eta_{30})(\eta_{30}+\eta_{12})[(\eta_{30}+\eta_{12})^2-3(\eta_{03}+\eta_{21})^2]+[(\eta_{03}-3\eta_{21})(\eta_{03}+\eta_{21})\\
&\quad(\eta_{03}+\eta_{12})^2-3(\eta_{30}+\eta_{12})^2
\end{aligned} \tag{5.6}$$

5.2.2 基于不变矩的匹配算法

通过相似性度量方法计算 7 个不变矩间的关系，从而衡量两幅图像间的相似程度，对两幅图像不变矩间的相似度采用归一化度量方法，计算公式为

$$R_{\text{value}}=\sum_{i=1}^{7}M_iN_i\Big/\left[\sum_{i=1}^{7}M_i^{\,2}\sum_{i=1}^{7}N_i^{\,2}\right]^{\frac{1}{2}} \tag{5.7}$$

式中，M_i(i=1～7)表示模板图像的 7 个不变矩；N_i(i=1～7)表示检测图像中动态感兴趣区域(ROI)的 7 个不变矩；R_{value}表示匹配值，$R_{\text{value}}\in(0，1)$越接近 1，表示相似度越高。Hu 不变矩常用于图像之间的匹配，而这里将它应用于模板图像的匹配，其图像匹配算法流程如图 5.8 所示。

首先，在检测图像中设置动态的 ROI，将大小可自定义的模板窗口逐像素地在其先验区域中移动；接着，计算模板图像与 ROI 间基于 Hu 不变矩的匹配值；最后，在检测图像中搜索最大匹配值区域作为最佳匹配位置。

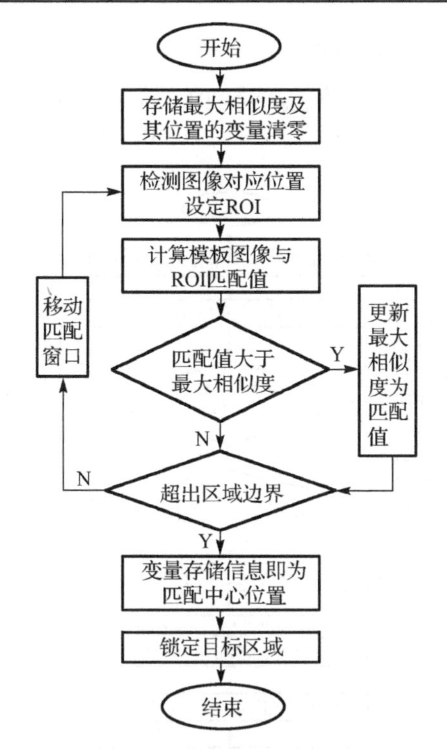

图 5.8　基于不变矩的匹配算法流程图

5.2.3　TFDS 截断塞门手把的不变矩变步长匹配

1. 不变矩变步长匹配流程

虽然 Hu 不变矩的手把匹配算法相对灰度匹配算法而言，对平移、尺度变化、旋转具有一定的不变性，但是不变矩的计算量大、耗时较长，不能满足货运列车检测的实时性要求。因此，提出一种基于 Hu 不变矩匹配值的手把变步长快速匹配方法，该方法由粗匹配和精匹配两部分组成，粗匹配保证了算法的快捷性，精匹配可确保匹配精度达像素级。变步长匹配算法流程如图 5.9 所示。

其改进主要在于根据模板图像与检测图像中模板窗口(即每次匹配之前设置的动态 ROI)的匹配值决定下一匹配的步长。不同大小的匹配值对搜索最佳匹配位置的权重是不同的，匹配值相对小的位置，距离最佳匹配位置较远，可以适当放大匹配步长；匹配值越大，则越靠近最佳匹配位置，应该减小匹配步长，从而克服传统模板匹配中逐像素移动的缺陷，大大缩短了匹配时间。

实验分析发现，手把形状特征在检测图像中横向变化缓慢，而纵向变化较快。为兼顾匹配的准确性和快速性，纵向的匹配步长定为两个像素，并设计了基于匹配

值的横向匹配步长的计算公式，即

$$S=\begin{cases}\mathrm{INT}((1-R_{\text{value}})\times \mathrm{Step}), & R_{\text{value}}\leqslant 0.9\\ 2, & 0.9<R_{\text{value}}\leqslant 1\end{cases} \tag{5.8}$$

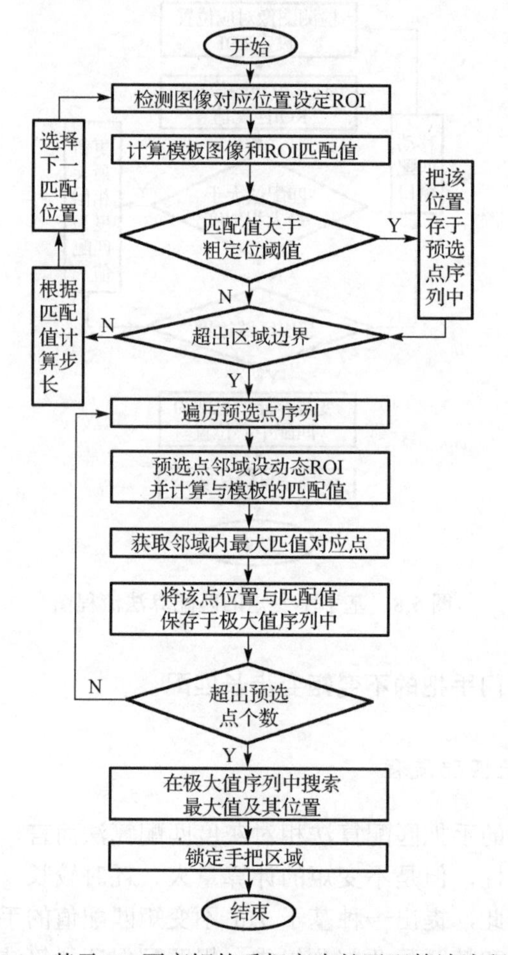

图 5.9　基于 Hu 不变矩的手把变步长匹配算法流程图

式中，R_{value} 为当前的匹配值；Step 为跳跃影响系数，本实验取 Step=30；S 为匹配值对应的步长。当 $R_{\text{value}}\leqslant 0.9$ 时，S 为式(5.8)计算取整后的数值；当 $R_{\text{value}}>0.9$ 时，S=2。由于变步长匹配算法存在天然的缺陷，并不一定能够保证找到最佳的匹配位置，只能确保搜索其靠近位置。为此设定了匹配阈值 T，将大于匹配阈值 T 的位置点相关信息保存到预选点集中，作为初级的预选点，预选方案为

$$t(i,j)=\begin{cases}1, & R_{\text{value}\,f(i,j)}>T\\ 0, & R_{\text{value}\,f(i,j)}\leqslant T\end{cases} \tag{5.9}$$

式中，$R_{\mathrm{value}\,f(i,j)}$为图像在该位置的匹配值；$t(i,j)$为 1，表示$f(i,j)$为预选点，$t(i,j)$为 0，表示$f(i,j)$不是预选点。预选点的个数和搜索时间是相互矛盾的，阈值设定太低，过多无谓预选点会消耗大量匹配时间，阈值设定太高，最佳匹配位置点有可能被排除在预选点范围以外，导致错误的匹配。

通过实验分析，设定的预选点阈值 T=0.99，对应预选点个数为 50。然后，重新遍历初级预选点，以该点为中心，在特定大小的邻域内重新设定 ROI 逐像素匹配并计算其匹配值，每次获取该局部范围内最佳匹配值所对应的像素点，并将该像素点的匹配值和位置信息保存到极大值序列中。最后，将极大值序列中的匹配值进行排序，最大值对应的位置即为最佳匹配位置的中心。精匹配邻域取以预选点为中心的 9×9（即 r=4）窗口，精匹配示意图如图 5.10 所示。

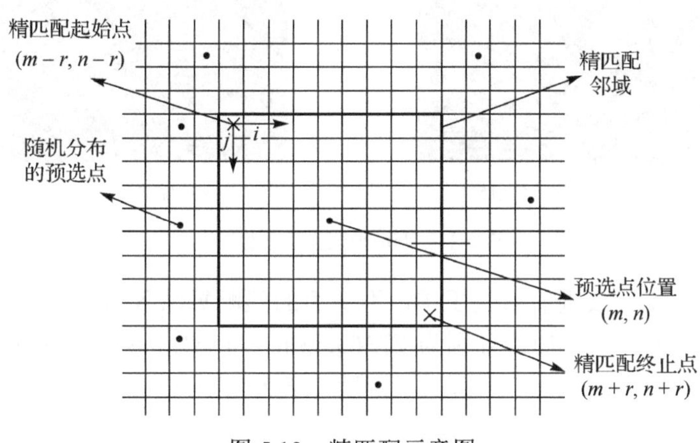

图 5.10　精匹配示意图

2. 对比实验分析

由于列车图像大多拍摄环境比较恶劣，拍摄的图片往往会伴随着一定的偏转和尺度变化。为了满足检测的需要，使用基于灰度和提出的 Hu 不变矩模板匹配算法分别对存在不同旋转角度、尺度变化以及两种因素混合的塞门手把图像进行匹配实验。实验环境为 Xeon 3.40GHz，内存 8.00GB 的 PC，操作系统为 Windows7 32 位操作系统，编程软件为 Visual Studio 2010 + OpenCV 2.4.4。

基于灰度的模板匹配结果在 5.1.3 节中已给出。如图 5.11 所示，基于 Hu 不变矩匹配算法在尺度缩放因子为 0.8～1.2、旋转角度在±15°范围之内，仍然可以精确定位手把位置，匹配精度可以达到像素级。实验表明 Hu 不变矩匹配算法具有更强的适应性，对平移、旋转和尺度变化具有一定的鲁棒性，可以满足塞门手把检测的要求。

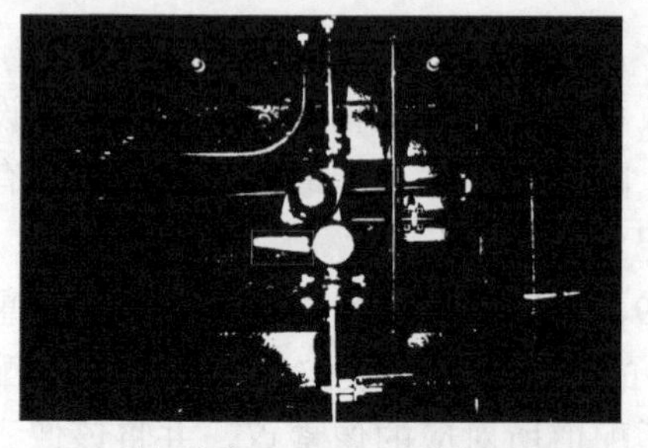

(a) 缩放因子 1.0，旋转角 0°

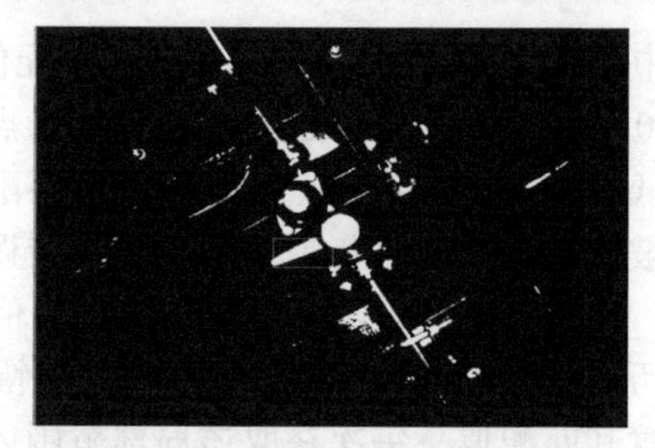

(b) 缩放因子 0.8，旋转角-13°

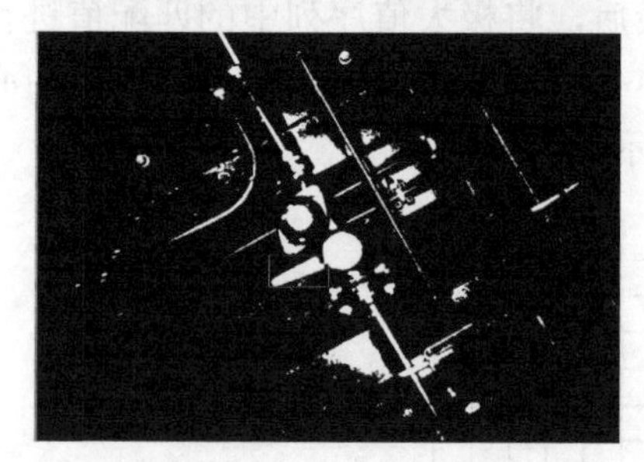

(c) 缩放因子 1.0，旋转角-15°

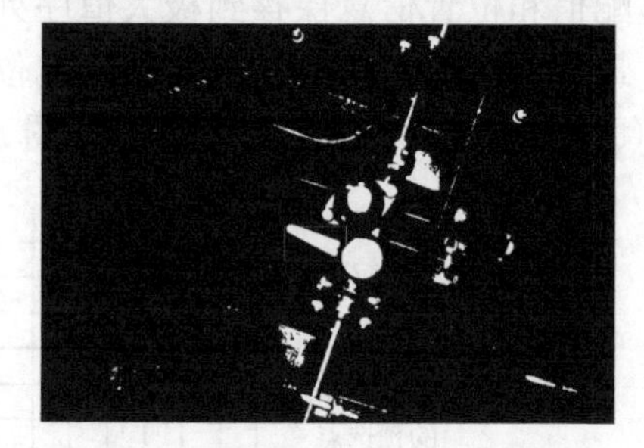

(d) 缩放因子 1.2，旋转角 15°

图 5.11 Hu 不变矩匹配效果

另外，对变步长改进前后基于 Hu 不变矩的匹配算法各自随机运行 8 次，运行时间如表 5.1 所示，其平均值分别为 27363.63ms、1881.5ms，可见变步长改进后匹配算法时间缩短为原来的 1/13，基本上满足 TFDS 实时检测要求。

表 5.1 基于 Hu 的手把变步长匹配改进前后算法时间对比 (单位：ms)

	1	2	3	4	5	6	7	8	平均值
改进前	27523	27645	27188	27141	27577	27140	27527	27168	27363.63
改进后	1912	1902	1865	1891	1885	1908	1881	1808	1881.5

5.3 基于形状的特征提取与匹配

形状特征是图像最显著的核心特征，人类通常根据目标的形状进行判断识别。形状特征可以直接由分割得到的形状边界或区域中的像素产生的原始数据获得，但是更标准的做法是将数据压缩为一种表达方案，在表达方案的基础上获得形状特征的描述。形状描述实际上是基于一些特定的方法来获得数值描述子，通过这些描述子来对形状进行描绘，并且它们能够在最大程度上来区别不同的目标，但同时这些描述子又具有对目标的平移、旋转和尺度变化不敏感的特性。一般的形状描述子是基于几何、统计、变换域特征、仿射及射影不变量等。而形状匹配是按照一些预先设定好的度量准则对形状之间的相似性进行衡量的方法。形状特征分为基于边界的形状特征和基于区域的形状特征，这种分类是基于形状特征是仅从边界曲线中提取，还是从整个形状区域中提取而言。对于每一类不同的方法，又可以基于形状特征的提取是源于一个整体还是部分，进一步划分为结构的方法和全局的方法，具体形状特征提取方法如图 5.12 所示。

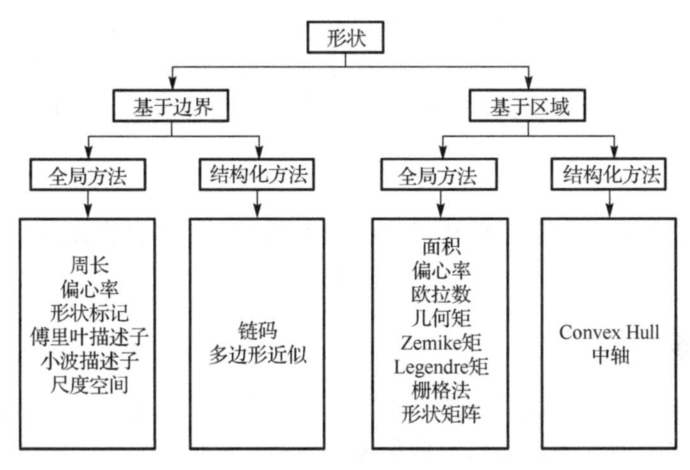

图 5.12　形状特征提取方法分类

形状表示方法中简化轮廓是提取一部分有意义且重要的关键点。而编码方式中，链码是一种常见的能有效表示形状但不能简化形状的表示方式，因为它能用较少的数据存储较多的信息。样条是一组给定点集生成平滑曲线的柔性带，它本身具有最小化曲率的优点。多边形逼近方法实质上是利用多边形线段来近似形状的边缘，常见的近似准则有平方积分的误差、最大误差等。根据拓扑理论和几何学中的许多变换所得到的结果提出了各种变换的不变量。基于全局几何特征的不变量有很多，如面积、周长、短轴、长轴、主轴方向、实心度、偏心率、紧密度及凹凸面积等。偏心率是区域形状的长轴和短轴的比值，用来区分不同的宽度目标。由于整体分析信号的难度，经常将信号转换到变换域并分解成不同的频率或者基，然后对这些特征进行分析。研究最多的基于变换域的不变量包括各种不同的矩、傅里叶描述子、小波描述子等。傅里叶描述子的实质是先用角累加函数来表示形状边界，然后用傅里叶变换变换这些角累加函数得到的系数以判断轮廓图的类别，从而描述形状轮廓，它是适合目标形状描述的经典方法。形状的小波表示分两个尺度，在细尺度上描述形状的局部信息，而描述全局信息的多分辨率方面则采用粗尺度。通过两种尺度的形状描述，小波表示可描绘出形状的轮廓并且不受轮廓的平移和缩放影响，还能根据目标和输入图像在识别或匹配时进行自动调整。

5.3.1 基于几何形状特征的 TFDS 截断塞门手把匹配

1. 几何形状特征

在平面几何的图像匹配研究中，按照几何的定义可将几何特征分为平面几何特征与解析几何特征。平面几何特征包括如三角形、矩形、平行四边形、梯形、五边形、其他多边形、圆、椭圆、半圆、不规则形状等所包含的参量信息；而解析几何特征需要通过数学计算而得到，如角度、斜率、比值、面积、周长等特征的计算和求解。

1) 面积

二维平面面积定义可以看作连通域中像素的总和，其表达式为

$$S = \sum_{(x,y)\in R} 1 \tag{5.10}$$

2) 周长

定义沿着某连通域的边界线走一圈的总长称为周长。由于每一条轮廓线都存在垂直方向、水平方向或者斜对角方向的偏移，也可能同时存在以上几种偏移，倘若仅对轮廓线上像素进行计数，会导致垂直方向或水平方向上长度计算的误差，因此，周长的计算公式定义为

$$L_s = N_e + \mathrm{sqrt}(20)\cdot N_0 \tag{5.11}$$

式中，偶数链码的像素个数表示为 N_e；奇数链码的像素个数表示为 N_0。

3) 质心

对于二维平面图像来说，质心就是像素坐标的均值，其定义为

$$\begin{aligned} x_m &= (x_1 + x_2 + \cdots + x_i)/N_s \\ y_m &= (y_1 + y_2 + \cdots + y_i)/N_s \end{aligned} \tag{5.12}$$

式中，$(x_i，y_i)$ 是连通域中像素的坐标值；N_s 为连通域中像素的总数。

4) 圆形度

圆形度是用来测量连通区域与圆形的相似度的几何特征，其计算公式为

$$P_c = 4\pi\cdot A_s / L_s^2 \tag{5.13}$$

5) 矩形度

矩形度的定义和圆形度类似，其表示连通区域与矩形的相似程度，定义为

$$P_R = A_s / A_R \tag{5.14}$$

6) 长宽比

长宽比为一种形状度量，主要用于区分细长目标是近似矩形还是近似圆形，其

计算公式为

$$P_{\mathrm{WL}} = W_R / L_R \tag{5.15}$$

式中，对连通域作最小外接矩形，W_R是该矩形宽度；L_R是该矩形长度。

2. TFDS 截断塞门手把匹配

如图 5.13 所示，以截断塞门手把故障图像为例，采用多种几何特征来描述塞门手把形状。最简单的轮廓形状特征描述方法是取其外接矩形，并计算外接矩形的宽度和长度的比值。该方法简单，易于计算实现，具有明确的几何意义，通常来说，使用单一的长宽比特征去区分形状是存在困难的，因为很多形状的长宽比值一样而形状却大不相同。所以在实际应用中，这些简单的形状描述方法一般不会被单独使用，而是作为优化其他方法的手段使用。

(a) 原图像

(b) 轮廓跟踪

图 5.13　截断塞门手把轮廓跟踪

由于手把轮廓形状已知，可以对手把轮廓取外接矩形，得到外接矩形的各参量，如点坐标值和长宽值。而在图像的表现上，手把所在外接矩形的横坐标明显偏于其他区域外接矩形，再分析手把的外接矩形的长度与宽度的比例在 3～4。另外，外接矩形的特征周长 c 和矩形面积 area 可由式(5.16)求得。

$$\begin{aligned} \text{area} &= hw \\ c &= 2(h+w) \end{aligned} \tag{5.16}$$

通过对图 5.13(b)中的轮廓提取外接矩形，并设置长宽比在 3～4，可得到如图 5.14 所示的图像。从图 5.14 可知，经过前面的处理，图中噪声已被大量去除，剩下有限个轮廓及其外接矩形，手把的外接矩形及其相关特征在此图像中易于获取。

如果对同一幅图像设置不同的阈值，则其二值化效果会导致不同的轮廓提取效果，从而使得外接矩形在数量和数值上都会有所不同。因此，仅利用外接矩形的长宽比或者坐标是无法确切地匹配手把的。为了从图 5.14 所示的轮廓中进一步匹配手把区域，对所有保留的轮廓的外接矩形参量进行提取与分析。表 5.2 为图 5.14 中各外接矩形的参量数据。

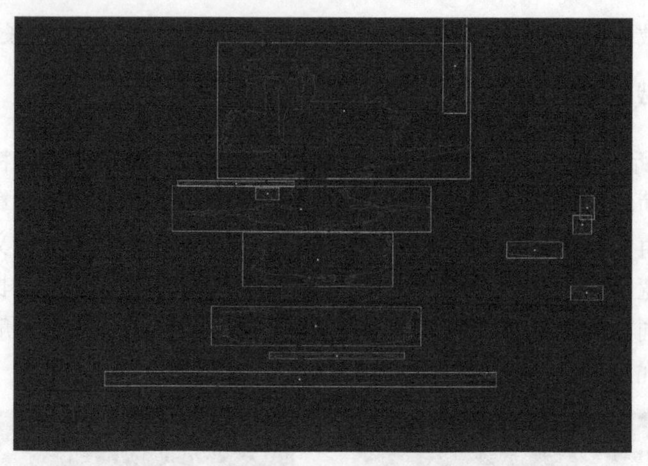

图 5.14　手把故障图像的外接矩形特征

手把位于右边第四个外接矩形区域

表 5.2　外接矩形的各参数值　　（单位：pixel）

外接矩形序号	横坐标 x	纵坐标 y	高度 h	宽度 w
1	208	835	35	886
2	582	789	16	304
3	452	681	93	471
4	1261	630	35	75
5	1116	526	40	128
6	522	506	129	338
7	1266	464	45	44
8	1282	418	57	34
9	550	401	29	54
10	362	397	108	583
11	375	385	14	264
12	465	59	321	569
13	971	1	224	54

观察表 5.2 中的数据，外接矩形横坐标值大于 1000 的有 4 行，与图 5.14 中右边 4 个外接矩形对应，说明手把的外接矩形为其中之一。再根据手把的长宽比为 3～4，由此可初步认为表 5.2 中第 5 行数据为截断塞门手把外接矩形的参量数据。进一步由式(5.16)计算各外接矩形的周长 c、面积 area、长宽比 r 数据，如表 5.3 所示。

表 5.3　外接矩形的周长、面积与长宽比数据

外接矩形序号	横坐标 x	纵坐标 y	周长 c	面积 area	长宽比 r
1	208	835	1842	31010	25.3
2	582	789	640	4864	19
3	452	681	1128	43803	5.1
4	1261	630	220	2625	2.2
5	1116	526	336	5120	3.2
6	522	506	934	43602	2.6
7	1266	464	178	1980	1.0
8	1282	418	182	1938	0.6
9	550	401	166	1566	1.9
10	362	397	1382	62964	5.4
11	375	385	556	3696	18.9
12	465	59	1786	182649	1.8
13	971	1	556	12096	0.2

从表 5.3 可知，图 5.14 中外接矩形的周长范围为 166～1842，其中位于手把区域附近的外接矩形周长分别为 220、336、178 和 182，均在 500 以内，周长的均值为 762；外接矩形面积范围为 1566～182649，其中位于手把区域附近的外接矩形的面积分别为 2625、5120、1980 和 1938，面积的均值为 30608；外接矩形的长宽比范围为 0.2～25.3，其中位于手把区域附近的外接矩形的长宽比分别为 2.2、3.2、1.0 和 0.6，宽高比的均值为 6.7。由以上数据分析可得，参考设置如下条件可提取手把区域的外接矩形：

$$c \in [300,500],\quad \text{area} \in [4000,6000],\quad r \in (1,6.7] \tag{5.17}$$

上述设置筛选外接矩形的条件，最终匹配的轮廓区域正是塞门手把。另外，为了测试该方法的通用性，对不同方向的手把故障图像进行测试。图 5.15 为两个不同方向的截断塞门手把故障图像的匹配效果，可以看出，不同方向的截断塞门手把也可以准确匹配到。因此，该基于几何形状特征的截断塞门手把匹配方法是可行的，且具有一定适应性。

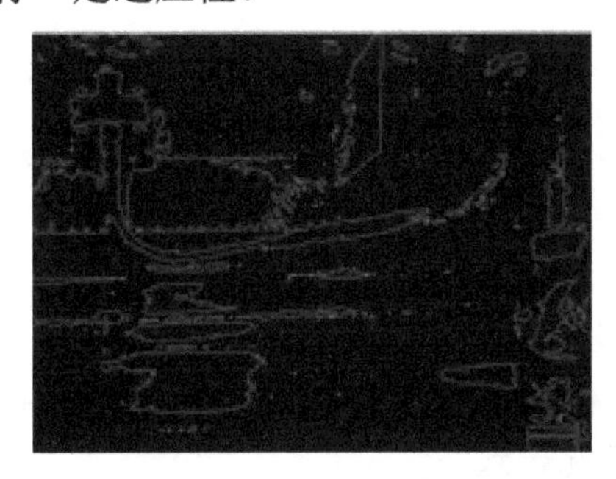

图 5.15　不同方向的塞门手把匹配效果图

5.3.2 基于改进形状上下文的 TFDS 挡键故障识别

1. 形状上下文描述子

在图像识别和形状相似度匹配的研究过程中发现大多数的形状匹配技术容易受到轮廓和闭合曲线的限制，为此，Serge 等提出了一种新的全局性的形状描述子：形状上下文(Shape Context，SC)[131]，该算子主要通过三步实现匹配目的：首先解决两幅形状之间点的对应关系，接着根据对应关系估计匹配变换，最后计算两幅形状之间的距离以及匹配变换大小测量，作为对应点的匹配误差总和。其基本原理如下。

对任意一幅灰度图像，经过滤波去噪、阈值分割后得到其二值图像。把目标对象当成一个无穷点集，并假设必可获取目标形状的有限子集。通常先是采用 Canny、Sobel、Roberts 等算子对目标区域进行分割，得到其内外轮廓。然后从其内外轮廓上采样获得一组离散的边缘点来表征目标区域的形状。这些采样点并不要求是具有曲率最大、变形点等具有特殊意义的点，只需它们尽可能均匀地分布在目标的内外轮廓上，则可得到目标区域的一个轮廓样本点集 $I=\{p_1,p_2,\cdots,p_k\}$，k 取足够大时，点集 I 更近似为目标区域轮廓，表征目标区域的形状信息。

轮廓中样本点 P_i 的形状信息可以由其余 k–1 个样本点与之形成的相对向量集表示。k–1 个向量是一个非常丰富的形状描述子，k 越大，其代表的形状信息越准确。这个相对向量集就是形状上下文。为减少噪声、局部变形对其的影响，对形状上下文进行简化。以任一轮廓样本点 P_i 为中心，构建对数极坐标系，如图 5.16(c)所示。图 5.16(c)表示处于极坐标原点的轮廓样本点 P_i 的形状信息，其他轮廓样本点(在极坐标覆盖的范围之内)落于不同的小格子(bin)内，就表示不同的相对向量。通常为减少计算量，会有部分点落在极坐标的覆盖范围之外，这个范围决定了形状上下文描述子的局部性。对于每一个由 r 和 θ 确定的极坐标区域，如果该区域内包含的点越多，则其在由 θ 和 lg r 组成的直角坐标系中对应的区域颜色越深。统计这些相对向量落在每个扇形格子的数目，以粗略表示轮廓样本点 P_i 的形状信息，即完成对形状上下文的简化。其形状直方图计算为

$$h_i(k)=\#\{q\neq p_i:(q-p_i)\in \mathrm{bin}(k)\} \tag{5.18}$$

式中，$k\in\{1, 2, \cdots, K\}$，K 为角度参数和半径参数的乘积，即扇形格子总数；$(q-p_i)\in \mathrm{bin}(k)$ 表示相对于 P_i，点 q 属于形状直方图的第 k 分量。该形状直方图即轮廓点 P_i 的形状上下文。

观察图 5.16(a)和图 5.16(b)中菱形点和方块点，它们的形状直方图分别为图 5.16(d)和图 5.16(e)，它们的形状信息基本上一致，而图 5.16(b)中三角形点的形状直方图 5.16(f)就有很大差异，这与实际观察的情况一致。

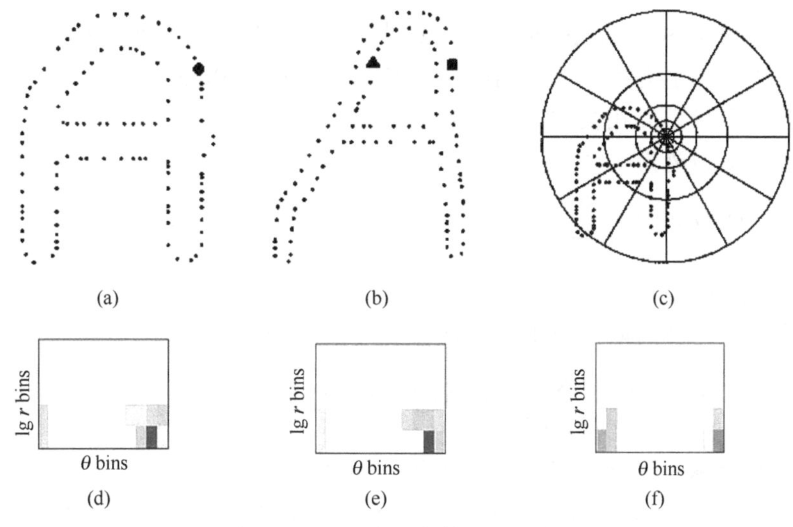

图 5.16　形状上下文描述子示意图

计算出 k 个轮廓样本点的形状直方图，即得到整个轮廓样本点集的形状上下文。

2. 改进的形状上下文距离

TFDS 图像采集硬件子系统常采用黑白相机，故 TFDS 系统拍摄的是灰度图像，不可利用其颜色特征进行故障识别。图 5.17 所示的 TFDS 挡键图像中，背景复杂，包含了众多的列车零部件，而挡键只是图像中很小的一块，而且图像纹理多变没有规律，故无法利用其纹理特征进行故障识别。但 TFDS 图像轮廓清晰，可较容易地获取其形状特征。图像的形状特征与尺寸测量结合起来可以作为区分不同物体的依据，而且形状特征具有较强的抗干扰能力，对光照强度、噪声等因素并不敏感。因此，采用形状上下文作为形状描述子，对挡键轮廓进行形状描述[132]。

假设 p_i 和 q_j 分别为形状 P 和形状 Q 上的任一样本点，定义 $C_{ij}=C(p_i,\ q_j)$ 为点 p_i 和点 q_j 的匹配代价，在得到点 p_i 和点 q_j 的形状直方图后，计算它们间的匹配代价，即

$$C_{ij}=C(p_i,q_j)=\frac{1}{2}\sum_{k=1}^{K}\frac{[g(k)-h(k)]^2}{g(k)+h(k)} \tag{5.19}$$

式中，$g(k)$ 和 $h(k)$ 分别表示以样本点 p_i 和 q_j 为中心的对数极坐标系中，落在第 k 个扇形中的轮廓样本点数（$k\in[1,\ K]$）。

在得到形状 P 和形状 Q 上任意两个点的匹配代价以后，可以形成一个代价矩阵 cost。此时，需要找到一个最优匹配，使总的匹配代价最小，即式(5.20)最小。

$$H(\pi)=\sum_{i}C(p_i,q_{\pi(i)}) \tag{5.20}$$

利用匈牙利算法(Hungarian algorithm)[133]易于获取最优，但其仅找到一种对应关系，还需进一步由变换 T(如 Affine、TPS(thin plate spline)等)来衡量形状之间的转变。计算与形状距离相关的三个参数。

形状上下文距离为

$$D_{sc}(P,Q)=\frac{1}{n}\sum_{p\in P}\arg\min_{q\in Q}C(p,T(q))+\frac{1}{m}\sum_{q\in Q}\arg\min_{p\in P}C(p,T(q)) \tag{5.21}$$

式中，T 为图像 Q 中点映射到图像 P 中点的 TPS 变换。

外观代价是图像高斯窗口下对应像素亮度差异的平方和。

$$D_{ac}(P,Q)=\frac{1}{n}\sum_{i=1}^{n}\sum_{\Delta\in\mathbf{Z}^2}G(\Delta)[I_P(p_i+\Delta)-I_Q(T(q_{\pi(i)})+\Delta)]^2 \tag{5.22}$$

式中，I_P 和 I_Q 是灰度图像；G 表示高斯窗口函数。

转换代价 $D_{be}(P, Q)$ 用于衡量将两图像对齐需要多少转换，在 TPS 转换模型中，其表示弯曲能量。式(5.23)给出了数字识别中计算形状距离的经验公式。

$$D=1.6D_{ac}+D_{sc}+0.3D_{be} \tag{5.23}$$

通过大量实验发现，挡键丢失故障图像匹配计算的形状上下文距离 D_{sc} 和弯曲能量 D_{be} 都具有很高的区分能力。为增强形状距离对挡键丢失故障图像的判别能力，对形状距离的经验公式进行改进，舍弃外观代价 D_{ac}，加权形状上下文距离 D_{sc} 与弯曲能量 D_{be} 以定义形状距离，如

$$D=D_{sc}+0.3D_{be} \tag{5.24}$$

3. TFDS 挡键丢失图像识别流程

TFDS 系统中涉及列车型号众多，现选择不同型号列车的 TFDS 图像(包含挡键区域图像)，如图 5.17 所示，图 5.17(a)中列车挡键正常，图 5.17(b)中列车挡键丢失。对比图 5.17(a)和图 5.17(b)，不难发现挡键的三角形轮廓在图像背景中是唯一的，故可根据挡键的这一形状特征，结合形状上下文这一形状描述子，对 TFDS 系统中挡键丢失故障进行判别。拟选用挡键的三角形轮廓作为模板到待检测 TFDS 图像中遍历，实质上也利用了模板匹配的思想。

截取图 5.17(a)挡键正常图像中挡键区域图像作为模板图像，模板图像遍历待测 TFDS 图像的区域称为测试图像。分别对模板图像和测试图像预处理与分割，获取各自图像中的轮廓图，然后采用形状上下文描述模板和测试图像分割后的形状特征。

模板图像中主要描述的是挡键的三角形特征，测试图像中主要采用形状上下文描述图像中轮廓的形状特征。再根据模板图像与测试图像中轮廓的形状上下文计算它们之间的形状距离。形状距离通常与形状上下文距离 D_{sc}、外观代价 D_{ac} 和弯曲能量 D_{be} 三个参数有关，通过大量实验分析发现：对包含完整挡键的测试图像，其值

在较小值组成的区间中；对其余测试图像(包括无挡键图像和包含部分挡键图像)，其值在较大值组成的区间中，且两区间无重叠区。而外观代价 D_{ac} 的两区间存在一个重叠区，无法区分是否包含完整挡键。故采用改进的形状距离公式(5.24)计算形状距离，并作为图像匹配的相似度指标。

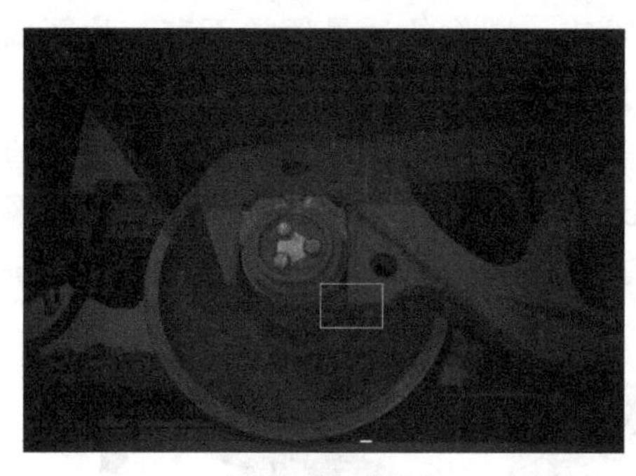

(a) 挡键正常图像

(b) 挡键丢失图像

图 5.17　TFDS 挡键图像

通过大量实验归纳，对 D 选取合适的阈值。若测试图像计算的形状距离小于阈值，则表示测试图像中包含完整挡键，即待测 TFDS 图像中挡键正常；若测试图像计算的形状距离大于阈值，则表示测试图像中不包含完整挡键。此时判断模板图像是否遍历完整幅待测 TFDS 图像，若已遍历完，则表示待测 TFDS 图像中挡键丢失；若未遍历完，则由模板图像遍历新的区域，再与新的测试图像匹配以计算形状距离。基于形状上下文的挡键丢失图像识别流程如图 5.18 所示。

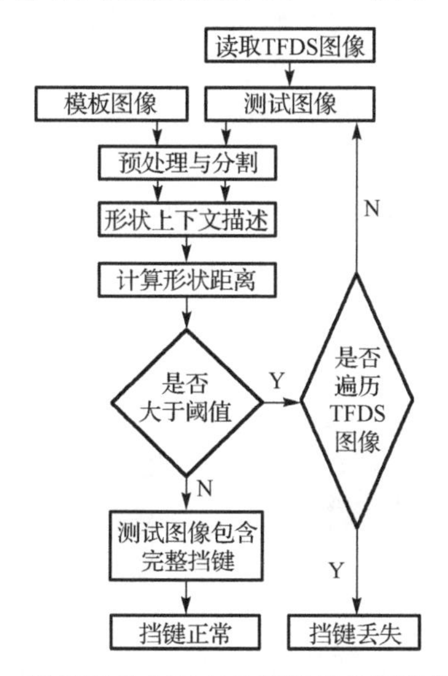

图 5.18　基于形状上下文的挡键丢失图像识别流程

4. 算法测试与结果分析

截取正常图像中挡键区域的图像作为模板图像，图像大小选为 60×60，如图 5.19(a) 所示。因为 TFDS 图像是由高速摄像机在室外拍摄的列车运行的动态图像，受天气、光照等环境因素影响，加之机械振动产生的噪声，图像的质量通常不高，故图像分析前要对其进行预处理。中值滤波是一种保护边缘的非线性图像平滑滤波方法，能够很好地保留图像的边缘。而形状上下文是基于轮廓的形状描述子，故选用中值滤波对模板图像预处理，处理结果如图 5.19(b) 所示。通过观察，滤波后模板图像中挡键与背景对比较强烈，采用最大类间方差法[134]对模板图像进行阈值分割，分割后图像如图 5.19(c) 所示。

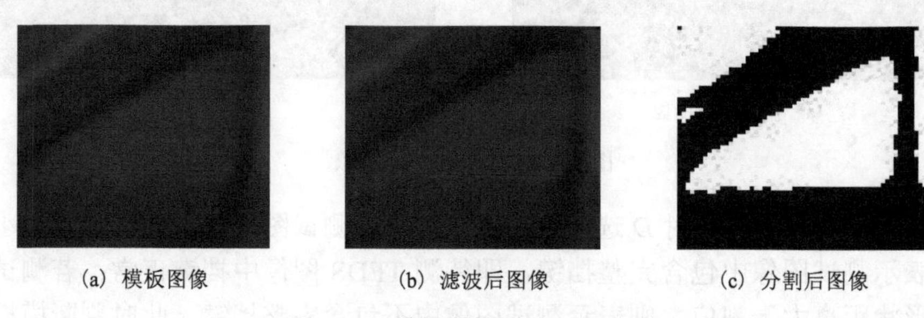
(a) 模板图像　(b) 滤波后图像　(c) 分割后图像

图 5.19　模板图像预处理与分割

对分割后的模板图像进行轮廓提取，均匀采集其 100 个轮廓样本点 $I=\{p_1,p_2,\cdots,p_{100}\}$，沿半径方向划分 5 等份，沿旋转角度方向划分 12 等份构建对数极坐标栅格，得到有 60 个区域的坐标系，计算每个轮廓样本点的形状上下文，从而得到模板图像的形状上下文。在待测 TFDS 图像上截取若干与模板图像大小相同的测试图像，用相同的方式处理并计算其形状上下文，然后逐一与模板图像匹配，计算其与模板图像间的形状距离。

本算法采用 MATLAB 编程实现。对截取的测试图像，若分割后图像中形状的轮廓点数不足 100，则程序直接报错，图 5.20 中 1、2 分别为模板图像与轮廓点不足的测试图像分割结果。

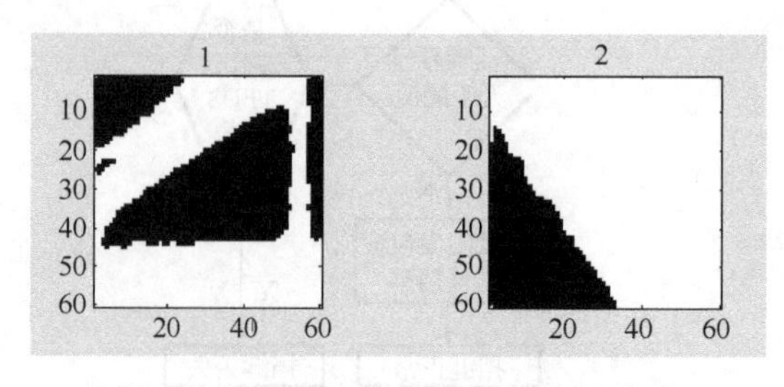

图 5.20　测试图像中未含足够轮廓点

而包含足够轮廓点的测试图像主要分为三类，如图 5.21 所示，图 5.21(a)中测试图像无挡键，图 5.21(b)中测试图像包含完整挡键，图 5.21(c)中测试图像包含挡键一部分。

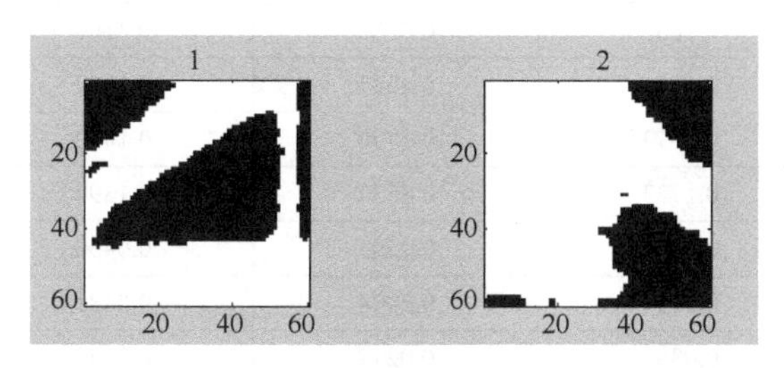

(a) 无挡键

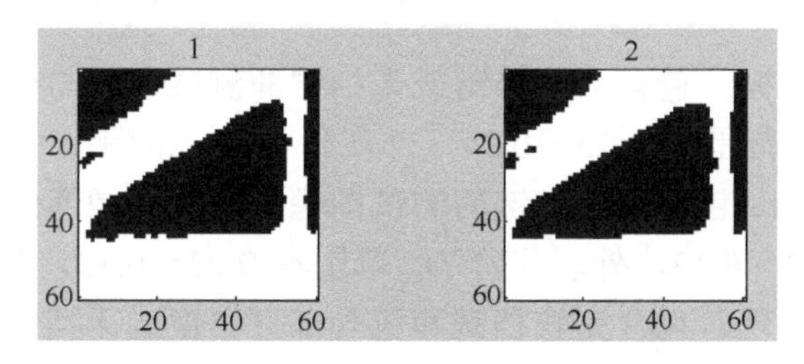

(b) 完整挡键

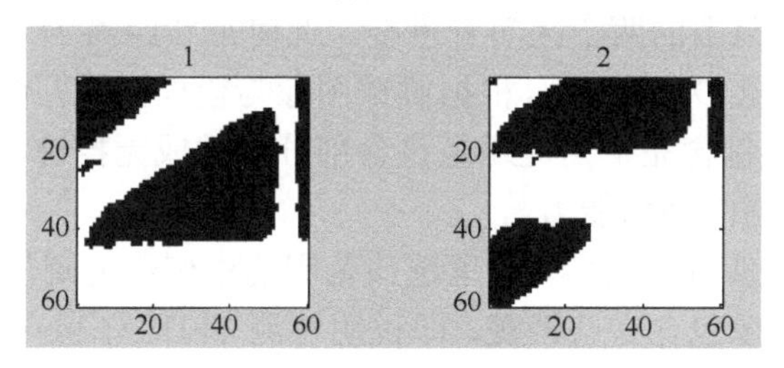

(c) 部分挡键

图 5.21　匹配测试图像

完成多组实验后，部分实验计算的形状上下文距离 D_{sc}、外观代价 D_{ac} 和弯曲能量 D_{be} 如表 5.4 所示。其中，测试图像 1～9 为待测 TFDS 图像中任意截取的测试图像(包括含部分挡键和无挡键两种情况)，测试图像 10～13 为有完整挡键的图像。

表 5.4　匹配参数的部分实验数据

	形状上下文距离 D_{sc}	外观代价 D_{ac}	弯曲能量 D_{be}	形状距离 D
测试图像 1	0.1532	0.1969	0.2106	0.2164
测试图像 2	0.1947	3.5617	0.3824	0.3094
测试图像 3	0.2104	1.0298	0.2248	0.2778
测试图像 4	0.2281	1.1703	0.2972	0.3173

续表

	形状上下文距离 D_{sc}	外观代价 D_{ac}	弯曲能量 D_{be}	形状距离 D
测试图像 5	0.1612	0.7126	0.2843	0.2465
测试图像 6	0.1653	0.7323	0.3196	0.2612
测试图像 7	0.1837	0.4083	0.1580	0.2311
测试图像 8	0.1612	0.1790	0.1470	0.2053
测试图像 9	0.1733	0.3537	0.1392	0.2151
测试图像 10	0.1131	0.1597	0.0430	0.1260
测试图像 11	0.1164	0.2974	0.0381	0.1278
测试图像 12	0.0382	0.0277	0.0057	0.0399
测试图像 13	0.0701	0.1636	0.0309	0.0794

分析大量实验数据：包含部分挡键或无挡键的测试图像与模板图像匹配计算的形状上下文距离 D_{sc} 范围在 0.15～0.24，外观代价 D_{ac} 范围在 0.17～3.7，弯曲能量 D_{be} 范围在 0.13～0.41；包含完整挡键的测试图像与模板图像匹配计算的形状上下文距离 D_{sc} 范围在 0.03～0.12，外观代价 D_{ac} 范围在 0.02～0.33，弯曲能量 D_{be} 范围在 0.005～0.06。不难发现对包含完整挡键和包含部分挡键或无挡键两类测试图像，其形状上下文距离 D_{sc} 和弯曲能量 D_{be} 范围的两个区间无重叠，故具有很好的区分能力，而外观代价 D_{ac} 范围的两个区间有重叠。此时形状距离 D 是通过加权形状上下文距离 D_{sc} 和弯曲能量 D_{be} 得到的，根据测试图像与模板图像匹配计算的形状距离即可确定测试图像属于包含完整挡键还是包含部分挡键或无挡键。因此，阈值范围在 0.13～0.19，具有很强的判别能力。

为了避免所取阈值过于敏感，这里选该范围的中值作为阈值，即 $D_0=0.16$。当 $D \leqslant D_0$ 时，表示测试图像包含完整挡键，即说明待测 TFDS 图像中挡键正常；当 $D>D_0$ 时，表示测试图像无挡键或包含挡键一部分。此时判断模板图像是否遍历完整幅待测 TFDS 图像，若已遍历完，则说明待测 TFDS 图像中挡键丢失；若未遍历完，则由模板图像遍历新的区域，再与新的测试图像匹配以计算形状距离。

5.3.3 基于角度与尺度混合描述子的 TFDS 集尘器匹配

1. 基于角度与尺度的混合形状描述子

1) 角度描述子

对于轮廓上的任意一点，梯度向量并不是指向一个参考点，但梯度约束了轮廓可能的发展和走向，且其描述特征能够表达轮廓变化的重要信息。实验研究发现，以梯度为辅助基准，轮廓任意一点与形心的向量生成的角度描述子对轮廓具有稳定的描述特性，其生成原理如图 5.22 所示。

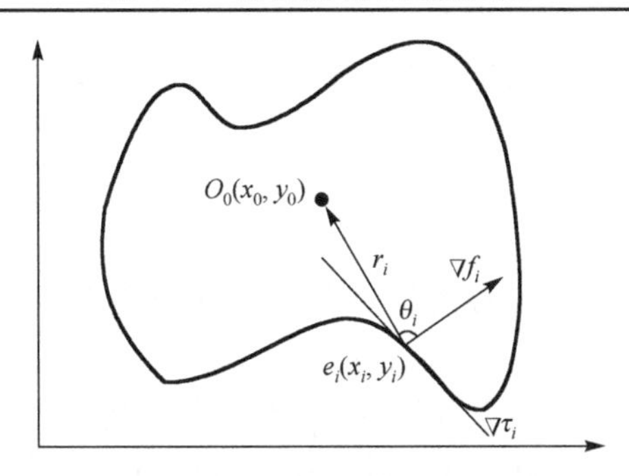

图 5.22　角度描述子几何示意图

对于图 5.22 所示轮廓模型中任意一点 $e_i(x_i, y_i)$，其对应的切向量和梯度向量分别为 $\nabla\tau_i$、∇f_i，可知 $\nabla\tau_i \times \nabla f_i=0$，$e_i$ 与形心生成的向量记为 r_i，角度描述子定义为向量 r_i 与 ∇f_i 的夹角，以该夹角作为特征描述轮廓形状，其值可以通过向量的内积公式(5.25)计算而来。

$$\theta_i = \arccos < \boldsymbol{r}_i, \nabla \boldsymbol{f}_i >= \frac{\boldsymbol{r}_i \cdot \nabla \boldsymbol{f}_i}{|\boldsymbol{r}_i||\nabla \boldsymbol{f}_i|} \tag{5.25}$$

如图 5.22 所示，角度描述子的计算使用的不是绝对坐标，而是以向量 r_i 为基准的相对坐标，其结果是一个具有完全旋转不变性的描述子。可以证明无论目标轮廓如何平移、旋转或缩放，梯度向量 ∇f_i 与向量 r_i 的几何关系并没有发生变化，因此其之间的夹角也始终保持不变。∇f_i 与 $\nabla\tau_i$ 的单位向量直线对应的斜率互为负倒数，又由式(5.25)可知 ∇f_i 与 θ_i 相关，若切线 $\nabla\tau_i$ 存在偏差，则 θ_i 定会存在等价的转动偏差，因此 $\nabla\tau_i$ 的求取也是一个重要的步骤，其结果直接影响着角度描述子的准确度。以上分析同时也表明 θ_i 更加侧重于描述轮廓切线方向的变化特征。

而 $\nabla\tau_i$ 的计算采用微局部点集的最小二乘法实现，具体为：以 $e_i(x_i, y_i)$ 为圆心，以 r_1 为半径邻域内的轮廓点作为最小二乘拟合的点集，点集的生成方法与下面的曲线拟合点集类似，只是 $\nabla\tau_i$ 代表微小局部轮廓变化趋势，所以 r_1 的值不宜过大，实验中选取 r_1=2，设最小二乘法的拟合直线为 l_t，l_t 的方向向量与 $\nabla\tau_i$ 一致，即可求得 ∇f_i，代入式(5.25)即得到集尘器轮廓角度描述子。

2)尺度描述子

考虑到集尘器角度描述子更多描述的是其切向的发展趋势，不足以描述轮廓完整的变化信息，因此有必要附加一个纵向的尺度描述子。基于边界的极半径可以很好地表达集尘器轮廓在纵向的变化信息，随着边界点的移动，轮廓点与形心之间的距离(极半径)变化曲线是一个轮廓所特有的。设任意一点 $e_i(x_i, y_i)$ 对应的极半径记为 R_i，从图 5.22 可以看出 R_i=$|r_i|$，由于 r_i 使用的也是基于形心生成的相对坐标，所以其模值不受轮廓平移、旋转的影响。考虑到列车车体震动会引起物距的变化，造成集尘器轮廓的尺度变换，为保证尺度描述子的尺度不变性，对 R_i 进行归一处理，

以极半径的最大值作为归一化的基准，设最大距离为 R_{max}，归一化后的值为 D_i，尺度描述子的定义为

$$D_i = \frac{R_i}{R_{max}}, \quad D_i \in (0,1] \tag{5.26}$$

通过上述方法建立了以形心为辅助基准的角度与尺度特征描述子，分别生成 $1\times N$ 的特征向量，记为 $A=\{\theta_i, i=1, 2, \cdots, N\}$ 和 $C=\{D_i, i=1, 2, \cdots, N\}$。

集尘器的形状轮廓线是由一系列具有特殊位置的点构成的，如何利用点集的空间信息形成稳定的描述子是其匹配算法的关键[135]，本匹配算法以轮廓形心为基准，生成以角度与尺度为几何特征的混合描述子。为了采用该混合形状描述子进行轮廓匹配，首要的是对轮廓点进行采样，以尽可能少的样本数量尽可能全面、准确地描述轮廓形状特征。

2. 轮廓关键点

1) 轮廓关键点采样

由于轮廓邻近点之间的特征差异很小，所以没有必要计算每个轮廓点的特征。同时兼顾算法时间，采用沿轮廓链码方向对其进行均匀离散采样，初始点的确定方法将在后面介绍。约定初始点作为采样的起点，以逆时针为采样正方向，l_s 为采样步长，为处理简便且建立稳定的点集映射关系，设轮廓在任一几何变换下的采样点是一个常数 N，这里取 N=80，其值与轮廓的分辨率以及匹配精度有关。轮廓序列点集总数记为 M，则 l_s 的定义为

$$l_s = \frac{M}{N} \tag{5.27}$$

按式(5.27)采样需注意一个问题，由于无法保证 M 正好是 N 的倍数，l_s 可能是一个属于 $[T, T+1)$ $(T\in \mathbf{N}^+)$ 区间的小数。若以 T 作为步长，则会使部分轮廓无法参与采样，T+1 为步长会产生点集越界，因此单纯以 T 或 T+1 作为采样步长都是不合理的。于是，采取以累加值求余的方式来计算采样步长，取其值的最邻近点为关键点，实验发现该采样方法更趋合理。集尘器外轮廓采样效果如图 5.23 所示，灰色小圆的圆心为关键点，与轮廓形心相连的点是采样的初始位置。可看出轮廓序列关键点并不是均匀分布的，而是随曲率大小而变化的，轮廓变化明显的地方，关键点相对更加密集。

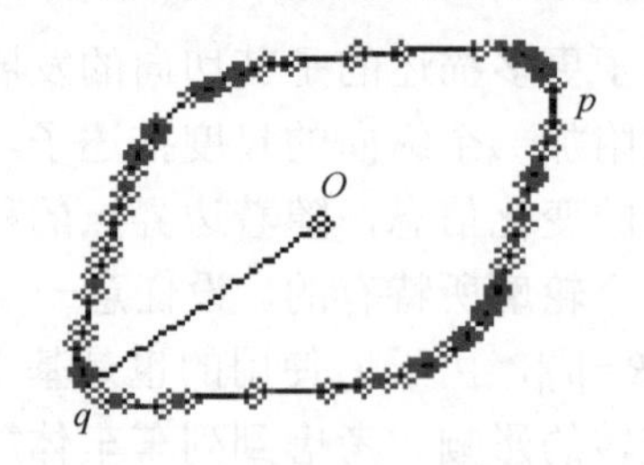

图 5.23　集尘器外轮廓采样效果图

2) 确定关键点初始位置

点集匹配通常采用动态规划算法，但其效率较低。因此，事先以同样的标准确定待匹配的采样点集的初始位置，选取关键点采样的顺序与方向，可省去点集匹配的动态搜索，显著提高形状匹配效率。但关键点初始位置的准确性直接影响了整个匹配的精度。因此，采用最大极半径与局部曲率约束来确定关键点初始位置。

首先计算标准轮廓的最大极半径及其对应点的局部曲率，分别记为 ρ_{smax}、k_{smax}。具体算法原理如下：设轮廓模型为 $L=\{v_i|v_i=(x_i, y_i), i=1, 2, \cdots, M\}$，$M$ 为轮廓点集总数，其形心的坐标为 $O(x_0, y_0)$，计算方法为

$$
\begin{aligned}
x_0 &= \frac{\sum_{i=1}^{i=M} x_i}{M} \\
y_0 &= \frac{\sum_{i=1}^{i=M} y_i}{M}
\end{aligned}
\tag{5.28}
$$

轮廓最大极半径采用欧氏距离来度量，设其位置对应点为 $S(x,y)$，通过式 (5.29) 可求出 S 的坐标。

$$
\begin{aligned}
&\rho_s(x_i,y_i)=\sqrt{(x_i-x_0)^2+(y_i-y_0)^2}, \quad i=1,2,\cdots,N \\
&S(x,y)=\arg\max_{x_i,y_i}(\rho_s(x_i,y_i))
\end{aligned}
\tag{5.29}
$$

在图像处理过程中，目标轮廓难免会产生一定程度的失真，从图 5.23 可以看出，p 点与 q 点的 ρ 十分接近，在轮廓发生畸变时，难以保证初始位置的唯一性，初始点错位会打乱匹配轮廓点集的映射关系，从而带来严重的匹配累积误差。采用基于多项式拟合的曲率算法可以很好地解决这一问题，且关键点的局部曲率特征会对初始点位置进行进一步的约束。具体算法原理如下：对点 S 局部邻域内的点实施基于最小二乘法的多项式曲线拟合，取邻域半径为 r_c，则曲线拟合点集为 $Q=\{q_j|q_j(x_j, y_j)\in L(x_j, y_j), j=l-r_c,\cdots, l+r_c\}$，$l$ 为点 S 的轮廓序列，曲线拟合的核心在于构造函数 $P_n(x)=\sum_{k=0}^{n}a_k x^k$，使得式 (5.30) 中 I 的值最小。

$$
\begin{aligned}
&I=\sum_{i=0}^{m}[P_n(x_i)-y_i]^2=\sum_{i=0}^{m}\left[\sum_{k=0}^{n}a_k x_i^k-y_i\right]^2 \\
&(a_0,a_1,\cdots,a_n)=\arg\min_{a_i}(I(a_0,a_1,\cdots,a_n)), \quad 0\leqslant i\leqslant n
\end{aligned}
\tag{5.30}
$$

式中，a_k 为多元函数的系数，曲线拟合即可转化为求函数 $I=I(a_0, a_1, \cdots, a_n)$ 的极值问题，即

$$\frac{\partial I}{\partial a_j}=2\sum_{i=0}^{m}\left(\sum_{k=0}^{n}a_k x_i^k-y_i\right)x_i^j=0 \tag{5.31}$$

其对应的线性方程组用矩阵表示为

$$\begin{bmatrix} m+1 & \sum_{i=0}^{m}x_i & \cdots & \sum_{i=0}^{m}x_i^n \\ \sum_{i=0}^{m}x_i & \sum_{i=0}^{m}x_i^2 & \cdots & \sum_{i=0}^{m}x_i^{n+1} \\ \vdots & \vdots & & \vdots \\ \sum_{i=0}^{m}x_i^n & \sum_{i=0}^{m}x_i^{n+1} & \cdots & \sum_{i=0}^{m}x_i^{2n} \end{bmatrix}\begin{bmatrix} a_0 \\ a_1 \\ \vdots \\ a_n \end{bmatrix}=\begin{bmatrix} \sum_{i=0}^{m}y_i \\ \sum_{i=0}^{m}x_i y_i \\ \vdots \\ \sum_{i=0}^{m}x_i^n y_i \end{bmatrix} \tag{5.32}$$

由于高阶拟合往往使式(5.32)中的线性方程组产生病态，只拟合三阶即可达到要求，因此对 $P_n(x)$ 分别求取一阶和二阶导数 y'、y''，代入式(5.33)可求出标准轮廓点 S 对应的局部曲率 k_{smax}。

$$k=\left|\frac{y''}{(1+y'^2)^{1.5}}\right| \tag{5.33}$$

在列车集尘器匹配算法中，首先计算标准轮廓的 ρ_{smax} 以及该点对应的 k_{smax}，然后求取对应匹配轮廓的最大极半径记为 ρ_s，把极半径大于 $0.95\rho_s$ 的点作为匹配轮廓初始位置的预选点，对预选点逐一遍历，计算其局部曲率 k_m，若满足 $I=\min\{|k_m-k_{\text{smax}}|, m=1, 2, \cdots, p\}$，$p$ 为预选点的个数，k_m 所对应的点 $S'(x', y')$ 即为匹配轮廓的初始点，该方法对于一般甚至复杂轮廓均能取得良好的实验效果。

3. 形状描述子相似性度量算法

1) 描述子标准化

通过上面的讨论，设参考形状和待匹配形状轮廓描述子分别为

$$X=\begin{bmatrix} A_{11} & A_{12} & \cdots & A_{1N} \\ D_{21} & D_{22} & \cdots & D_{2N} \end{bmatrix} \text{和}\ X'=\begin{bmatrix} A'_{11} & A'_{12} & \cdots & A'_{1N} \\ D'_{21} & D'_{22} & \cdots & D'_{2N} \end{bmatrix} \tag{5.34}$$

$X_i=\begin{bmatrix} A_{1i} \\ D_{2i} \end{bmatrix}$ 与 $X'_i=\begin{bmatrix} A'_{1i} \\ D'_{2i} \end{bmatrix}$ 分别为参考与待匹配轮廓上第 i 个关键点的形状描述子；N 为关键点的数目。由于角度与尺度描述子量纲不同，采用了基于期望与方差的量化方法，将不同的分量划归到标准分量中，标准化的过程为

$$q^*=\frac{q-m}{s} \tag{5.35}$$

式中，q 为量化的输入值；m 为量化类型均值；s 为标准差；q^* 为标准量化后的值，

分别将描述子 X 与 X' 中的分量代入式(5.35)，则轮廓标准量化后对应值 X^* 与 X'^* 为

$$X^* = \begin{bmatrix} A_{11}^* & A_{12}^* & \cdots & A_{1N}^* \\ D_{21}^* & D_{22}^* & \cdots & D_{2N}^* \end{bmatrix} \text{和} \ X'^* = \begin{bmatrix} A_{11}'^* & A_{12}'^* & \cdots & A_{1N}'^* \\ D_{21}'^* & D_{22}'^* & \cdots & D_{2N}'^* \end{bmatrix} \tag{5.36}$$

2) 描述子的相似性度量

描述子的相似性度量也是列车集尘器形状匹配的一个重要步骤，度量算法的优劣直接影响着匹配的准确度[136, 137]。通过多种距离实验效果比对，同时兼顾算法时间，发现曼哈顿距离更适合度量集尘器生成的形状描述子，使用向量式坐标轴投影的曼哈顿距离可有效抵制描述子曲线波形微小相位偏移引起的匹配误差，尤其对多维且独立的分量有比较好的度量效果。特征描述子 X^* 与 X'^* 度量公式如式(5.37)所示，R_{mat} 为匹配值，其值越小表明轮廓的相似度越高。

$$R_{\text{mat}} = \frac{1}{N}\sum_{i=0}^{N}[(A_{1i}^* - A_{1i}'^*) + (D_{2i}^* - D_{2i}'^*)] \tag{5.37}$$

4. 集尘器匹配实验分析

CCD 相机采集的列车集尘器图像如图 5.24 所示，矩形标记的部分为集尘器区域。集尘器匹配算法的总体流程如下：首先，通过预处理对采集图像进行轮廓提取，获得各部件的外轮廓并进行标记，然后分别对各外轮廓进行关键点采样，确定每个轮廓的初始位置，以外轮廓形心为基准，生成以角度与尺度为几何特征的双重描述子，并对其进行标准量化处理，接着加载模板轮廓的描述子数据，使用改进的曼哈顿距离计算轮廓描述子间的相似性，最终确定集尘器所在区域。

图 5.24　TFDS 所采集的集尘器图像

图 5.25 分别给出了集尘器部分外轮廓在几何变换下的采样效果图。图 5.26 给出了对应的描述子曲线分布图，从图 5.26(a)～图 5.26(d) 可以看出，角度与尺度描述子在集尘器几何变换下的各拟合曲线十分接近，表明该描述子具有较强的鲁棒性。

针对生成的集尘器角度和尺度描述子的量纲不同问题，采用了基于期望与方差的量化方法，并把曼哈顿距离作为匹配形状描述子之间的相似性度量方式。

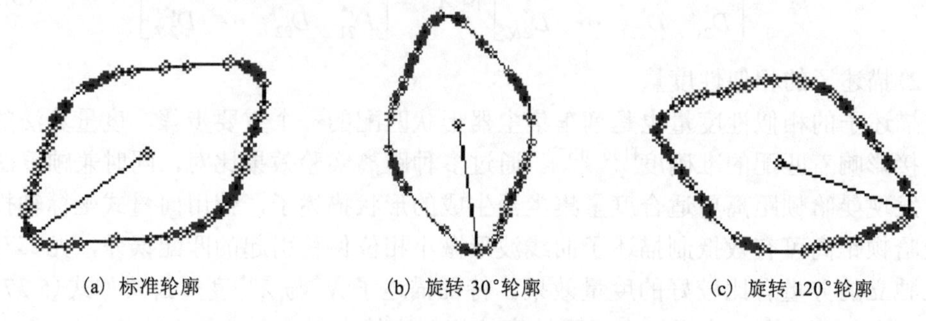

(a) 标准轮廓　　(b) 旋转 30°轮廓　　(c) 旋转 120°轮廓

图 5.25　几何变换下的集尘器轮廓采样

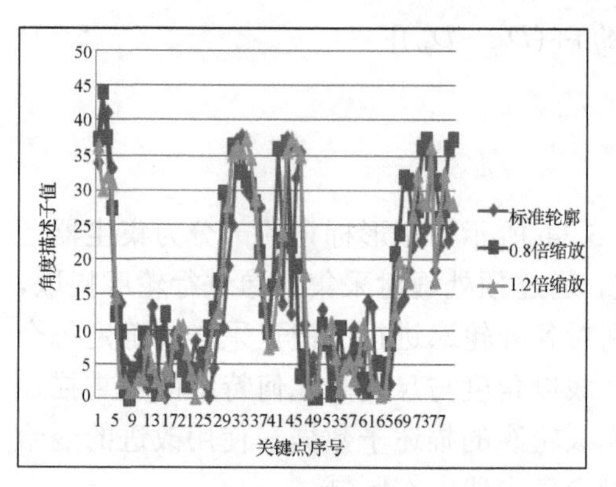

(a) 尺度变换下角度描述子曲线

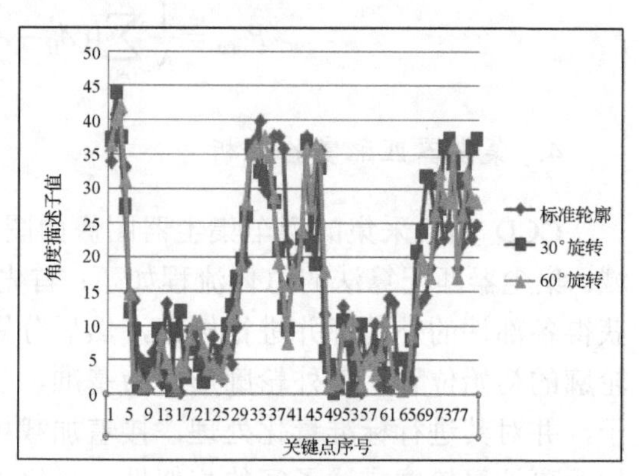

(b) 旋转变换下角度描述子曲线

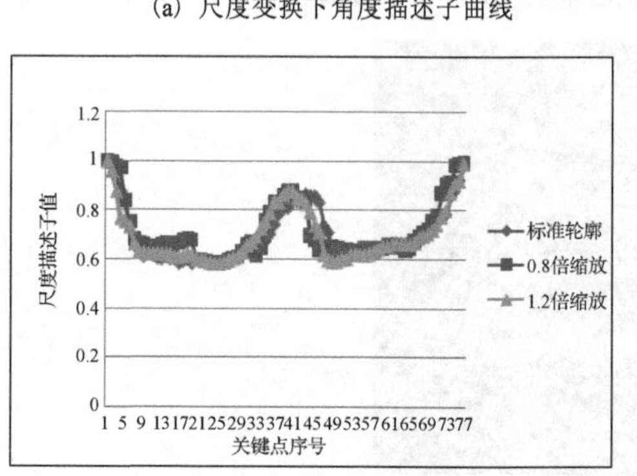

(c) 尺度变换下尺度描述子曲线

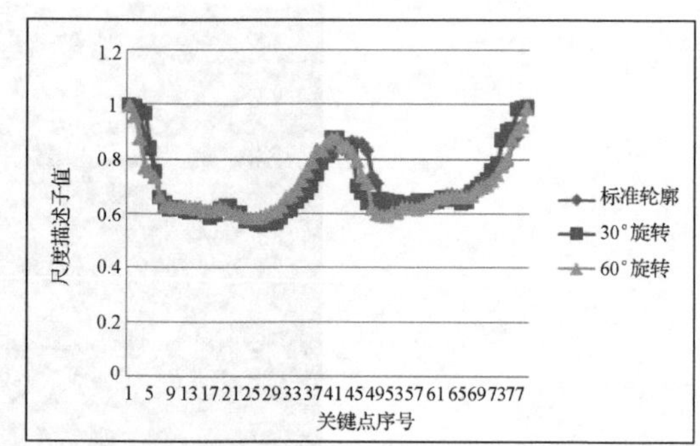

(d) 旋转变换下尺度描述子曲线

图 5.26　集尘器轮廓描述子曲线变化图

测试的实验环境为 Xeon3.40GHz，内存 8.00GB 的 PC，操作系统为 Windows7 32 位操作系统，编程软件为 Visual Studio 2010+OpenCV 2.4.4。

为了验证算法的有效性，依次对检测目标图像进行伸缩、旋转、平移变换，计算轮廓之间的相似度，匹配值的结果如表 5.5 所示。其中，A_v、D_v分别表示在单一角度描述子与尺度描述子的匹配值，其表达式如式(5.38)所示，各匹配值保留 4 位小数。

$$
\begin{aligned}
A_v &= \frac{1}{N}\sum_{i=1}^{N}(A_{1i} - A'_{1i}) \\
D_v &= \frac{1}{N}\sum_{i=1}^{N}(D_{2i} - D'_{2i})
\end{aligned}
\tag{5.38}
$$

表 5.5　各种几何变换下的匹配数据表

实验序列	尺度系数	角度描述值 A_v	尺度描述值 D_v	匹配值 R_{mat}	实验序列	旋转系数	角度描述值 A_v	尺度描述值 D_v	匹配值 R_{mat}
1	0.5	0.0144	−0.0089	-2.342×10^{-3}	12	−60	−0.0592	−0.0026	-4.432×10^{-3}
2	0.6	0.0092	−0.0091	1.023×10^{-4}	13	−50	0.1598	−0.0017	7.123×10^{-3}
3	0.7	0.0196	0.0008	5.963×10^{-4}	14	−40	0.1584	−0.0031	4.698×10^{-3}
4	0.8	−0.0196	−0.0017	4.326×10^{-4}	15	−30	0.2187	−0.0036	-3.328×10^{-3}
5	0.9	−0.0176	−0.0023	-3.296×10^{-4}	16	−20	−0.1287	−0.0024	-3.708×10^{-3}
6	1.1	−0.0942	−0.0099	-1.586×10^{-5}	17	10	0.2564	−0.0036	-2.948×10^{-4}
7	1.2	−0.0814	−0.0072	-5.975×10^{-4}	18	20	0.1614	0.0014	-3.659×10^{-3}
8	1.3	−0.0524	−0.0015	-6.188×10^{-4}	19	30	0.0645	0.0260	-6.214×10^{-3}
9	1.4	−0.0138	−0.0031	6.963×10^{-4}	20	40	0.1610	−0.0016	-6.963×10^{-3}
10	1.5	0.0492	−0.0038	1.724×10^{-4}	21	50	−0.1570	−0.0032	-6.324×10^{-3}
11	1.6	0.0135	−0.0015	9.656×10^{-4}	22	60	0.0191	−0.0035	-9.656×10^{-3}

从表 5.5 可以看出，所提出的列车集尘器形状匹配算法基本上不受几何变换的影响，匹配值的偏差也在很小的数量级内，标准量化后描述子的匹配值相比单一描述子显示出了更大的优越性，集尘器形状在尺度、旋转变换下的单一角度描述子匹配值A_v与尺度描述子匹配值D_v在−3～−1 数量级内，而量化后的描述子的匹配值R_{mat}在−5～−3 数量级内，因此该描述子受几何变换的影响很小。

同时，可看出量化后的描述子在尺度变换下的匹配值比旋转变换低一个数量级，表明匹配值 R_{mat} 对旋转变换略敏感一点，主要是因为旋转会引起集尘器轮廓序列点微小变化，从而使点集间的映射关系发生细微偏移，因此偏差略大一些。但本算法仍然可在设置低阈值情况下，得到精确的匹配效果。

实验分析表明集尘器形状匹配方法几乎不受伸缩、旋转、平移等几何变换的影响，相对其他常见的匹配算法具有一定的优势，为 TFDS 故障识别提供了一种全新的思路。

5.3.4　基于改进高度函数的 TFDS 截断塞门手把匹配

高度函数是一种将二维轮廓曲线转化为一维信号的简单方法，并能有效保持轮廓原有的顺序关系。将高度函数引入形状描述子中最核心的问题是确定高度函数的方向轴，高度函数通过将方向轴与每个轮廓点依次关联，并求取其余轮廓点与方向轴直径的距离，同时反映了轮廓点相对于方向轴的方位，使得基于高度函数的形状描述子既简单直观，又能准确有效地反映轮廓形状的局部特征[138]。本节在已有基于高度函数的形状描述子基础上，提出了一些改进方法，并分别以 TFDS 截断塞门手把为例测试了各个方法的性能。

1. 改进的高度函数

Liu 等提出了一种新的曲率定义方法[139]，并设计了一种高度函数，以其在所有方向的极值点构成曲线的轮廓形状特征，研究表明该高度函数可用于描述几何变化和变形。而 Wang 等所提出的一种基于高度函数的形状描述子在描述轮廓形状时可不必考虑曲率问题[140]，较 Liu 等的方法更为稳定。为了保证高度函数所提取的特征具备唯一性，该方法在每个样本点作切线，并以每个切线作为参考轴，提取剩下样本点到切线轴的距离作为特征值，由于切线具备唯一性，所以提取到的特征也具备唯一性。

虽然以上高度函数描述子能准确地表征轮廓的形状，但需要计算每个轮廓点处的曲率或者切线方程，计算复杂度较高。因此，本书提出了一种改进的高度函数——距离函数[141]。定义轮廓上任意一点的距离函数是所有其他轮廓样本点到该轮廓点与轮廓形心连线所在的方向轴距离的集合。距离函数是一种基于轮廓的形状描述子，该形状描述子的具体方法如下所述。

对任意目标的轮廓图像，为了简化轮廓描述的计算量，并避免局部变形或噪声点对距离函数描述子的干扰，并不对所有轮廓点计算距离，而是对所有轮廓点等距采样生成指定个数 N 的轮廓样本点集。用轮廓样本点集 $X=\{x_i|i=1, 2,\cdots, N\}$ 近似地表示目标物体的轮廓形状，所有轮廓点以目标轮廓的逆时针方向依次排列并编号。为了计算距离函数，首先必须获得目标轮廓的中心点 O，即轮廓形心。对任意一个轮廓样本点 x_i，连接形心 O 与轮廓样本点 x_i 得到 x_i 的参考轴 l_i，计算轮廓上所有其他轮廓样本点到参考轴 l_i 的距离组成向量，即为轮廓样本点 x_i 的距离函数，其数学定义为

$$H_i=(h_i^1,h_i^2,\cdots,h_i^N)^{\mathrm{T}}=(h_{i,i},h_{i,i+1},h_{i,i+2},\cdots,h_{i,N},h_{i,1},h_{i,2},\cdots,h_{i,i-1})^{\mathrm{T}} \tag{5.39}$$

式中，$h_{i,i}=0$；$h_{i,j}(j=1, 2,\cdots, N)$ 表示第 j 个轮廓点 x_j 到轮廓点 x_i 的参考轴 l_i 的距离。该形状描述子从逆时针方向开始，逐一计算轮廓点到参考轴 l_i 的距离 $h_{i,j}$，规定当前

轮廓点 x_j 在参考轴 l_i 的右侧时，距离函数值 $h_{i,j}$ 为正，反之为负。这使求得的距离函数更加丰富，距离函数不仅具有轮廓点间的距离信息，还具有方位信息，使匹配结果更具可靠性。具体计算方法如下。

令轮廓的形心坐标 $O(x_0,\ y_0)$，对轮廓的当前点 $(x_i,\ y_i)$，计算其参考轴 l_i 的直线方程。

$$y = \frac{y_0 - y_i}{x_0 - x_i}x + \frac{x_0 y_i - y_0 x_i}{x_0 - x_i} \tag{5.40}$$

从点 (x_i, y_i) 开始，沿轮廓的逆时针方向依次计算轮廓样本点到参考轴 l_i 的距离：

$$h_{ij} = \frac{\dfrac{y_0 - y_i}{x_0 - x_i}x_j - y_j + \dfrac{x_0 y_i - y_0 x_i}{x_0 - x_i}}{\sqrt{\left(\dfrac{y_0 - y_i}{x_0 - x_i}\right)^2 + 1}} \tag{5.41}$$

式中，点 $(x_j,\ y_j)$ 为逆时针方向上的轮廓样本点，根据距离公式(5.41)，可求出轮廓点 $(x_i,\ y_i)$ 的距离函数，如式(5.39)所示。接着，可以用 H_i 的最大值对 H_i 向量进行归一化，若 $k=\max\{H_i\}$，则 H_i 的归一化向量 F_i 为

$$F_i = \frac{1}{k}H_i = \frac{1}{k}(h_{i,i}, h_{i,i+1}, \cdots, h_{i,n}, h_{i,1}, h_{i,2}, \cdots, h_{i,i-1})^{\mathrm{T}} \tag{5.42}$$

对轮廓点集 $X=\{x_i\}$ $(i=1, 2,\cdots, N)$，通过计算得到每个轮廓点的形状描述子 F_i $(i=1, 2,\cdots, N)$，最终组成整个目标轮廓的形状描述子：

$$\varGamma = \varGamma(X) = (F_1, F_2, \cdots, F_N) \tag{5.43}$$

式中，$\varGamma$ 为轮廓的特征矩阵，大小为 $n\times n$。显然，该形状描述子具有平移、缩放和旋转不变性。计算目标轮廓的距离函数流程如图 5.27 所示。

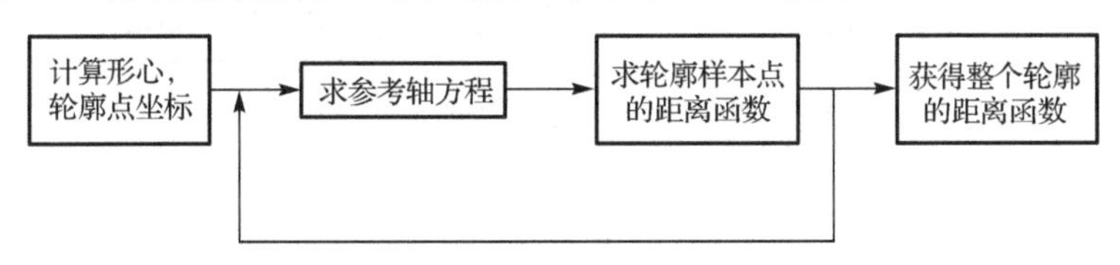

图 5.27　距离函数的计算流程

2. 改进的距离函数

距离函数是对根据高度函数获取形状描述子方法的创新。若轮廓采样点数为 100 个，则通过距离函数获得的轮廓特征矩阵大小为 100×100，其对应的计算量较大。因此，提出了改进的距离函数形状描述子，采用一个特征向量表征轮廓的形状信息，若轮廓采样点数为 100 个，则该轮廓的特征向量为一个 100 维的向量。与一

个大小为 100×100 的特征矩阵相比，求解一个 100 维的特征向量将大大减少计算量。那么，改进的距离函数原理如下。

任一轮廓点的距离函数是所有轮廓样本点到该轮廓点与轮廓形心连线轴距离的集合，可以用一个向量表示。计算出所有轮廓样本点的距离函数，即可得到该轮廓的距离函数，它是一个特征矩阵。改进的距离函数是直接计算出所有轮廓样本点到轮廓形心的距离，得到一个特征向量，用其表征轮廓的形状信息。

对任一目标轮廓的描述，首先选取样本点集 $X=\{x_i\}$ $(i=1, 2,\cdots, N)$，点集 X 可以近似地表示目标的轮廓形状，再根据目标轮廓的样本点集计算出轮廓的形心 O 和远日点 P 的坐标，利用欧氏距离公式计算出每个样本点 x_i 到轮廓形心 O 的距离的平方 d_i。

$$d_i=(x_i-x_0)^2+(y_i-y_0)^2 \tag{5.44}$$

根据上述计算结果，定义目标轮廓的特征向量：

$$I=(d_1,d_2,\cdots,d_N) \tag{5.45}$$

特征向量 I 是轮廓改进的距离函数，用其描述目标轮廓的形状信息。I 是一个 N 维向量，每个元素对应轮廓样本点到形心 O 的欧氏距离的平方，当采样点 N 足够大时，特征向量 I 能较准确地表达轮廓样本点与形心的位置关系，其描述的形状也较为准确。

根据特征向量的定义，它具有平移不变性。求出 $k=\max\{d_1, d_2,\cdots, d_N\}$，对特征向量 I 归一化处理，可得新的特征向量 J 为

$$J=\frac{1}{k}I=\frac{1}{k}(d_1,d_2,\cdots,d_N) \tag{5.46}$$

用归一化的特征向量 J 表征目标轮廓，则该形状描述子也具备缩放不变性。获取轮廓的改进距离函数的流程如图 5.28 所示。

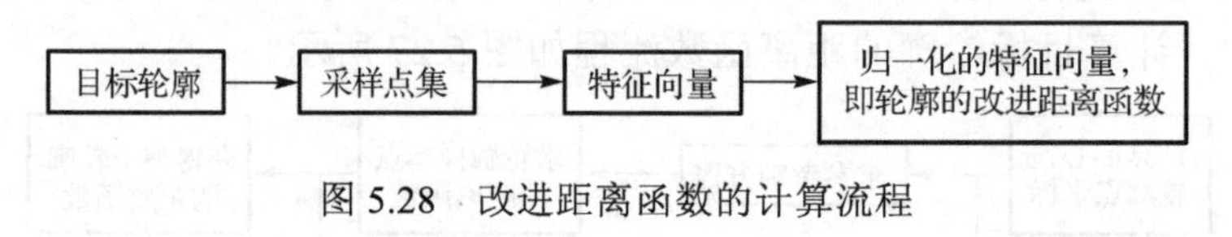

图 5.28　改进距离函数的计算流程

3. 截断塞门手把关闭图像识别流程

在 5.3.1 节中，已经介绍了基于几何形状特征的 TFDS 截断塞门手把匹配算法，虽然该方法克服了传统基于灰度的模板匹配方法逐像素移动匹配导致计算量大、匹配效率低的缺点，但是通过设置多个轮廓几何特征的组合条件来限定最终的匹配结果，终究还是存在限制条件，选择需要大量实验验证，而且限制条件的适应性与识别结果的准确性较差。因此，在此基础上，提出了基于改进高度函数与改进距离函数等更高级的形状描述子的轮廓匹配方法。

由于这些形状描述子匹配算法也是基于轮廓信息的，所以前期的图像处理方法

与 5.3.1 节类似。在选择类似的图像预处理与轮廓提取处理后，图像中目标杂乱，干扰轮廓较多，若直接用模板进行匹配，则算法效率仍然不高。因此，有必要结合目标轮廓的几何特征，旨在滤去部分干扰轮廓，提高算法效率，但是这些几何特征不易太复杂，也不易限定得过于具体，如设计相对较宽泛的周长、面积、长宽比等常用几何特征即可。

因此，给出基于形状描述子的列车截断塞门手把关闭故障图像识别流程如图 5.29 所示。其中，轮廓匹配涉及一个轮廓点集起始点的问题，通常图像匹配算法中使用的是动态匹配算法，求出最优匹配，计算它们的形状距离。为了节省动态匹配的时间，本章在此基础上定义与轮廓形心距离最远的轮廓点为远日点，并提出选择轮廓的远日点作为匹配起始点的优化算法，并与动态匹配算法进行对比实验。同时，对设定起始点与动态匹配两种匹配方式，又都分别采用距离函数与改进距离函数两种形状描述子进行相似性度量。因此，将衍生出基于改进距离函数的远日点匹配算法、基于距离函数的远日点匹配算法、基于改进距离函数的动态匹配算法、基于距离函数的动态匹配算法这四种匹配方法，并在下面分别对这四种不同的匹配方法进行对比实验。

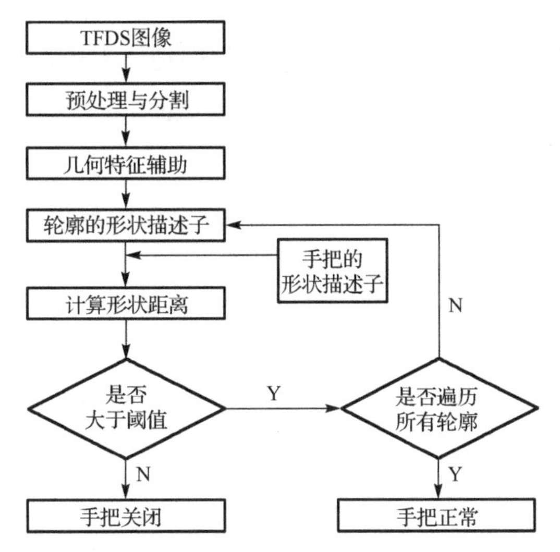

图 5.29　基于形状描述子的塞门手把故障图像识别流程

为了提高匹配的准确度，形状描述子间的相似度计算方法的选择尤为重要。常用的衡量相似度的距离计算方法有以下几种。

1）欧几里得距离

欧几里得距离简称为欧氏距离，是指在 n 维空间中两个点之间的真实距离或向量的自然长度（即该点到原点的距离）。定义两个 n 维向量 $a(u_1, u_2,\cdots, u_n)$，$b(v_1, v_2,\cdots, v_n)$ 之间的欧氏距离为

$$d=\sqrt{\sum_{i=1}^{n}(u_i-v_i)^2} \tag{5.47}$$

在二维或三维空间中，欧氏距离表示两点之间的实际距离。二维平面上两点 $A(x_1,\ y_1)$，$B(x_2,\ y_2)$之间的欧氏距离为

$$d=\sqrt{(x_1-x_2)^2-(y_1-y_2)^2} \tag{5.48}$$

2) 切比雪夫距离

在国际象棋中，王一步可以移动到相邻的八个方格中任意一个，那么从格子(x_1, y_1)走到格子(x_2, y_2)的最少步数 $\max(|x_2-x_1|, |y_2-y_1|)$，就是常说的切比雪夫距离[142]。在数学中，其被定义为各数值差的最大值。

对 n 维空间中两个向量 $a(u_1, u_2,\cdots, u_n)$，$b(v_1, v_2,\cdots, v_n)$，它们之间的切比雪夫距离为

$$d=\lim_{p\to\infty}\left(\sum_{i=1}^{n}|u_i-v_i|^p\right)^{\frac{1}{p}}=\max(|u_i-v_i|) \tag{5.49}$$

二维平面上两点 $A(x_1,\ y_1)$，$B(x_2,\ y_2)$之间的切比雪夫距离为

$$d=\max(|x_1-x_2|,|y_1-y_2|) \tag{5.50}$$

3) 曼哈顿距离

曼哈顿距离[143]又称为城市街区距离，由 19 世纪的赫尔曼所创，目的是计算在标准坐标系中，两个点绝对轴距的总和。类似于从某城市的一个十字路口走到另一个十字路口，所走过的最短距离就是曼哈顿距离。显然，实际中无法穿越建筑，因此它不等于两点间的直线距离。

n 维空间中两个向量 $a(u_1, u_2,\cdots, u_n)$，$b(v_1, v_2,\cdots, v_n)$之间的曼哈顿距离可表示为

$$d=\sum_{i=1}^{n}|u_i-v_i| \tag{5.51}$$

二维平面上两点 $A(x_1,\ y_1)$，$B(x_2,\ y_2)$之间的曼哈顿距离为

$$d_{12}=|x_1-x_2|+|y_1-y_2| \tag{5.52}$$

4) 闵可夫斯基距离

闵可夫斯基距离又称为闵氏距离，确切地说，它不是一种具体的距离，而是对一组距离的概括。

n 维空间中两个向量 $a(u_1, u_2,\cdots, u_n)$，$b(v_1, v_2,\cdots, v_n)$之间的闵可夫斯基距离定义为

$$d = \left(\sum_{i=1}^{n} |u_i - v_i|^p \right)^{\frac{1}{p}} \tag{5.53}$$

式(5.53)所定义的闵氏距离是对以上三类距离的归纳，当 $p=1$ 时，其对应于曼哈顿距离；当 $p=2$ 时，对应于欧氏距离；当 $p\to\infty$时，对应于切比雪夫距离。

由于所提出的轮廓形状描述子主要基于数学上的点到线、点到点之间的距离，所以在进行轮廓匹配时，采用欧氏距离来计算轮廓间的形状距离更为贴切。

通过大量实验，匹配手把轮廓与测试图像中轮廓，并计算形状距离，归纳出不太敏感的形状距离阈值 D，根据阈值 D 即可判断列车截断塞门手把关闭故障。若匹配距离小于距离阈值 D，则表示手把关闭；若匹配距离均大于距离阈值 D，则表示手把开启，无故障。

4. 四种匹配算法的实验结果

上述的四种基于形状描述子的截断塞门手把关闭故障图像识别算法流程大同小异，主要区别在于形状描述子与形状匹配的方式不同。主要以基于改进距离函数的远日点匹配算法为例，详细介绍其流程，其他算法类似。

1)基于改进距离函数的远日点匹配算法

首先，截取 TFDS 图像中手把区域作为模板图像，并对其进行预处理。改进距离函数主要描述目标边缘轮廓以获取轮廓的特征向量，并计算两轮廓特征向量间的形状距离来度量它们的形状差异，据此判断截断塞门手把关闭故障。为了增强故障识别效果，突出图像中目标的边缘，选择能保留图像边缘信息的中值滤波方法进行预处理，模板大小选择 5×5。模板图像中手把区域与背景对比强烈，采用最大类间方差法分割图像，处理后的模板图像如图 5.30 所示。

(a) 分割后图像

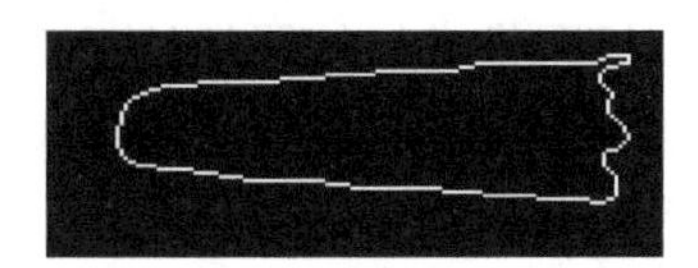
(b) 轮廓图像

图 5.30　模板图像

利用 OpenCV 库中 cvFindContours 函数提取模板图像中手把区域的轮廓如图 5.30(b)所示，同时得到模板图像中手把轮廓上 298 个轮廓点数据，记录其对应坐标。将手把轮廓等间距划分为 100 等份，提取 100 个区间端点作为轮廓样本点，采样方法如下：采样点从下标为 0 的轮廓点开始，下标间隔公差为 2.98，下标号累加过程中四舍五入取整。得到样本点集 $X=\{p_1, p_2,\cdots, p_{100}\}$，以半径为 1 的圆标记这些样本点，如图 5.31(a)所示。

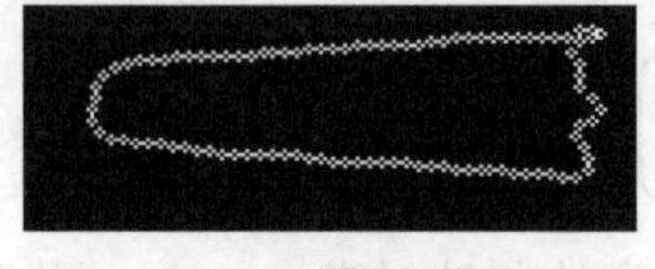

(a) 采样图像

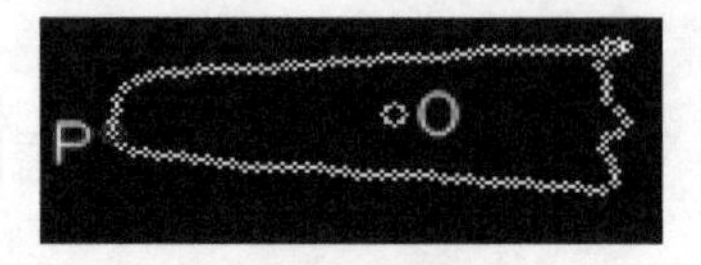

(b) 描述图像

图 5.31　手把轮廓采样图像

对比图 5.30(b)和图 5.31(a)，样本点集 $X=\{p_1, p_2, \cdots, p_{100}\}$ 可近似地表征模板中手把区域轮廓。根据样本点集 X，计算出模板图像中手把轮廓的形心 O 与远日点 P，如图 5.31(b)所示。具体数据如表 5.6 所示。

表 5.6　模板图像中手把轮廓关键点数据

特殊点	坐标	备注
形心 O	(85,25)	
远日点 P	(17,30)	样本点序号为 43

再根据样本点集 X 与轮廓形心 O 计算手把轮廓的改进距离函数，得到特征向量 I。

$$I=(d_1,d_2,\cdots,d_{100}) \tag{5.54}$$

$k=\max\{d_1,d_2,\cdots,d_{100}\}=\overline{OP}^2=4649$，对特征向量 I 归一化，得到归一化的特征向量 J。

$$J=\frac{1}{k}I=\frac{1}{4649}(d_1,d_2,\cdots,d_{100}) \tag{5.55}$$

保存手把轮廓的特征向量 J，为了计算其与 TFDS 测试图像中轮廓特征向量的形状距离，接下来需要提取测试图像中轮廓的特征向量。

选择一幅 TFDS 测试图像，如图 5.32 所示，其中截断塞门手把关闭。对测试图像采用与模板图像类似的图像处理流程，选择与模板图像相同的滤波方法，保留目标的边缘信息。接着，同样使用最大类间方差法对测试图像阈值分割，得到的二值图像如图 5.33 所示。

图 5.32　TFDS 测试图像

图 5.33　测试图像二值化

然后，利用 OpenCV 库中的 cvFindContours 函数对二值化后的测试图像轮廓提取，所得到的测试图像轮廓如图 5.34 所示。所提取的轮廓总数为 229，且图像中轮廓比较杂乱，多为小轮廓或大轮廓，而手把区域的轮廓为中等轮廓。由于改进距离函数对轮廓的描述采用一个 100 维的轮廓特征向量，若直接计算测试图像中 229 个轮廓的特征向量，再分别与手把轮廓的特征矩阵匹配，计算形状距离，匹配效率会较低。

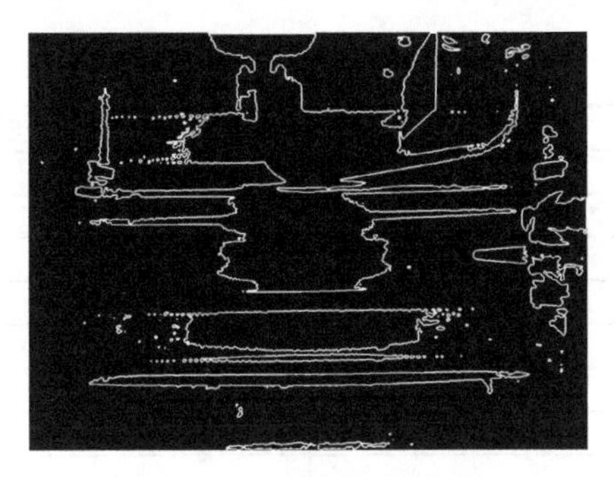

图 5.34　测试图像轮廓

因此，有必要利用轮廓的几何特征对测试图像的轮廓进行过滤简化。实验分析发现：模板图像中手把轮廓的周长为 l_0=353.095。于是，设置轮廓的周长阈值 l_{max}=1000，l_{min}=100，过滤掉图像中轮廓的周长大于最大阈值 l_{max} 或小于最小阈值 l_{min} 的轮廓。

由手把轮廓描述子的提取方法可知，要计算轮廓间形状距离以匹配轮廓，特征向量大小应相同，所以轮廓的采样点数应相同。于是，直接删除图像中轮廓点数不足 100 的轮廓。已知模板图像中手把轮廓的轮廓点数为 298，设置轮廓点数最大阈值 n_{max}=400。若图像中轮廓点数大于最大阈值 n_{max}，则予以删除。

通过设置轮廓周长 $l(100\leqslant l\leqslant 1000)$，轮廓点数 $n(100\leqslant n\leqslant 400)$，简化后图像中仅有 8 条轮廓，如图 5.35 所示。

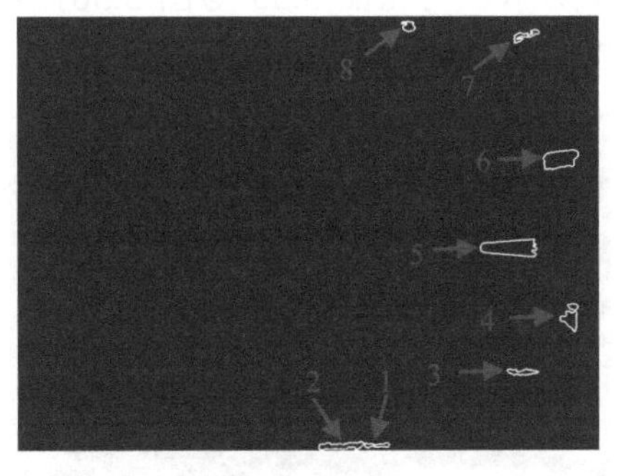

图 5.35　几何阈值简化后轮廓

由于轮廓的周长阈值和轮廓点数阈值设置的区间范围较大，如图 5.35 所示，该设置对测试图像的选择要求不高，不仅简化了图像轮廓，而且不失通用性。

与前面获得手把轮廓的特征向量和远日点序列号的方法类似，分别计算测试图像中各轮廓的特征向量及其远日点序列号，并与前期已保存的手把轮廓的特征向量 J 匹配，求出它们之间的形状距离 d。手把轮廓的特征向量与图 5.35 测试图像中各轮廓逐一匹配，形状距离如表 5.7 所示，其中各轮廓序号如图 5.35 所示。

表 5.7　各轮廓间的形状距离

轮廓序号	形状距离 d
1	1.13234
2	1.21259
3	1.31953
4	2.5765
5	0.544485
6	1.65083
7	1.47458
8	2.8534

通过大量的图像匹配测试发现，形状距离阈值 D 的范围为 0.6～1.1，具有很强的手把故障判别能力。为了避免所选阈值过于敏感，这里选择该范围的中值 D=0.85。

将测试图像经上述预处理后，计算图像中轮廓的特征矩阵，每得到一个轮廓的特征向量和远日点序列号，便于模板图像中手把轮廓相匹配，若计算的形状距离小于距离阈值 D，则说明该轮廓对应手把轮廓，测试图像中截断塞门手把关闭，且不必再匹配其他轮廓。若计算的形状距离大于距离阈值 D，则计算另一轮廓的特征矩阵，继续与手把轮廓匹配。若该测试图像中所有轮廓与手把轮廓计算的形状距离均大于距离阈值 D，则说明轮廓中不包含手把轮廓，测试图像中截断塞门手把开启，状态正常。

结合图 5.35 和表 5.7，测试图像中轮廓 5 与模板图像中手把轮廓匹配的形状距离 $d=0.544485<D$，说明测试图像中轮廓 5 对应手把轮廓，测试图像中截断塞门手把关闭。匹配结果如图 5.36 所示。对比图 5.35 与图 5.36，轮廓 5 确实为测试图像中手把的轮廓，说明匹配结果正确。

图 5.36　手把匹配结果

2) 基于距离函数的远日点匹配算法

为便于实验对比，使用与上述相同的模板图像，采用相同的预处理方法，同样的等间距采样方式对手把轮廓采集 100 个轮廓样本点，得到与表 5.6 相同的手把样本轮廓点集坐标与轮廓形心坐标，根据距离公式(5.41)，计算每个样本轮廓点的距离函数 H_i($1\leqslant i\leqslant 100$)，归一化为一个 100 维的列向量 F_i，然后把所有的 F_i 组成为一个 100×100 的手把轮廓距离函数Γ。最后将该距离函数特征矩阵与 TFDS 测试图像中轮廓的特征矩阵匹配，计算形状距离。

与上面选取相同的测试图像，采用相同的预处理方法与几何特征阈值，得到一样的测试图像简化轮廓(图 5.35)。分别计算各轮廓与手把轮廓的距离函数特征矩阵之间的形状距离，如表 5.8 所示。

表 5.8　各轮廓间的形状距离

轮廓序号	形状距离 d
1	177.725
2	175.661
3	391.843
4	417.233
5	128.049
6	161.181
7	275.978
8	461.339

通过实验归纳，设置该算法的距离阈值 d_0=145，可以实现对列车截断塞门手把关闭故障的识别。

3) 基于改进距离函数的动态匹配算法

以上不论基于距离函数还是基于改进距离函数的算法，轮廓匹配的起始点均选择为远日点，而这一简化计算方法对手把匹配是否合适还有待该方法与动态匹配算法的进一步比较。动态匹配通常采用动态规划算法来实现。

动态规划(Dynamic Programming，DP)算法是 1985 年 Barniv 提出的一种实用而有效的方法，其主要思想就是把一个问题分解成一系列的子问题，然后从最基本的子问题开始，不断地求解出更大的子问题的结果，直到最后计算出原问题。

动态规划算法的思想可以有效地解决序列之间的对齐问题。对于任意一个形状轮廓均可将其看作为一个有序的点序列，那么形状匹配就转化为序列匹配问题，从而利用动态规划求解形状匹配。

假设轮廓 P、Q 进行均匀采样的结果为 $P=\{p_i\}$ ($i=1, 2, 3,\cdots, N$)，$Q=\{q_j\}$ ($j=1, 2, 3,\cdots, N$)，并求出两组采样点$\{p_i\}$和$\{q_j\}$之间的最优对应关系，即

$$\arg\min_{c}\sum_{i=1}^{N} d(p_i, c(p_i)) \tag{5.56}$$

式中，$c(p_i)$表示在轮廓Q上的某个点，该点根据对应关系c的规定，与轮廓P上的点p_i对应；$d(p_i, c(p_i))$表示将两个点对应起来的匹配代价，通常为两个点描述子的特征向量间的距离；对应关系c一般指轮廓点应大致服从它们沿着轮廓的顺序而不允许出现交叉的现象。式(5.56)所定义的优化问题可用动态规划算法求解，具体流程如图 5.37 所示。

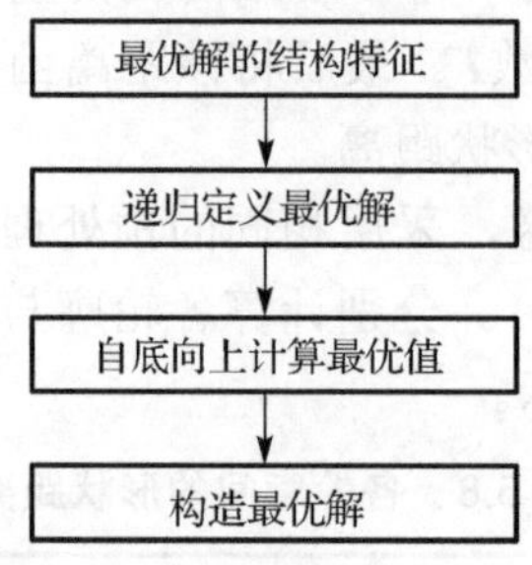

图 5.37　动态规划算法流程

与上述选取同样的手把模板图像与测试图像，采用相同的预处理方法与几何特征阈值，利用动态规划算法找出手把模板与测试图像各轮廓的改进距离函数形状描述子间的最优对应关系，并计算最优对应关系下各轮廓与手把轮廓的改进距离函数特征矩阵之间的形状距离，所得的形状距离如表 5.9 所示。截断塞门手把模板轮廓与测试图像中手把轮廓的对应匹配关系如图 5.38 所示，动态规划算法所获得的模板轮廓与测试轮廓的对应关系正确，而且最终匹配到正确的手把位置。

表 5.9　各轮廓间的形状距离

轮廓序号	形状距离 d
1	1.1152
2	1.04294
3	1.12148
4	2.28096
5	0.454292
6	1.5803
7	1.43909
8	2.8095

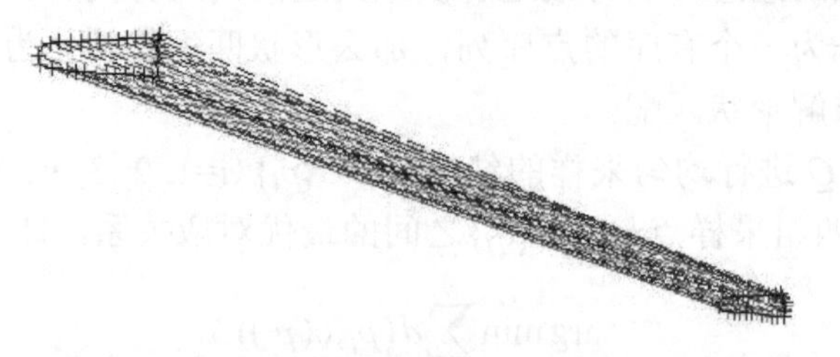

图 5.38　模板轮廓与测试轮廓中特征点对应关系

4) 基于距离函数的动态匹配算法

以上面选取同样的手把模板图像与测试图像，采用相同的预处理方法与几何特征阈值，利用动态规划算法找出手把模板与测试图像各轮廓的距离函数形状描述子间的最优对应关系，并计算最优对应关系下各轮廓与手把轮廓的距离函数特征矩阵之间的形状距离，所得的形状距离如表 5.10 所示，而且最终匹配到正确的手把位置。

表 5.10　各轮廓间的形状距离

轮廓序号	形状距离 d
1	177.725
2	148.963
3	275.739
4	263.275
5	76.5141
6	160.303
7	275.978
8	263.801

5. 四种匹配算法结果的对比分析

四种基于形状描述子的列车截断塞门手把匹配实验均已完成，接下来对这四种手把匹配算法的结果与执行效率分别进行对比分析。其中，各算法的运行时间如表 5.11 所示。

表 5.11　四种算法的运行时间比较

形状描述子	匹配起始点方式	运行时间/s
距离函数	动态匹配	0.187
	远日点	0.093
改进距离函数	动态匹配	0.093
	远日点	0.078

由表 5.11 可以看出：改进距离函数算法比距离函数算法的执行效率明显更高，主要因为距离函数采用一个大小为 100×100 的特征矩阵来描述目标轮廓，而改进距离函数是一个 100 维的向量来表征目标轮廓，故改进距离函数的计算量小于距离函数。另外，无论采用距离函数还是改进距离函数，远日点作为匹配起始点的方式在执行效率上均优于动态规划算法，由于动态规划算法寻找轮廓点的最优对应关系是一个相对耗时的动态搜索过程，所以执行时间较长也是显而易见的。这里通过事先按照相同的方式在模板与测试轮廓上选择远日点以建立两者之间的对应关系，可显著缩短计算时间，表明所提出的远日点匹配方式是有效的。

为了对比这四种算法的匹配性能，按同一形状描述子分类，将测试图像中 8 条轮廓匹配所得到的形状距离分别绘制动态匹配和远日点两种方式下的数据曲线，距离函数算法与改进距离函数算法下各自的对比曲线如图 5.39 和图 5.40 所示。

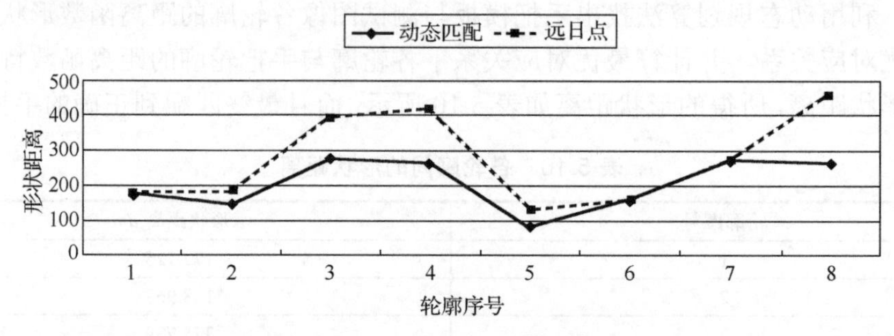

图 5.39 基于距离函数的两种算法比较

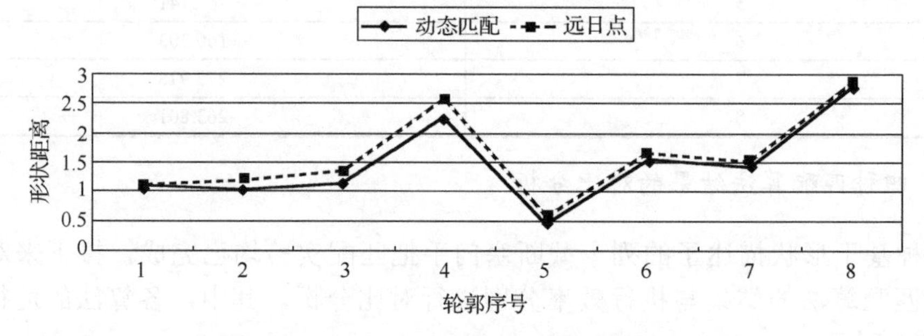

图 5.40 基于改进距离函数的两种算法比较

由图 5.39 可以看出，远日点匹配方式与动态匹配方式在部分轮廓上存在一定偏差，但基本不影响手把匹配的准确性。

由图 5.40 可以看出，远日点匹配方式与动态匹配方式基本吻合，手把匹配准确性基本相同。

对比图 5.39 与图 5.40，基于改进距离函数的匹配算法较基于距离函数的匹配算法具有更好的区分度，手把轮廓对应的形状距离与其他轮廓差异大，故对阈值选择更不敏感，更有利于手把的准确匹配。

综上所述，基于改进距离函数的列车截断塞门手把匹配算法具有更好的匹配准确度，同时远日点匹配方式与动态匹配方式的匹配准确度基本相当，但是远日点匹配方式算法效率更高，因此，基于改进距离函数的远日点匹配算法最优。

第 6 章　图像分析与分类

图像分析与分类的主要功能是依据从图像中所提取的不同特征，将图像中不同的目标或像素区域划归为若干类别中的某一类，以代替人的视觉判读。所涉及的分类方法包括依据某些图像特征的直接分类以及基于机器学习算法的高级分类。本章首先给出一些适用于直接分类的图像特征，然后介绍了 SVM 与 BP 神经网络分类方法，并结合坯布视觉检测中的疵点分类进行实例分析。

6.1　图像特征分类

至今为止，特征没有万能和精确的定义。特征的精确定义往往由问题或者应用类型决定。特征是一个数字图像中“有趣”的部分，它是许多计算机图像分析算法的起点。因此，一个算法是否成功往往由其使用与定义的特征所决定。同时，特征提取最重要的一个特性是“可重复性”，即同一场景的不同图像所提取的特征应该是相同的。

特征提取是图像处理中的一个初级运算，也就是说它是对一个图像进行的第一个运算处理，通过检查每个像素来确定该像素是否代表一个特征。当它只是一个更大的算法的一部分时，这个算法通常只检查图像的特征区域。有时，如果特征提取需要耗费大量的计算时间，而可以使用的时间又有限制，那么需要一个高层次算法来控制特征提取阶层，这样仅图像的部分被用来寻找特征。由于许多计算机图像算法使用特征提取作为其初级计算步骤，所以大量的特征提取算法被提出并拓展，其提取的特征各种各样，它们相应的计算复杂性和可重复性也大不相同。从图像中被提取出来的特征结果被称为特征描述或者特征向量。

常用的图像特征有颜色特征、纹理特征、形状特征、空间关系特征等，下面分别予以介绍。

6.1.1　颜色特征

颜色是一种重要的视觉属性，是人眼对光的视觉效应。人眼大约可以区分 1000 万种颜色，因为不同的人眼构造不同，其能够识别的颜色也有少许不同，所以对颜色的区分受到了人的主观意识限制。除此之外，人眼对颜色的感觉不仅仅由光的物理性质所决定，还往往受到周围颜色的影响。有时颜色也直接被称为物质产生不同颜色的物理特性[144]。

颜色特征是基于内容的图像检索(Content Based Image Retrieval，CBIR)系统中最早使用过也是最常用的视觉特征之一。颜色特征定义明确，提取相对比较容易，相比于其他视觉特征，颜色特征具有旋转不变性、平移不变性等优点，并且对角度的变换不敏感。颜色特征包括全局颜色特征和空间颜色特征[145]。

1. 全局颜色特征

1) 颜色直方图

颜色直方图是最简单也是最常用的颜色特征，它反映了图像中各种颜色出现的频率，但是它无法反映颜色分布的空间信息，也无法体现像素与像素之间的空间位置关系。颜色直方图描述的是图像中具有相同颜色的像素数目，归一化的颜色直方图可以表示具有相同颜色的像素个数与所有像素的比例。可以表示为

$$H(k)=\frac{n_k}{N},\ k=0,1,2,\cdots,L-1 \tag{6.1}$$

式中，k 表示图像的颜色取值；L 是颜色可取值的个数；n_k 是图像中颜色值为 k 的像素的个数；N 是像素的总数。其核心思想是统计颜色空间量化后的每一个量化通道在整幅图像中所占的比例。常用的颜色空间有 RGB、HIS、HSV、Lab 空间等，其中 RGB 空间最为常用，但其空间结构与人眼对颜色的主观判断不符合，而 HSV 空间中的色调(hue)、饱和度(saturation)、明度(value)与人眼对颜色的主观认识相对比较符合。

2) 累积颜色直方图

累积颜色直方图是颜色直方图的累积形式，以颜色值作为横坐标，以颜色累积出现的频数为纵坐标。因此，累积颜色直方图的定义为

$$H(k)=\frac{\sum_{i=0}^{k} n_i}{N},\quad k=0,1,2,\cdots,L-1 \tag{6.2}$$

式中，k 是图像的特征取值；L 是特征可取值的个数；n_i 是图像中特征值为 k 的像素的个数；N 是像素的总数。在累积颜色直方图中，相邻颜色在频数上是相关的。虽然累积颜色直方图的存储量和计算量有很小的增加，但是累积颜色直方图消除了直方图中常见的零值问题，经过累积处理，可以保持两种颜色在特征轴上的距离与它们之间匹配的相似程度成正比关系。

3) 颜色矩

颜色矩方法是由 Stricker 和 Orengo 提出的，它使用矩来表示图像中任意颜色的分布，最常用的颜色矩包括一阶矩(平均值)、二阶矩(方差)和三阶矩(偏斜度)，通过计算这些颜色矩的结果，能够较好地表达图像的颜色分布。一阶矩、二阶矩和三

阶矩可以分别表示为

$$\mu_i = \frac{1}{N}\sum_{j=1}^{N} p_{ij} \tag{6.3}$$

$$\sigma_i = \left[\frac{1}{N}\sum_{j=1}^{N}(p_{ij} - \mu_i)^2\right]^{1/2} \tag{6.4}$$

$$s_i = \left[\frac{1}{N}\sum_{j=1}^{N}(p_{ij} - \mu_i)^3\right]^{1/3} \tag{6.5}$$

式中，p_{ij}是图像中第 j 个像素的第 i 个颜色分量。与其他颜色特征相比，由于这种方法减小了数据量，所以往往会导致图像表达的失真。

4) 颜色熵

颜色熵是颜色直方图统计与信息熵的结合，可表示为

$$H(E) = -\sum_{i=1}^{N} P_i \log_2 P_i \tag{6.6}$$

式中，N 为图像的颜色值数目；P_i 表示第 i 种颜色值像素在整幅图像中所占的百分比，即出现的频率。

2. 空间颜色特征

1) 颜色相关图

颜色相关图是指图像中相距一定距离的颜色点对出现的概率分布，反映了局部像素和总体像素分布以及不同颜色对之间的空间相关性。不过颜色相关图非常庞大而且复杂度很高。

2) 颜色聚合矢量

颜色聚合矢量是图像直方图的一种演变，在直方图算法的基础上引入了空间信息，以统计图像中各颜色最大区域的像素数量。其核心思想是当图像颜色相似的像素所占据的连续区域的面积大于一定的阈值时，该区域中的像素为聚合像素，否则为非聚合像素，这样统计图像所包含的每种颜色的聚合像素和非聚合像素的比例称为该图像的颜色聚合矢量。

6.1.2 纹理特征

纹理的概念最初起源于人类对物体表面的触感。在此基础上，将触感与人类视觉关联起来，从而成为一个重要的视觉信息——纹理[146]。

纹理分析技术一直是计算机视觉、图像处理、图像分析、图像检索等的活跃研究领域。纹理分析作为诸如上述应用的基础性研究领域之一，其研究内容主要包括：纹理分割和分类、纹理合成、纹理检索和由纹理恢复形状等。而这些研究内容中一个最基本的问题就是纹理特征提取。

作为纹理研究的主要内容之一，纹理分类与分割问题一直是人们关注的焦点，涉及模式识别、应用数学、统计学、神经生理学、神经网络等多个研究领域。纹理特征提取是成功进行图像纹理描述、分割与分类的关键环节，而且所提取的纹理特征将直接影响后续处理的质量。在具体纹理特征提取过程中，人们总是先寻找更多的能够反映纹理特征的度量，然后通过各种分析或变换从中提取有效的特征用于纹理描述和分类。纹理特征提取的目标是：提取的纹理特征维数不大、鉴别能力强、稳健性好，提取过程计算量小，能够指导实际应用。鉴于纹理特征提取的重要性，至少半个世纪以前，人们就开始探索图像纹理特征提取方法，多年来纹理特征提取依然并且无疑将继续在纹理分割与分类中发挥非常重要的作用[147]。

1. 纹理的定义

纹理是图像的内在特征，表征物体表面的组织结构及上下文内容的联系等许多重要信息。应用纹理可对图像中基于空间的信息进行一定程度的描述。

普遍认为，纹理反映的是图像像素间的灰度重复或者变化，以及颜色在空间上的重复或者变化。组成纹理的基本元素被称为纹元或纹理基元。纹理基元被定义为一个具有一定不变特性的引起视觉感知的基本单元，这些视觉单元在给定某区域内的不同方位上，或者在不同的方向以不同的形变重复出现，表现为图像在灰度或者色彩模式上的特点。视觉单元通常包含多个像素，在物体表面可以呈现周期性、准周期性或随机性三种情况。

通常，纹理包含两个基本要素：纹理基元以及纹理基元的排列规则。其中，纹理基元的排列规则可能表现为随机性，也可能表现出某种规律性。纹理基元和排列规则的不同组合，就构成了各式各样的纹理结构。

2. 纹理特征提取方法分类

近年来，众多研究者提出了许多不同的纹理特征提取方法，这些方法主要可以概括为以下几类。

(1)基于统计的纹理特征提取：基于统计的纹理特征提取方法基于像素及其邻域的灰度属性，研究纹理区域中的统计特性，或像素及其邻域内的灰度的一阶、二阶或高阶统计特性。其主要包括 Tamura 方法、灰度共生矩阵、灰度行程统计、灰度差分统计、交叉对角矩阵、灰度梯度矩阵、局部灰度统计、自相关函数、半方差图和纹理谱统计等。

(2)基于模型的纹理特征提取：基于模型的纹理特征提取方法首先假设图像中的纹理分布满足一种特定的分布，即图像中的纹理信息分布符合参数控制的某种特定模型。在建立该模型之后，通过统计大量的纹理图像，并计算该模型内的参数，最后将该模型作为纹理特征提取的结果。其主要包括同步自回归模型、自回归滑动平滑、滑动平滑模型、Markov 随机场模型、Gibbs 随机场模型、广义长相关模型、分形模型、复杂网络模型和马赛克模型等。

(3)基于结构的纹理特征提取：基于结构的纹理特征提取方法通过计算图像中心像素与邻域像素之间的灰度大小关系，对每个像素计算其对应的纹理特征值，得到纹理基元，最后从这些纹理基元中寻找纹理基元符合的排列规则或分布关系。其主要包括局部二进制模式(Local Binary Pattern，LBP)、局部三进制模式(Local Ternary Pattern，LTP)、局部空间二进制模式(Local Spatial Binary Pattern，LSBP)、句法纹理分析、数学形态学法、Laws 纹理测量、特征滤波器、正交镜像滤波和优化 FIR 滤波器等。

(4)基于信号处理的纹理特征提取：基于信号处理的纹理特征提取方法建立在时频分析与多尺度分析基础之上，对纹理图像中某个区域内实行某种变换后，再提取保持相对平稳的特征值，以此特征值作为特征表示区域内的一致性以及区域间的相异性。其主要包括 Gabor 变换、二进制小波、多进制小波、塔型小波分解、树型小波分解、脊波变换、曲波变换、Radon 变换、环形和楔形滤波、离散余弦变换、局部傅里叶变换、局部沃尔什变换和哈达马变换等。

其中，应用较广的包括灰度共生矩阵、Tamura 方法、Gabor 变换、小波变换、傅里叶变换、局部二进制模式、自回归模型和马尔可夫模型等。

另外，基于信号处理的纹理特征提取方法从变换域提取纹理特征，其他三类方法直接从图像域提取纹理特征。各种类型的方法既有区别，又有联系。正如许多分类方法一样，只能认为某一种方法更大程度地属于某种类型，较小程度地属于其他类型。

下面重点介绍常用的灰度共生矩阵。灰度共生矩阵(Gray-level Co-occurrence Matrix，GLCM)是统计家族中最好的纹理特征提取方法。1973 年由 Haralick 等提出，描述了在角度 θ 方向上相距 d 的两个像素的灰度频率的相关矩阵，并定义了角二阶矩、对比度、相关性、逆差矩、均值和、熵等 14 个用于纹理分析的 GLCM 特征参数。目前，GLCM 在图像检索、医学图像分析、人脸特征识别、SAR 图像分类、织物疵点检测等领域有着广泛的研究与应用。

有关 GLCM 的原理在 3.3.3 节中已介绍过，在这里不再赘述。下面主要介绍基于 GLCM 所提取的 14 个纹理特征，如表 6.1 所示。

表 6.1　GLCM 的 14 个纹理特征

名称	定义	特点
角二阶矩(能量)	$\mathrm{ASM}=\sum_{i=1}^{L}\sum_{j=1}^{L}p(i,j)^2$	反映纹理灰度变化、分布的均匀性程度。值越大，纹理越均匀
熵	$\mathrm{Ent}=-\sum_{i=1}^{L}\sum_{j=1}^{L}p(i,j)\log_2(p(i,j))$	反映纹理复杂度。熵值越大，纹理越复杂；熵值越小，纹理越简单
和熵	$\mathrm{SE}=-\sum_{k=2}^{2L}p_{x+y}(k)\log_2(p_{x+y}(k))$ $p_{x+y}(k)=\sum_{i=1}^{L}\sum_{\substack{j=1\\ i+j=k}}^{L}p(i,j),\ \ k=2,3,\cdots,2L$	
差熵	$\mathrm{DE}=-\sum_{k=0}^{L-1}p_{x-y}(k)\log_2(p_{x-y}(k))$ $p_{x-y}(k)=\sum_{i=1}^{L}\sum_{\substack{j=1\\ \lvert i-j\rvert=k}}^{L}p(i,j),\ \ k=0,1,\cdots,L-1$	
对比度(惯性矩)	$\mathrm{Con}=\sum_{i=1}^{L}\sum_{j=1}^{L}(i-j)^2p(i,j)$	体现图像清晰、纹理强弱。值越大，纹理沟纹越深，视觉效果清晰；值越小，纹理沟纹越浅，视觉效果模糊
逆差矩(局部平稳性、同质性)	$\mathrm{IDM}=\sum_{i=1}^{L}\sum_{j=1}^{L}p(i,j)\big/(1+(i-j)^2)$	图像局部灰度均衡性的度量。值越大，图像局部灰度变化小；值越小，图像局部灰度变化大
相关性	$\mathrm{Cor}=\left(\sum_{i=1}^{L}\sum_{j=1}^{L}i\times j\times p(i,j)-\mu_x\mu_y\right)/\sigma_x\sigma_y$ $\mu_x=\sum_{i=1}^{L}\sum_{j=1}^{L}i\times p(i,j)$ $\mu_y=\sum_{i=1}^{L}\sum_{j=1}^{L}j\times p(i,j)$ $\sigma_x^2=\sum_{i=1}^{L}\sum_{j=1}^{L}(i-\mu_x)^2p(i,j)$ $\sigma_y^2=\sum_{i=1}^{L}\sum_{j=1}^{L}(j-\mu_y)^2p(i,j)$	衡量 GLCM 在行或列方向的相似度。某个方向相关性大，纹理指向该方向；某个方向相关性小，纹理不指向该方向
和的均值	$\mathrm{SA}=\sum_{k=2}^{2L}k\times p_{x+y}(k)$	反映图像整体色调明暗深浅。值越大，图像整体越亮；反之，图像整体越暗
和的方差	$\mathrm{SV}=\sum_{k=2}^{2L}(k-\mathrm{SA})^2\times p_{x+y}(k)$	反映纹理变化快慢、周期性大小。值越大，纹理周期大；值越小，纹理周期小
方差	$\mathrm{SOS}=\sum_{i=1}^{L}\sum_{j=1}^{L}(i-\mu)^2p(i,j)$ $\mu=\sum_{i=1}^{L}\sum_{j=1}^{L}i\times p(i,j)$	
差分方差(差的方差)	$\mathrm{DV}=-\sum_{k=0}^{L-1}\left\{\left[k-\sum_{i=0}^{L-1}i\times p_{x-y}(i)\right]^2\times p_{x-y}(k)\right\}$	反映邻近像素对灰度值差异。值越大，对比度越强；反之，对比不明显

续表

名称	定义	特点
相关信息度量	$f_{12}=(\mathrm{HXY}-\mathrm{HXY1})/\max(\mathrm{HX},\mathrm{HY})$ $f_{13}=(1-\mathrm{e}^{-2.0(\mathrm{HXY2}-\mathrm{HXY})})^{1/2}$ $\mathrm{HX}=-\sum_{i=1}^{L}p_x(i)\log_2(p_x(i))$ $\mathrm{HY}=-\sum_{j=1}^{L}p_y(j)\log_2(p_y(j))$ $\mathrm{HXY}=-\sum_{i=1}^{L}\sum_{j=1}^{L}p(i,j)\log_2(p(i,j))$ $\mathrm{HXY1}=-\sum_{i=1}^{L}\sum_{j=1}^{L}p(i,j)\log_2(p_x(i)p_y(j))$ $\mathrm{HXY2}=-\sum_{i=1}^{L}\sum_{j=1}^{L}p_x(i)p_y(j)\log_2(p_x(i)p_y(j))$	
最大相关系数	f_{14}=(Second largest eigenvalue of Q) $^{1/2}$ $Q(i,j)=\sum_{k}\frac{p(i,k)p(j,k)}{p_x(i)p_y(j)}$ $p_x(i)=\sum_{j=1}^{L}p(i,j)$ $p_y(j)=\sum_{i=1}^{L}p(i,j)$	

根据纹理特征意义分析可知，以下纹理特征之间存在冗余：①能量、和的方差、方差；②熵、和熵、差熵；③对比度、逆差距、差分方差[148]。

6.1.3　形状特征

形状特征包括面积、周长、重心、外接矩形、外接圆、椭圆拟合、内接矩形、内接圆、凸度、圆度、多边形拟合、连通域、孔洞、方向度、紧密度、矩形度等。

(1) 圆度(circularity)：图像区域与圆的相似度，圆度 Cir 的计算公式为

$$\mathrm{Cir}=\frac{F}{\max^2\times\pi} \tag{6.7}$$

式中，F 为区域面积；max 为区域中心到区域轮廓像素的最大距离。一个圆的圆度为 1，如果一个区域长宽不一或有孔洞，则圆度小于 1。

(2) 紧密度(compactness)：图像区域的紧密度。紧密度 Com 的计算公式为

$$\mathrm{Com}=\frac{L^2}{4F\pi} \tag{6.8}$$

式中，L 为区域轮廓的周长；F 为区域面积。一个圆的紧密度为 1，如果一个区域长宽不一或有孔洞，则紧密度大于 1。

(3)凸度(convexity)：图像区域凹凸的程度。凸度 Con 的计算公式为

$$\mathrm{Con}=\frac{F_0}{F_c} \tag{6.9}$$

式中，F_c为区域凸包的面积；F_0为区域原始面积。如果一个区域为凸面体，如圆和矩形，则凸度为 1，如果区域有缺口或孔洞，则凸度小于 1。

(4)矩形度(rectangularity)：体现物体对其外接矩形的充满程度，反映一个物体矩形度的一个参数是矩形拟合因子。

$$R=\frac{S_0}{S_{\mathrm{MER}}} \tag{6.10}$$

式中，S_0是该物体的面积；S_{MER}是其最小外接矩形的曲积。R 反映了一个物体对其的充满程度。对于矩形物体，R 取得最大值 1，对于圆形物体，R 取值为 π/4，对于纤细、弯曲的物体，R 取值变小。矩形拟合因子的值为 0～1。

(5)拟合椭圆(fitting ellipse)：与区域有同样方向和长宽比的椭圆。椭圆的长半轴 R_a，短半轴 R_b，方向 Phi(长轴与 x 轴的角度)的计算公式为

$$R_a=\frac{\sqrt{8(M_{20}+M_{02}+\sqrt{(M_{20}-M_{02})^2+4M_{11}^2})}}{2} \tag{6.11}$$

$$R_b=\frac{\sqrt{8(M_{20}+M_{02}-\sqrt{(M_{20}-M_{02})^2+4M_{11}^2})}}{2} \tag{6.12}$$

$$\mathrm{Phi}=-0.5a\tan 2(2M_{11},M_{02}-M_{20}) \tag{6.13}$$

式中，M_{20}、M_{02}、M_{11} 为区域的归一化二阶中心矩。

(6)几何矩：设图像的二维连续函数为 $f(x, y)$，则它的$(p+q)$阶原点矩定义为

$$m_{pq}=\iint_{x\,y} f(x,y)x^p y^q \mathrm{d}x\mathrm{d}y \tag{6.14}$$

式中，p 和 q 可取所有的非负整数值。

相应地，对于大小为 $M\times N$ 的数字图像 $f(i, j)$，它的$(p+q)$阶原点矩定义为

$$m_{pq}=\sum_{i=1}^{n}\sum_{j=1}^{m} i^p j^q f(i,j) \tag{6.15}$$

0 阶矩 m_{00} 是图像灰度 $f(i, j)$ 的总和。二值图像的 m_{00} 则表示目标物体的面积。如果用 m_{00} 来规格化 1 阶矩 m_{10} 及 m_{01}，则得到该区域的重心坐标 $(\bar{i},\bar{j})$。

$$\bar{i}=\frac{m_{10}}{m_{00}}=\sum_{i=1}^{n}\sum_{j=1}^{m} i f(i,j)\Bigg/\sum_{i=1}^{n}\sum_{j=1}^{m} f(i,j) \tag{6.16}$$

$$\bar{j}=\frac{m_{01}}{m_{00}}=\sum_{i=1}^{n}\sum_{j=1}^{m}jf(i,j)\Big/\sum_{i=1}^{n}\sum_{j=1}^{m}f(i,j) \tag{6.17}$$

而所谓的中心矩则是以重心作为原点而定义的，即

$$\mu_{pq}=\sum_{i=1}^{n}\sum_{j=1}^{m}(i-\bar{i})^{p}(j-\bar{j})^{q}f(i,j) \tag{6.18}$$

由此可知，中心矩 μ_{pq} 是反映区域中灰度相对于灰度中心是如何分布的一个度量，具有位置无关性。利用中心矩可以提取区域的一些基本形状特征。

6.1.4　空间关系特征

所谓空间关系，是指图像中分割出来的多个目标之间的相互空间位置或相对方向关系。通常空间位置信息可以分为两类：相对空间位置信息与绝对空间位置信息。前者强调的是目标之间的相对情况，如上下、左右关系等；后者强调的是目标之间的距离大小以及方位。显然，由绝对空间位置可推出相对空间位置，但表达相对空间位置信息相对较简单。

空间关系具有尺度、层次、拓扑等几个特征。现有的空间关系表示模型主要针对二维平面的简单对象以及确定的现象进行建模，因而大多数空间关系模型只描述和推理二维平面对象和确定现象的空间关系，而三维空间关系、不确定空间关系、复杂目标间的多层次空间关系推理将是未来空间关系研究和发展的重要方向[149]。

1. 空间关系的尺度特征

空间关系研究的主体是空间对象之间的各种关系，而空间对象均具有尺度特征，因此空间关系也具有尺度特征。同一个对象在不同的尺度下，具有不同的表现形式。空间对象的尺度特征还可能影响空间关系的表达方式、参数选择、类型以及数量。

尺度特征通常用图像空间对象之间的距离来度量。将图像的特征看作坐标空间中的点，两个点的接近程度通常用它们之间的距离表示，即它们之间的相似程度。关于距离度量函数的定义通常要满足距离公理的自相似性、最小性、对称性、三角不等性等条件。对于几何相似距离的数学表达形式通常采用欧氏距离、切比雪夫距离、曼哈顿距离、闵可夫斯基距离等距离表示方法[150]，其具体数学定义详见 5.3.4 节。

2. 空间关系的层次特征

空间关系的层次特征表现在两个方面：一个是由空间关系语义引起的层次性；另一个是由空间对象的层次结构引起的层次性。空间关系的语义层次主要体现在语义分辨率上。例如，8 方向关系中的“北”、“西北”和“东北”等概念在 4 方向关系中合并成为“北”一个概念。也就是说，4 方向基中的“北”比 8 方向基中的“东

北”的语义层次高。空间对象的层次结构可以用一个树结构来表示，树的根代表了最高的层次，是一个最高级的空间对象；树的叶子是最低的层次，代表原子对象。除原子对象外，根和中间节点的对象可以看作由其子节点的对象组成的复合对象。空间对象的层次性可以是自然形成的，也可以是经过分类和聚类而形成的。层次空间关系包括：原子对象与原子对象之间的空间关系、原子对象与复合对象之间的空间关系，以及复合对象与复合对象之间的空间关系。前一种空间关系是没有层次性的，而后两种空间关系是具有层次性的。

空间关系中的层次特征通常采用 2D-String、四叉树、K-d 树和 R 树等方法描述，下面简单地予以介绍。

1）2D-String

2D-String 是 Chang 在 1987 年所提出的表达符号图中对象之间关系的方法。该方法对图像空间关系的表达具有很重要的意义。在 2D-String 方法中，每幅图像都被认为是由图像对象元素组成的。于是，可将整幅图像分成轴向的区域，即最小外接矩形(Minimum Bounding Rectangles，MBR)。其中，每个 MBR 至少包含一个图像对象，且矩形的质心表示图像元素。假设对象间无重叠关系发生，将每个图像对象投影映射到直角坐标系。投影之后，图像对象的二维空间关系就可以用一维空间关系表达。2D-String 是一种能以 MBR 表示和保存图像对象空间关系的方法，并能对图像对象进行空间判断。而图像对象则可以采用图像分割的方式找出来。任意两个图像对象的二维空间关系可以定义为 9 类：北、西北、西、西南、南、东南、东、东北、中。

2D-String 的基本思想是将图像对象投影到横轴和纵轴上，轴向的图标投影用于决定对象间的空间关系。2D-String 采用 3 个算子来描述对象间空间关系。对于两个图标化的对象 S_i 和 S_j，3 个描述算子如下。

(1) $S_i<S_j$，S_i 处于 S_j 的左边(横轴)，或 S_i 处于 S_j 的下面(纵轴)。

(2) $S_i=S_j$，S_i 和 S_j 的投影位置正好重叠。

(3) $S_i:S_j$，S_i 和 S_j 处于同一个 MBR(一个格子表示一个 MBR)。

2）四叉树

四叉树又称为四元树或四分树，绝大部分图形操作和运算都可以直接在四叉树结构上实现。四叉树是一种利用金字塔式的数据结构对空间占有数组的编码，通过反复地四分图像所得到。分割的原则是：将图像区域划分为四个大小相同的象限，而每个象限又可根据一定规则判断是否继续等分为次一层的四个象限，其终极判据是，不管是哪一层上的象限，只要划分到仅代表一种对象或者符合既定要求的少数几种对象时，则不再继续划分，否则一直划分到单个像素。从四叉树中可确定被索引类中每个对象实例被索引的属性值属于哪个最小范围块，将其对象标识符加到该最小范围块所在的链表中。

3) K-d 树

K-d 树是一种特殊的二叉树，它有 K 个特征，在每个节点，通过对 K 个特征之一的值进行判断来决定如何访问其子树。在其左边子树的节点都有比判断值小的特征值，而在其右边子树的节点都有比判断值大的特征值。在构建 K-d 树的逐步划分过程中，划分方向是交替变化的。由于并非每次必须将整个图像矩阵分成两个大小相等的子图，所以比较灵活，更适应图中目标的形状。

4) R 树

R 树最早由 Guttmann 于 1984 年提出，其基本思想是将空间对象用其最小外接矩形(MBR)近似表示，其非叶子节点的索引结构为(addr，MBR)，addr 表示该子节点的地址，MBR 表示包围子节点中所有项的最小外接矩形，其叶节点的索引结构为(oid，MBR)，oid 表示待存储空间对象的唯一标识，MBR 为空间对象的最小外接矩形，通常用左上角右下角坐标(X_{min}，Y_{min}，X_{max}，Y_{max})来表示。R 树的所有叶节点都在同一层，且所有非树根节点有 m 到 M 个子。其中，M 为一个节点所能容纳的最大项数，m 为节点所容许的最小项数。一般取 $2 \leqslant m \leqslant (M/2)$，非叶树根至少含有两个子。

3. 空间关系的拓扑特征

空间关系的拓扑特征包括拓扑关系、投影间隔关系和角度关系。拓扑关系是指在拓扑变换(旋转、平移、缩放等)下保持不变的空间关系，即拓扑变量，如对象之间的分离、包含、包含于、覆盖、覆盖于、等价、相交和相接关系。投影间隔关系是指对象的相对位置关系变化时，对象在 X、Y 轴上的投影关系也发生相应变化。角度关系指图像中两对象的最小外接矩形质心连线与 X 轴正向的夹角大小。

6.2　SVM 分类

支持向量机(Support Vector Machine，SVM)由 Vapnik 等于 20 世纪 90 年代提出，以统计学习理论为基础，是目前研究最热门的一种机器学习方法，并且是统计学习理论中最为著名，同时也是最为实用的成果[151]。与传统算法所采用的经验风险最小化准则不同，SVM 建立在 VC 维理论和结构风险最小化原理的基础上，根据有限的样本信息在模型的复杂性与学习能力之间寻求最佳折中，以期获得最佳的推广能力。

6.2.1　基于 SVM 的视觉检测分类算法

SVM 的基本思想是将那些在低维空间无法分类的样本通过一个非线性变换映射到高维的特征空间，这样在高维空间中样本变为线性可分，此时构造出一个超平面作为分类超平面，并且使得所分样本之间的间隔达到最大[152]。

SVM 是由线性可分情况下的最优分类超平面发展而来的，基本思想可用图 6.1 所示的二维情况进行说明。图中正方形和三角形分别代表两类样本，H 为分类超平面，H_1、H_2 分别为各类中离超平面最近的样本且平行于超平面的直线，它们之间的距离叫做分类间隔(margin)。所谓最优分类超平面就是要求超平面不但能将两类正确分开(训练错误率为 0)，而且使分类间隔最大[153]。

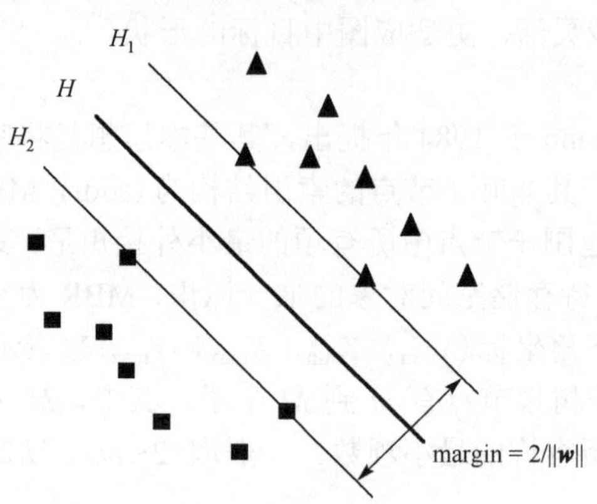

图 6.1　最优分类超平面

样本线性可分时，分类超平面的方程为

$$\boldsymbol{w}\cdot\boldsymbol{x}+b=0 \tag{6.19}$$

对其进行归一化，使得对线性可分的样本集$(\boldsymbol{x}_i, y_i)$，$i=1, 2,\cdots, n$，$\boldsymbol{x}\in\mathbf{R}^d$，$y\in\{-1, +1\}$，满足

$$y_i[(\boldsymbol{w}\cdot\boldsymbol{x}_i)+b]\geqslant 1,\quad i=1, 2,\cdots, n \tag{6.20}$$

此时，分类间隔等于 $2/\|\boldsymbol{w}\|$，使间隔最大等价于使$\|\boldsymbol{w}\|^2$ 最小。满足条件(6.19)且使$\|\boldsymbol{w}\|^2/2$ 最小的平面就叫做最优分类平面，H_1、H_2 上的训练样本点就称为支持向量。

利用 Lagrange 优化方法可以把上述最优分类超平面问题转化为其对偶问题，即在约束条件：

$$\sum_{i=1}^{n}\alpha_i y_i=0 \tag{6.21}$$

和

$$\alpha_i\geqslant 0,\quad i=1, 2,\cdots, n \tag{6.22}$$

下，对 α_i 求解下列函数的最大值：

$$Q(\alpha)=\sum_{i=1}^{n}\alpha_i-\frac{1}{2}\sum_{i,j=1}^{n}\alpha_i\alpha_j y_i y_j(\boldsymbol{x}_i\cdot\boldsymbol{x}_j) \tag{6.23}$$

式中，α_i 为与每个样本对应的 Lagrange 乘子。这是一个不等式约束下的二次函数寻优问题，存在唯一解。容易证明，解中将只有一部分(通常是少部分)α_i 不为零，其对应的样本就是支持向量。解上述问题后得到的最优分类函数为

$$f(x)=\operatorname{sgn}\{(\boldsymbol{w}\cdot\boldsymbol{x})+b\}=\operatorname{sgn}\left\{\sum\nolimits_{\text{支持向量}}\alpha_i^* y_i(\boldsymbol{x}_i\cdot\boldsymbol{x})+b^*\right\} \tag{6.24}$$

式中的求和实际上只对支持向量进行。其中，$\boldsymbol{x}_i$ 是支持向量，α_i^* 是与其对应的 Lagrange 乘子，b^*是分类阈值，可以用任一个支持向量求得，或通过两类中任一对支持向量取中值求得。

对于线性不可分问题，可以通过引入正的松弛因子 ξ_i 来允许错分样本的存在。这时，约束变为

$$y_i[(\boldsymbol{w}\cdot\boldsymbol{x}_i)+b]\geqslant 1-\xi_i,\ \ i=1,2,\cdots,n \tag{6.25}$$

而目标变为求

$$\frac{1}{2}\|\boldsymbol{w}\|^2+C\sum_{i=1}^{n}\xi_i \tag{6.26}$$

最小，即折中考虑最少错分样本和最大分类间隔。这样，其对偶问题就变为在约束条件

$$\sum_{i=1}^{n}\alpha_i y_i=0 \tag{6.27}$$

和

$$0\leqslant\alpha_i\leqslant C,\ \ i=1,2,\cdots,n \tag{6.28}$$

下求式(6.23)的最大值。其中，$C>0$ 是一个常数，它控制对错分样本惩罚的程度。

同时，对于线性不可分的情况，首先通过非线性变换将输入空间变换到一个高维空间，然后在这个新空间中求取最优线性分类面，而这种非线性变换是通过定义适当的核函数(内积函数)实现的，令 $K(\boldsymbol{x}_i,\boldsymbol{x}_j)$ 代替最优分类平面中的点积$(\boldsymbol{x}_i,\boldsymbol{x}_j)$，就相当于把原特征空间变换到某一新的特征空间，此时最优分类超平面的求解可转化为以下的约束优化问题：

$$Q(\alpha)=\sum_{i=1}^{n}\alpha_i-\frac{1}{2}\sum_{i,j=1}^{n}\alpha_i\alpha_j y_i y_j K(\boldsymbol{x}_i,\boldsymbol{x}_j) \tag{6.29}$$

而相应的分类函数也变为

$$f(x)=\operatorname{sgn}\left(\sum\nolimits_{\text{支持向量}}\alpha_i^* y_i K(\boldsymbol{x}_i,\boldsymbol{x})+b^*\right) \tag{6.30}$$

这就是支持向量机。在 SVM 中，不同的内积核函数将形成不同的算法，目前研究最多的核函数主要有三类。

(1) 多项式核函数：

$$K(\boldsymbol{x},\boldsymbol{x}_i)=[(\boldsymbol{x}\cdot\boldsymbol{x}_i)+1]^q \tag{6.31}$$

(2) 径向基函数(RBF)：

$$K(\boldsymbol{x},\boldsymbol{x}_i)=\exp\left\{-\frac{\left|\boldsymbol{x}-\boldsymbol{x}_i\right|^2}{\delta^2}\right\} \tag{6.32}$$

(3) Sigmoid 函数：

$$K(\boldsymbol{x},\boldsymbol{x}_i)=\tanh[v(\boldsymbol{x}\cdot\boldsymbol{x}_i)+c] \tag{6.33}$$

6.2.2　坯布视觉检测中基于 SVM 的疵点分类

坯布在生产过程中会产生许多种类的疵点。本节主要对正常和破洞缺陷进行两类分类识别。

灰度共生矩阵是一种描述纹理的好方法。在 6.1 节中已对其进行详细的描述，选取角二阶矩、对比度、逆差矩和相关性这 4 种互不相关的灰度共生矩阵纹理特征作为分类器的分类特征。在计算这 4 种特征时，取 4 个方向的灰度共生矩阵的特征值的均值为最终的特征值。训练样本为 5 幅正常图像和 5 幅破洞缺陷图像。其特征统计如表 6.2 所示。

表 6.2　样本特征提取结果

样本类型	样本序号	角二阶矩	对比度	逆差矩	相关性
正常	1	12636.3	270	146.45	−0.003786
	2	15407	328	159.5	−0.003386
	3	127590	1530.5	550.979	−0.000987
	4	42415	675.5	288.35	−0.001861
	5	314406	8664	1022.27	−0.000401
破洞	6	18228.8	375.5	222.9	−0.002652
	7	94310.3	1071.5	589.5	−0.001043
	8	57475.3	816.5	425.7	−0.001387
	9	8292.5	207	118.3	−0.004763
	10	12086	264.5	167.45	−0.003544

为了取消各维数据间的数量级差别，采用 z-score 标准化特征值。这种方法是基于原始数据的均值(mean)和标准差(standard deviation)进行数据的标准化。将 A 的原始值 x 使用 z-score 标准化到 x' 的公式为

$$x'=(x-\mu)/\sigma \tag{6.34}$$

式中，μ 为均值；σ 为标准差。

表 6.2 中的数据经过 z-score 标准化后的结果如表 6.3 所示。

表 6.3　样本特征标准化结果

样本类型	样本序号	角二阶矩	对比度	逆差矩	相关性
正常	1	1.7318	−0.553	−0.5759	−0.6029
	2	1.7318	−0.5522	−0.5777	−0.6019
	3	1.7320	−0.5621	−0.5799	−0.5899
	4	1.7319	−0.5579	−0.5791	−0.5949
	5	1.7315	−0.5368	−0.5935	−0.6011
破洞	6	1.7318	−0.5547	−0.5743	−0.6028
	7	1.7320	−0.5646	−0.5764	−0.591
	8	1.7319	−0.561	−0.5768	−0.5941
	9	1.7317	−0.5494	−0.5744	−0.6078
	10	1.7318	−0.554	−0.5727	−0.6051

以上述样本归一化的 4 个特征值作为样本的特征向量参与 SVM 训练。SVM 的核函数选择径向基函数(RBF)，松弛因子 C 为 1，γ 为 0.00001，其余参数为 0。正常样本类别为 1，破洞缺陷样本类别为 0。

训练完毕后，用与训练样本不同的 5 幅正常图像和 5 幅破洞缺陷图像作为预测样本进行预测，预测结果如表 6.4 所示。

表 6.4　预测结果

样本类别	样本序号	预测结果	正确率
1	1	1	70%
	2	1	
	3	0	
	4	1	
	5	1	
0	6	1	
	7	0	
	8	0	
	9	0	
	10	1	

以上是两类样本的 SVM 分类结果，样本的数目、特征的选择、参数的选择及优化等对分类结果均有直接的影响，要提高分类效果，还有待进一步优化。另外，坯布缺陷有很多种，因此需要进行多类分类。

在分类问题上，SVM 方法的基本理论只考虑了二值分类这一最简单的情况，因此在多类问题中，系统需要组合多个 SVM 进行分类。现在 MultiClass SVM 的方法也比较多，主要包括一对一支持向量机、一对多支持向量机、二叉树支持向量机和有向无环图支持向量机[154]。

1) 一对一支持向量机

一对一支持向量机(1-VS-1 SVM)是利用两类 SVM 算法在每两类不同的训练样本之间都构造一个最优决策面。如果面对的是一个 k 类问题，那么这种方法需要构造 $k(k-1)/2$ 个分类平面($k>2$)。该方法的本质与两类 SVM 并没有区别，它相当于将多类问题转化为多个两类问题来求解。具体构造分类平面的方法如下。

从样本集中提取所有满足 $y_i=s$ 与 $y_i=t$(其中 $1\leqslant s, t\leqslant k, s\neq t$)，通过两类 SVM 算法构造最优决策函数：

$$f_{st}(x)=w_{st}\cdot\phi(x)+b_{st}=\sum_{i=sv}\alpha_i^{st}K(x_i,x)+b_{st} \tag{6.35}$$

采用同样的方法对 k 类样本中的每一对构造一个决策函数，又由于 $f_{st}(x)=-f_{ts}(x)$，容易得出一个 k 类问题需要 $k(k-1)/2$ 个分类平面。

根据经验样本集构造出决策函数以后，接下来的问题便是如何对未知样本进行准确的预测。通常的方法是采取投票机制：给定一个测试样本 x，为了判定它属于哪一类，该机制必须综合考虑上述所有 $k(k-1)/2$ 个决策函数对 x 所属类别的判定；有一个决策函数判定 x 属于第 s 类，则意味着第 s 类获得了一票，最后得票最多的类别就是最终 x 所属的类别。

1-VS-1 SVM 方法的优点在于：每次投入训练的样本相对较少，因此单个决策的训练速度较快，同时精度也较高。但是由于 k 类问题需要训练 $k(k-1)/2$ 个决策面，当 k 较大的时候，决策面的总数将过多，因此会影响后面的预测速度，这是一个有待改进的地方。在投票机制方面，如果获得最高数的类别多于一类时，将产生不确定区域；另外在采用该机制的时候，如果某些类别的得票数已经使它们不可能成为最终的获胜者，那么可以考虑不再计算以这些类中任意两类为样本而产生的决策函数，以此来减小计算复杂度。

2) 一对多支持向量机

一对多支持向量机(1-VS-all SVM)是在一类样本与剩余的多样本之间构造决策平面，从而达到多类识别的目的。这种方法只需要在每一类样本和对应的剩余样本之间产生一个最优决策面，而不用在两两之间都进行分类。因此，该方法其实可以认为是两类 SVM 方法的推广，实际上它是将剩余的多类看成一个整体，然后进行 k 次两类识别。具体方法如下。

假定将第 j 类样本看作正类($j=1, 2, \cdots, k$)，而将其他 $k-1$ 类样本看作负类，通过两类 SVM 方法求出一个决策函数：

$$f_j(x)=w_j\cdot\phi(x)+b_j=\sum_{i=sv}\alpha_i^{j}K(x_i,x)+b_j \tag{6.36}$$

这样的决策函数 $f_j(x)$ 一共有 k 个。给定一个测试输入 x，将其分别代入 k 个决策函数并求出函数值，若在 k 个 $f_j(x)$ 中 $f_s(x)$ 最大，则判定样本 x 属于第 s 类。

1-VS-all SVM 方法和 1-VS-1 SVM 相比，构造的决策平面数大大减少，因此在类别数目 k 较大时，其预测速度将比 1-VS-1 SVM 方法快。但是，由于它每次构造决策平面的时候都需要用上全部的样本集，所以它在训练上花的时间并不比 1-VS-1 SVM 少。同时，由于训练的时候总是将剩余的多类看作一类，所以正类和负类在训练样本的数目上极不平衡，这很可能影响到预测的精度。另外，与 1-VS-1 SVM 方法类似，当同时有几个 j 能取到相同的最大值 $f_i(x)$ 时，将产生不确定区域。

3) 二叉树支持向量机

二叉树支持向量机(BT-SVM)对于 k 类的训练样本，训练 $k-1$ 个 SVM，第 1 个 SVM 以第一类样本为正的训练样本，将第 2，3，…，k 类训练样本作为负的训练样本训练 SVM1，第 i 个支持向量机以第 i 类样本为正的训练样本，将 $i+1$，$i+2$，…，k 类训练样本作为负的训练样本训练 SVMi，直到第 $k-1$ 个支持向量机将以 $k-1$ 类样本作为正样本，以第 k 类样本为负样本训练 SVM($k-1$)。可以看出二叉树方法可以避免传统方法的不可分情况，并且只需构造 $k-1$ 个 SVM 分类器，测试时并不一定需要计算所有的分类器判别函数，从而可以节省测试时间，同时提高了训练和测试的速度。该思想也带来了以下问题：假设共有 k 类训练样本，根据类别号码的排列次序训练样本，不同的排列直接影响生成的二叉树结构，如果某个节点上发生分类错误，则错误会沿树结构向后续点扩散，从而影响分类器的性能。因此选择合适的二叉树生成算法，构造合理的二叉树结构以提高分类器的推广能力是值得进一步研究的问题。

4) 有向无环图支持向量机

有向无环图支持向量机(DAG-SVM)是由 Platt 提出的决策导向的无环图 DAG 导出的，是针对 1-VS-1 SVM 存在误分、拒分现象而提出的，该方案训练阶段则要先构造一个有向无环图，该图共有 $n(n-1)/2$ 个节点和 n 个叶，每个节点代表一个分类器，每个叶为一个类别。当对测试样本预测时，先用根节点的分类器预测，根据结果选择下一层中的左节点或右节点继续预测，直到最后到达叶就得到测试样本所属类别。

该方法和 1-VS-1 SVM 类似，训练的时候，首先需要构造 $k(k-1)/2$ 个分类决策面。然而与 1-VS-1 SVM 方法不同的是，由于在每个节点预测的时候同时排除了许多类别的可能性，所以预测的时候所用到的总分类平面只有 $k-1$ 个，比 1-VS-1 SVM 要少很多，预测速度自然提高不少。但 DAG-SVM 算法也有不足之处。正由于它采取的是排除策略，那么最开始的判定显得尤为重要，如果在开始阶段就决策错误，那么后面的步骤便都没有意义了。因此，如何判定的顺序和得到令人信服的开始阶段的判定，是值得进一步研究的问题。

6.3 BP 神经网络分类

BP 神经网络是一种多层前馈神经网络，名字起源于网络权值的调整规则，采用的是后向传播学习规则，即 BP 学习算法。BP 学习算法是 Rumelhart 等于 1986 年提出的。自此以后，BP 获得了广泛的实际应用。据统计，80%～90%的神经网络模型采用 BP 网络或者它的变化形式。BP 神经网络是向前网络的核心部分，是一种应用领域最广的人工神经网络，理论上可以用于模式识别、模式分类、信号处理、非线性映射等[155]。

6.3.1 基于 BP 神经网络的视觉检测分类算法

1. BP 神经网络结构

BP 神经网络是一种单向传播的多层前向网络，其结构如图 6.2 所示。由图 6.2 可见，BP 神经网络是一种具有 3 层或 3 层以上的神经网络，包括输入层、中间层(隐含层)、输出层。上下层之间实现全连接，而每层神经元之间无连接。当一对学习样本提供给网络后，神经元的激活值从输入层经各中间层向输出层传播，在输出层的各神经元获得网络的输入响应。接下来，按照减少目标输出与实际误差的方向，从输出层经各中间层逐渐修正各连接权值，最后回到输入层，这种算法称为“误差逆传播算法”，即 BP 算法。随着这种误差逆向传播修正不断进行，网络对输入模式响应的正确率也不断上升。

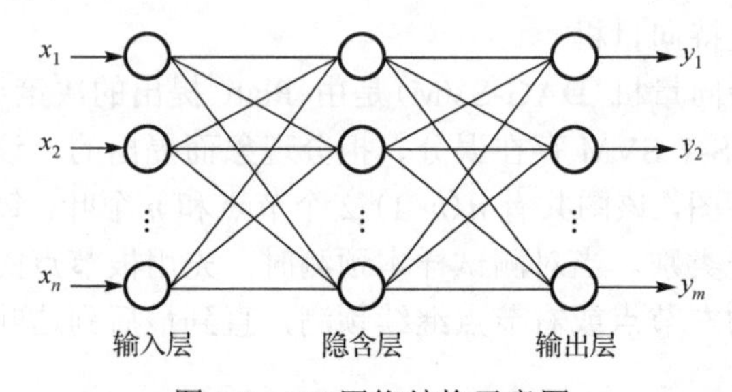

图 6.2　BP 网络结构示意图

2. BP 算法的数学表达

BP 算法实质上是求取误差函数的最小值问题。这种算法采用非线性规划中的最速下降方法，按误差函数的负梯度方向修改权系数。设输入学习样本 x 为 P 个，对应的期望输出为 t^1，t^2，…，t^p，实际输出为 y^1，y^2，…，y^p，学习是通过误差校正权值，使各 y^p 接近 t^p。

为了说明 BP 算法，首先定义误差函数。当一个样本(设为第 p 个样本)输入网络，并产生输出时，均方误差应为各输出单元误差平方之和，即

$$E_p = \frac{1}{2}\sum_{i=1}^{m}(t_i^p - y_i^p)^2 \tag{6.37}$$

当所有样本都输入一次后，总误差为

$$E_A = \frac{1}{2}\sum_{p=1}^{p}\sum_{i=1}^{m}(t_i^p - y_i^p)^2 \tag{6.38}$$

设 ω_{sp} 为网络中任意两个神经元之间的连接权值，η 为学习率(步长)，则根据梯度下降法，批处理方式下的权值修正量为

$$\Delta\omega_{sp} = -\eta\frac{\partial E_A}{\partial w_{sp}} \tag{6.39}$$

这里用梯度法可以使总的误差向减少的方向变化，直到 $\Delta E_A=0$。当输入输出之间是非线性关系以及训练数据充足时，它可以出色地完成不同领域非线性关系的分类问题。

6.3.2　坯布视觉检测中基于 BP 神经网络的疵点分类

BP 神经网络一般包括输入层、隐含层和输出层，其中隐含层可以为一层也可以为多层。根据 Kolmogorov 定理，一个三层的 BP 网络足以完成任意的 n 维到 m 维的映射，即一般的应用只需要采用一个隐含层就足够了。这一理论在神经网络的研究实践中得到证实，因为中间层越多，误差向后传播的过程就越复杂，这会使得训练时间急剧增加，而且中间层增加以后，局部最小误差也会增加，从而使得网络在训练过程中更容易陷入局部最小化而无法摆脱，网络的权重难以调整到全局最小误差，影响到网络的训练效果。为了达到较高的识别率，在采用神经网络对坯布疵点进行识别时，必须考虑网络的结构和规模、训练样本集与测试集的大小、网络识别性能的评估等[156]。

因此，选择了一个三层的神经网络来完成坯布组织结构的分类工作。设计一个 BP 神经网络是一件复杂的工作，要考虑到包括神经网络层数、各层单元数、输入样本数据模式、训练方法等各种问题，其中，有一些问题有确定的理论支撑，有一些问题只能在实践中尝试以得到较好的解决方法。BP 神经网络分类首先要训练网络，通过训练使网络具有联想记忆和预测能力。BP 神经网络的训练过程包括以下几个步骤。

(1) 网络初始化。根据系统输入输出序列 (X, Y) 确定网络输入层节点数 n，隐含层节点数 m，初始化输入层、隐含层和输出层神经元之间的连接权值 ω_{ij}，ω_{jk}，初始化隐含层 a，输出层 b，给定学习速率和神经元激励函数。

(2) 隐含层输出计算。根据输入向量 X，输入层和隐含层间连接权值 ω_{ij} 以及隐含层阈值 a，计算隐含层输出 H。

$$H_j = f\left(\sum_{i=1}^{n} \omega_{ij} x_i - a_j\right), \quad j = 1,2,\cdots,l \tag{6.40}$$

式中，l 为隐含层节点数；f 为隐含层激励函数，该函数有多种表达形式，此处所选函数为

$$f(x) = \frac{1}{1 + \mathrm{e}^{-x}} \tag{6.41}$$

(3) 输出层输出计算。根据隐含层输出 H，连接权值 ω_{jk} 和阈值 b，计算 BP 神经网络预测输出 O。

$$O_k = \sum_{j=1}^{l} H_j \omega_{jk} - b_k, \quad j = 1,2,\cdots,m \tag{6.42}$$

(4) 误差计算。根据网络预测输出 O 和期望输出 Y，计算网络预测误差 e。

$$e_k = Y_k - O_k \tag{6.43}$$

(5) 权值更新。根据网络预测误差 e 更新网络连接权值 ω_{ij}，ω_{jk}。

$$\omega_{ij} = \omega_{ij} + \eta H_j (1 - H_j) x(i) \sum_{k=1}^{m} \omega_{jk} e_k, \quad i = 1,2,\cdots,n \tag{6.44}$$

$$\omega_{jk} = \omega_{jk} + \eta H_j e_k, \quad j = 1,2,\cdots,l, \quad k = 1,2,\cdots,m \tag{6.45}$$

式中，η 为学习速率。

(6) 阈值更新。根据网络预测误差 e 更新网络节点阈值 a，b。

$$a_j = a_j + \eta H_j (1 - H_j) \sum_{k=1}^{m} \omega_{jk} e_k, \quad j = 1,2,\cdots,l \tag{6.46}$$

(7) 判断算法迭代是否结束，若没有结束，返回步骤(2)。

为了实现坯布疵点的识别与分类，首先必须建立标准的缺陷库，并实现其缺陷特征的提取。为了简化研究过程，针对坯布中常见的三种缺陷及正常坯布进行算法的测试。

在参数提取过程中，用 4 个参数表征样本。因此，此处所使用的神经网络的输入层由 4 个神经细胞组成，隐含层设置 10 个神经细胞，输出层设置对应 4 类样本的 4 个神经细胞，基于 BP 神经网络的坯布缺陷图像特征分类算法建模包括 BP 神经网络构建、BP 神经网络训练和 BP 神经网络分类三步。

首先，提取特征向量，本节采用灰度共生矩阵的 4 个特征——角二阶矩、对比度、逆差矩和相关性。根据 BP 神经网络理论，数据归一化方法是神经网络预测前对数据常做的一种处理方法，本节采用 z-score 标准化。

对这 4 类样本进行特征提取，并进行 z-score 标准化，结果如表 6.5 所示。其中 1 类为正常坯布，2 类为破洞缺陷，3 类为断经缺陷，4 类为断纬缺陷。

表 6.5　标准化后的坯布样本特征

样本类别	特征向量			
1	1.7313	−0.529286	−0.597189	−0.604827
1	1.7317	−0.5447	−0.589418	−0.597581
1	1.73168	−0.544058	−0.590256	−0.599001
1	1.73161	−0.540498	−0.591501	−0.599607
2	1.73164	−0.542295	−0.588965	−0.600381
2	1.7319	−0.55945	−0.57552	−0.596927
2	1.73123	−0.527062	−0.597062	−0.607103
2	1.73191	−0.560129	−0.57535	−0.596428
3	1.73107	−0.522371	−0.599889	−0.608811
3	1.73177	−0.55348	−0.574182	−0.604109
3	1.73168	−0.549418	−0.574442	−0.607819
3	1.73198	−0.566431	−0.574483	−0.591068
3	1.73132	−0.530058	−0.596003	−0.605261
4	1.73111	−0.523326	−0.600099	−0.607682
4	1.73198	−0.566049	−0.575432	−0.590504
4	1.73164	−0.543583	−0.584271	−0.603788
4	1.73093	−0.51867	−0.600661	−0.611603
4	1.73144	−0.53439	−0.593238	−0.603816
4	1.73203	−0.574718	−0.572828	−0.584487
4	1.73116	−0.524804	−0.599312	−0.607041

其次，提取的四类坯布样本特征值分别用 1、2、3、4 标识，提取出的特征值分别存储于 data.mat 数据库文件中，每组数据为 5 维，第 1 维是类别标识，后 4 维是特征向量。根据坯布缺陷类别标识设定每组坯布缺陷特征值的期望输出值，当标识类别为 1 时，期望输出向量为[1，0，0，0]。BP 神经网络训练用训练数据训练 BP 神经网络。共有 20 组坯布缺陷图像特征值，从中选择 4 个不同类别的 4 组数据作为测试数据测试网络分类能力，其余的 16 组数据作为训练数据训练网络。

最后，BP 神经网络分类用训练好的神经网络对测试数据所属坯布缺陷类别进行分类。根据坯布缺陷特征的特点确定 BP 神经网络的结构为 4-10-4，随机初始化神经网络权值和阈值。用训练数据训练 BP 神经网络，在训练过程中根据网络预测误差调整网络的权值和阈值。设定学习速率 $\eta=0.1$，设定训练目标为 $\varepsilon=1\times10^{-7}$。依次将数据库中 4 种样本的特征值加入神经网络进行学习训练，神经网络在训练时的误差收敛过程如图 6.3 所示。用训练好的 BP 神经网络分类坯布缺陷，根据分类结果分析 BP 神经网络分类能力。但由于 BP 神经网络预测的准确性和训练数据有很大的关系，尤其是一个多输入和多输出的网络，若缺乏足够多的网络训练数据，则易造成很大程度的误判。

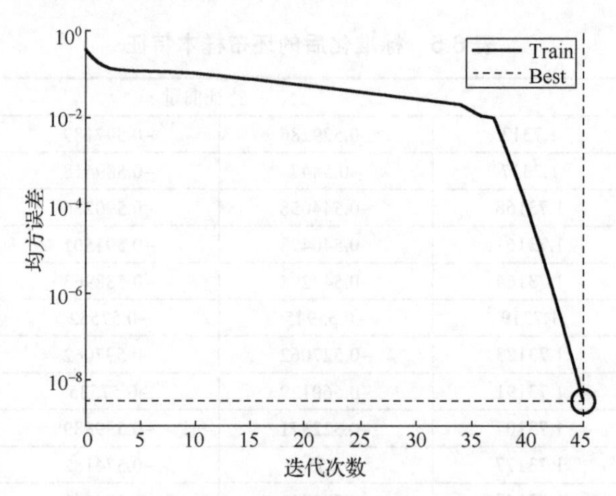

图 6.3　神经网络在训练时的误差收敛过程

按照上述思路，训练后的 BP 神经网络预测结果如表 6.6 所示。

表 6.6　BP 神经网络预测结果

预测值				期望值			
0.999938698	1.23×10^{-19}	1.22×10^{-9}	5.02×10^{-6}	1	0	0	0
0.00010005	4.78×10^{-26}	1.08×10^{-11}	0.999999338	0	1	0	0
1.71×10^{-15}	4.19×10^{-7}	1	5.90×10^{-11}	0	0	1	0
3.55×10^{-19}	0.000212969	0.000165648	0.9997468	0	0	0	1

由表 6.6 可以看出，由于实验训练数据较少，BP 神经网络没有得到充足训练，此时误判率达到 25%，有待增加训练样本进一步完善分类器。

参 考 文 献

[1] 庄志彬. 基于创新驱动的我国制造业转型发展研究[D]. 福州：福建师范大学, 2014.

[2] 乌尔里希·森德勒. 工业 4.0：即将来袭的第四次工业革命[M]. 邓敏, 李现民, 译. 北京：机械工业出版社, 2014.

[3] 张五一, 赵强松, 王东云. 机器视觉的现状及发展趋势[J]. 中原工学院学报, 2008, 19(1): 9-12.

[4] 饶秀勤. 基于机器视觉的水果品质实时检测与分级生产线的关键技术研究[D]. 杭州：浙江大学, 2007.

[5] 赵大兴, 孙国栋. 可重构视觉检测理论与技术[M]. 北京：科学出版社, 2014.

[6] Roberts L G. Machine perception of three-dimensional solids[R]. Massachusetts Institute of Technology Lexington Lincoln Laboratory, 1963.

[7] Marr D. Vision: a Computational Investigation into the Human Representation and Processing of Visual Information[M]. WH San Francisco: Freeman and Company, 1982.

[8] 马贺贺, 齐亮, 张茂松, 等. 机器视觉技术在生产制造智能化进程中的发展应用[J]. 装备机械, 2014, (3): 19-24.

[9] Steger C, Ulrich M, Wiedemann C. 机器视觉算法与应用[M]. 杨少荣, 等译. 北京：清华大学出版社, 2008.

[10] 梁列全. 基于稀疏特征的触摸屏图像缺陷检测及识别方法的研究[D]. 广州：华南理工大学, 2014.

[11] 曹申. 基于图像处理与机器视觉的手机软板缺陷检测的研究[D]. 长沙：中南大学, 2007.

[12] 袁志伟. 基于差动像散原理的 FPC 质量检测光学测头的研究[D]. 厦门：厦门大学, 2008.

[13] Stong F G. EVS I-Tex2000 cloth inspecting system[J]. Textile World, 2001, 151(4): 56-58.

[14] Michael B. Ustrer fabriscan cloth inspecting system[J]. Textile World, 2001, 151(4): 58-60.

[15] 张巍. Barco 新型高速织机检测系统[J]. 国际纺织导报, 2006, 5: 32.

[16] Heleno P, Davies R, Brazio C B A, et al. A machine vision quality control system for industrial acrylic fibre production[J]. Eurasip Journal on Applied Signal Processing, 2002, (7): 728-735.

[17] Sun G D, Zhao D X, Lin Q. Online defects inspection method for velcro based on image processing[C]. 2010 2nd International Workshop on Intelligent Systems and Applications. USA: IEEE, 2010: 1118-1121.

[18] Halschka M, Schwarz J, Wildmann D, et al. Machine vision-the powerful tool for quality assurance of laser welding and brazing[C]. ICALEO 2003 - 22nd International Congress on

Applications of Laser and Electro-Optics, Congress Proceedings. USA: Laser Institute of America, 2003.

[19] Zhao Y L, Wang P, Hao H R, et al. The embedded control system of vision inspecting instrument for steel ball surface defect[C]. Chinese Control and Decision Conference, 2008, CCDC 2008. USA: IEEE Computer Society, 2008.

[20] 端文龙. 机器视觉技术及其在机械制造自动化中的应用[J]. 硅谷, 2013, (6): 82-83.

[21] 张萍, 朱政红. 机器视觉技术及其在机械制造自动化中的应用[J]. 合肥工业大学学报(自然科学版), 2007, 30(10): 1292-1295.

[22] Cano T, Chapeele F, Lavest J M, et al. A new approach to identifying the elastic behaviour of a manufacturing machine[J]. International Journal of Machine Tools and Manufacture, 2008, 48(14): 1569-1577.

[23] Derganc J, Likar B, Pernus F. A machine vision system for measuring the eccentricity of bearings[J]. Computers in Industry, 2003, 50(1): 103-111.

[24] 阳春华, 周开军, 牟学民, 等. 基于计算机视觉的浮选泡沫颜色及尺寸测量方法[J]. 仪器仪表学报, 2009, 30(4): 717-721.

[25] Peng X Q, Chen Y P, Yu W Y, et al. An online defects inspection method for float glass fabrication based on machine vision[J]. International Journal of Advanced Manufacturing Technology, 2008, 39: 1180-1189.

[26] Adamo F, Attivissimo F, Di N A, et al. An online defects inspection system for satin glass based on machine vision[C]. 2009 IEEE Instrumentation and Measurement Technology Conference, I2MTC 2009. USA: IEEE Computer Society, 2009.

[27] 陈勇, 郑加强. 精确施药可变量喷雾控制系统的研究[J]. 农业工程学报, 2005, 21(5): 69-72.

[28] 李晓斌, 郭玉明. 机器视觉高精度测量技术在农业工程中的应用[J]. 农机化研究, 2012, (5): 7-11.

[29] 付荣. 机器视觉技术在农业生产中的应用[J]. 农业技术与装备, 2011, (4): 6-7.

[30] 强勇, 张冠杰, 谷月东. 目标识别技术及其在现代战争中的应用[J]. 火控雷达技术, 2005(3): 1-5.

[31] 范晋祥, 张渊, 王社阳. 红外成像制导导弹自动目标识别应用现状的分析[J]. 红外与激光工程, 2007(6): 778-781.

[32] 陈玉波, 陈乐, 曲长征, 等. 红外制导技术在精确打击武器中的应用[J]. 红外与激光工程, 2007, S2: 35-38.

[33] 郑军, 徐春广, 肖定国. 基于图像变换的火炮身管膛线参数检测技术研究[J]. 兵工学报, 2004(2): 134-138.

[34] 刘立欣, 王文生, 刘广利. 枪械内膛疵病图像的边缘检测算法[J]. 兵工学报, 2005, 26(1): 105-107.

[35] 赵长波, 陈雷. 铁路货车安全监测与应用概论[M]. 北京：中国铁道出版社, 2010.

[36] Zhou F Q, Jiang Y, Zhang G J. A dynamic image recognition method of sleeper trouble of moving freight cars based on Haar features[C]. Sixth International Symposium on Instrumentation and Control Technology: Sensors, Automatics Measurement, Control, and Computer Simulation. USA: SPIE, 2006.

[37] 蒋春明. 基于数字图像处理的列车关门车与交叉杆故障诊断[D]. 哈尔滨：哈尔滨工业大学, 2010.

[38] 赖冰凌, 王新宇. Relief 算法在关门车故障自动识别中的应用[J]. 铁路计算机应用, 2007, 16(1): 21-23.

[39] 范文兵, 王全全, 雷天友, 等. 基于 Q-relief 的图像特征选择算法[J]. 计算机应用, 2011, 31(3): 724-728.

[40] Yang J F, Liu M H, Zhao H, et al. An efficient image-based method for detection of fastener on railway[J]. Advanced Materials Research, 2012, 346: 731-737.

[41] Velastin S A, Boghossian B A, Vicencio-Silva M A. A motion-based image processing system for detecting potentially dangerous situations in underground railway stations[J]. Transportation Research Part C: Emerging Technologies, 2006, 14(2): 96-113.

[42] 吴乐芹, 姜春, 陈进栋, 等. 面向城市道路目视识别的遥感图像滤波增强方法[J]. 地理空间信息, 2015, 13(2): 104-106.

[43] 余金煌, 陶月赞. 小子域滤波在高密度电法图像处理中的应用[J]. 水利水电技术, 2015, 46(1): 107-109.

[44] 林卿. 基于机器视觉的粘扣带疵点快速检测方法的研究与实现[D]. 武汉：湖北工业大学, 2011.

[45] 彭磊. 导爆管自动检测系统研究与开发[D]. 武汉：湖北工业大学, 2012.

[46] 张利民, 石成英, 王游. 金属裂纹图像锐化混合算法研究[J]. 计算机与现代化, 2013, (3): 172-174.

[47] 李均利, 魏平, 陈刚. 一种新颖的医学图像锐化增强算法[J]. 计算机工程与应用, 2008, 44(10): 160-162.

[48] 孙国栋, 杨林杰, 张杨, 等. 一种汽车锁扣铆点的视觉检测方法[J]. 计算机测量与控制, 2015, 23(8): 2769-2772.

[49] 陈洪, 张延鑫, 朱祥玲, 等. 一种基于背景抑制的星空图像增强方法[J]. 解放军理工大学学报, 2015, 16(2): 109-113.

[50] 赵欣慰. 水下成像与图像增强及相关应用研究[D]. 杭州：浙江大学, 2015.

[51] Zhang Y H, Hu D J, Zhang K, et al. Hopfield neural network and its application on image edge detection[J]. Chinese Opties Letters, 2004, 2(4): 213-216.

[52] Ruzon M A, Tomasi C. Color edge detection with the compass operator[J]. Proceedings of the

IEEE Computer Society Conference on Computer Vision and Pattern Recognition, 1999, 2: 160-166.
[53] Sezgin M, Sankur B. Survey over image thresholding techniques and quantitative performance evaluation[J]. Journal of Electronic Imaging, 2004, 13(1): 146-165.
[54] Kass M, Witkin A, Terzopoulos D. Snakes: active contour models[J]. International Journal of Computer Vision, 1988, 1(4): 321-331.
[55] 关鑫龙, 陈思, 陈靖, 等. SPECT 心肌重建图像的左心室长轴自动定位方法[J]. 核电子学与探测技术, 2014, 34(3): 388-395.
[56] Abdel-Dayem A R, El-Sakka M R. A novel morphological-based carotid artery contour extraction[C]. Canadian Conference on Electrical and Computer Engineering. USA: IEEE, 2004.
[57] Azrulhizam S, Sulaiman R, Elias N F. Geometric transformation algorithms for implant manipulation in digital x-ray images[J]. International Review on Computers and Software, 2012, 7(5): 2271-2276.
[58] 孙爽滋, 谷欣超, 杨勇, 等. 飞机图像的轮廓提取与多边形拟合研究[J]. 长春理工大学学报, 2009, 32(3): 447-449, 471.
[59] 吕晓巍. 基于对数极坐标变换的图像匹配算法的研究与实现[D]. 长春：吉林大学, 2011.
[60] 杨晶东, 杨敬辉, 洪炳镕. 移动机器人视觉图像特征提取与匹配算法[J]. 计算机应用研究, 2009, 26(9): 3526-3529, 3533.
[61] 朱福珍, 吴斌. 基于灰度共生矩阵的脂肪肝 B 超图像特征提取[J]. 中国医学影像技术, 2006, 22(2): 287-289.
[62] 冯维. 基于几何模型辅助的 TFDS 典型故障图像识别方法研究[D]. 武汉：湖北工业大学, 2014.
[63] 刘兆英, 周付根, 白相志. 基于小波不变矩的多模图像特征提取及匹配技术[J]. 红外与激光工程, 2010: 567-571.
[64] 卢婷. 基于几何与形状特征的列车故障图像匹配算法研究[D]. 武汉：湖北工业大学, 2014.
[65] 徐传运, 张杨. 基于曲率匹配的细胞几何形状特征提取方法[J]. 计算机工程与应用, 2015, 51(1): 5-8.
[66] 代新. 基于机器视觉的网孔织物表面质量检测系统研究[D]. 武汉：湖北工业大学, 2012.
[67] 马宁, 潘晨, 曹宁. 基于 SVM 分类与回归的图像去噪方法[J]. 兰州理工大学学报, 2009, 35(1): 104-108.
[68] Osuna E, Freund R, Girosi F. Training support vector machines: an application to face detection[C]. Proceedings of the IEEE Computer Society Conference on Computer Vision and Pattern Recognition. USA: IEEE, 1997.
[69] 杨斐, 王坤明, 马欣, 等. 应用 BP 神经网络分类器识别交通标志[J]. 计算机工程, 2003, 29(10): 120-121.

[70] Frontino L, Pereira H, Parente E. Tomographic image reconstruction of fan-beam projections with equidistant detectors using partially connected neural networks[J]. Learning and Nonlinear Models-Revista da Sociedade Brasileira de Redes Neurais, 2003, 1(2): 122-130.

[71] 张正宇. 塑料导爆管起爆系统理论与实践[M]. 北京：中国水利水电出版社, 2009.

[72] 吴红梅, 宋敬埔. 塑料导爆管的感度及其研究进度[J]. 煤矿爆破, 2003, 4: 27-30.

[73] 高航, 廖小翠. 拉细导爆管对传爆可靠性影响的高速摄影试验的研究[J]. 现代矿业, 2010, 2: 43-45.

[74] 贾晓宏, 雷智军. 浅谈国内外导爆管雷管标准的差异[J]. 国防技术基础, 2009, 11: 7-10.

[75] 詹青龙, 卢爱芹. 数字图像处理技术[M]. 北京：清华大学出版社, 2010.

[76] 叶亭, 吴开华, 马莉, 等. 一种基于线阵 CCD 技术印刷电路板胶片的尺寸及缺陷在线检测方法[J]. 光学与光电技术, 2008, 6(2): 74-77.

[77] Klosowski M. Hardware accelerated implementation of wavelet transform for machine vision in road traffic monitoring system[C]. Proceedings of the 2008 1st International Conference on Information Technology. USA: IEEE, 2008.

[78] Amini M, Shanbehzadeh J. An experimental machine vision system for quality control of industrial colour printer[C]. 2009 2nd International Conference on Machine Vision. USA: IEEE Computer Society, 2009.

[79] 金隼, 海涛. 机器视觉检测在电子接插件制造工业中的应用[J]. 仪表技术与传感器, 2000, 2: 13-16.

[80] Zhao D X, Feng W, Sun G D, et al. High precision measurement system of micro-electronic connector based on machine vision [J]. Journal of Applied Science, 2013, 13 (22): 5363-5369.

[81] 邓金驹, 李文龙, 王瑜辉, 等. QFP 芯片外观视觉检测系统及检测方法[J]. 中国机械工程, 2013, 24(3): 291-294.

[82] 张家亮. 全球挠性印制板的市场及其技术研究[J]. 印刷电路信息, 2011, 10(1): 7-15.

[83] 苗振海. 基于机器视觉的 FPC 检测对位系统关键技术研究与开发[D]. 北京：机械科学研究总院, 2013.

[84] 田莉, 王祖德. 中国汽车门锁行业发展综述及需求预测[J]. 技术与市场, 2011, 8(2): 40-41.

[85] 赵长波, 陈雷. 铁路货车安全监测与应用概论[M]. 北京：中国铁道出版社, 2010.

[86] Hart J M, Schlake B, Todorovic S, et al. Machine vision condition monitoring of railcar structural underframe components[C]. Proceedings of the ASME Rail Transportation Division Fall Conference 2009. USA: The Rail Transportation Division, ASME, 2009.

[87] 章霄, 董艳雪, 赵文娟, 等. 数字图像处理技术[M]. 北京：冶金工业出版社, 2005.

[88] 孙即祥. 图像分析[M]. 北京：科学出版社, 2005.

[89] Gonzalez R C, Woods R E. 数字图像处理[M]. 阮秋琦, 阮宇智, 等译. 北京：电子工业出版社, 2007.

[90] 靳济芳. Visual C++小波变换技术与工程实践[M]. 北京：人民邮电出版社, 2004.

[91] Ryu B, Kim K, Ha Y, et al. New RGB primary for various multimedia systems[J]. Journal of Information Display, 2014, 15(2): 65-70.

[92] Kinoshita H, Hamamoto K, Sakaya N, et al. Aerial image mask inspection system for extreme ultraviolet lithography[J]. Japanese Journal of Applied Physics, 2007, 46(9): 6116-6117.

[93] Sang H K, Jan P A. Optimal unsharp mask for image sharpening and noise removal[J]. Journal of Electronic Imaging, 2005, 14(2): 1-13.

[94] 刘瑞祯, 于仕琪. OpenCV 教程(基础篇)[M]. 北京：北京航空航天大学出版社, 2007.

[95] Swain M J, Ballard D H. Color indexing[J]. International Journal of Computer Vision, 1991, 7(1): 11-32.

[96] Ennesser F, Medioni G. Finding waldo, or focus of attention using local color information[J]. IEEE Transactions on Pattern Analysis and Machine Intelligence, 1995, 17(8): 805-809.

[97] Agbinya J I, Rees D. Multi-object tracking in video[J]. Real Time Imaging, 1999, 5(5): 295-304.

[98] Lee J H, Lee W H, Jeong D S. Object tracking method using back-projection of multiple color histogram models[C]. Proceedings - IEEE International Symposium on Circuits and Systems. USA: IEEE, 2003.

[99] Chen X P, Huang Q, Hu P, et al. Rapid and precise object detection based on color histograms and adaptive bandwidth mean shift[C]. 2009 IEEE/RSJ International Conference on Intelligent Robots and Systems, IROS 2009. USA: IEEE, 2009.

[100] Haralick R M, Shanmugam K, Dinstein I. Textural features for image classification[J]. IEEE Transactions on Systems, Man and Cybernetics, 1973, 3(6): 610-621.

[101] 李新, 王明景, 白瑞林, 等. 基于机器视觉的布匹瑕疵在线检测[J]. 应用光学, 2014, 35(3): 466-471.

[102] 刘建立. 基于小波分析和 BP 神经网络的织物疵点识别[D]. 苏州：苏州大学, 2007.

[103] 谢凤英, 赵丹培. Visual C++数字图像处理[M]. 北京：电子工业出版社, 2008.

[104] 符翔, 张剑, 王维, 等. 一种新的局部阈值分割算法[J]. 计算机应用与软件, 2015, 32(4): 195-197.

[105] Zhao D X, Dai X, Sun G D, et al. Study on adaptive threshold segmentation method based on brightness[J]. Przeglad Elektrotechniczny, 2012, 88: 150-152.

[106] 潘琦. 基于机器视觉的贴片式芯片引脚检测方法研究[D]. 广州：广东工业大学, 2012.

[107] 杨练根. 互换性与技术测量[M]. 武汉：华中科技大学出版社, 2012.

[108] 许龙. 基于机器视觉的 SMT 芯片检测方法研究[D]. 西安：西安电子科技大学, 2014.

[109] 李杰, 彭月英, 元昌安, 等. 基于数学形态学细化算法的图像边缘细化[J]. 计算机应用, 2012, 32(2): 514-516, 520.

[110] Toru O. Development of a micro-optical distance sensor[J]. Sensors and Actuators, 2003, 10(2): 261-269.

[111] 徐俊峰. 激光三角法测距系统[D]. 长春：长春理工大学, 2012.

[112] 唐颖. 激光光斑形状分析仪的软件系统设计[D]. 武汉：华中科技大学, 2008.

[113] Gonzalez R, Woods R, Eddins S. Digital image processing using MATLAB (Second Edition) [M]. New York: McGraw Hill, 2011.

[114] Heikkila J. Pattern matching affine moment descriptors[J]. Pattern Recognition, 2004, 37(9): 1825-1834.

[115] Ji J H, Chen G D, Sun L N. A novel hough transform method for line detection by enhancing accumulator array[J]. Pattern Recognition Letters, 2011, 32(11): 1503-1510.

[116] Simi A, Bracciali S, Manacorda G. Hough transform based automatic pipe detection for array GPR: algorithm development and on-site tests[C]. 2008 IEEE Radar Conference. USA: IEEE, 2008.

[117] 王磊，郭淑霞，张凤玲，等. 微型铣刀外径视觉测量的不确定度[J]. 光学精密工程，2012, 20(4): 880-887.

[118] 胡伟. 改进的层次 K 均值聚类算法[J]. 计算机工程与应用, 2013, 49(2): 157-159.

[119] 赖玉霞，刘建平，杨国兴. 基于遗传算法的 K 均值聚类分析[J]. 计算机工程，2008, 34(20): 200-201.

[120] Patel V R, Mehta R G. Modified k-means clustering algorithm[C]. Communications in Computer and Information Science. Germany: Springer Verlag, 2011.

[121] Dharmagunawardhana C, Mahmoodi S, Bennett M, et al. Gaussian Markov random field based improved texture descriptor for image segmentation[J]. Image and Vision Computing, 2014, 32 (11): 884-895.

[122] Equis S, Flandrin P, Jacquot P. Phase extraction in speckle interferometry by a circle fitting procedure in the complex plane[J]. Optics Letters, 2011, 36(23): 4617-4619.

[123] 王丽丽，胡中文，季杭馨. 基于高斯拟合的激光光斑中心定位算法[J]. 应用光学，2012, 33(5): 985-989.

[124] 魏凌，曾滔，陆艳华，等. 一种用于光焦度计的椭圆中心快速计算方法[J]. 光电工程，2012, 39(12): 26-31.

[125] 段湘斌. 基于灰度图像的匹配算法改进[D]. 长沙：中南大学, 2012.

[126] 饶俊飞. 基于灰度的图像匹配算法研究[D]. 武汉：武汉理工大学, 2005.

[127] 张强. 对《铁路车辆安全防范预警系统设计规范》有关问题的探讨[J]. 铁道技术监督，2009, 37(11): 3-5.

[128] Zunic D, Zunic J. Shape ellipticity from Hu moment invariants[J]. Applied Mathematics and Computation, 2014, 226: 406-414.

[129] 王振海. 融合 HU 不变矩和 SIFT 特征的商标检索[J]. 计算机工程与应用, 2012, 48(1): 187-190.

[130] 刘海波, 沈晶, 郭耸, 等. Visual C++数字图像处理技术详解[M]. 北京：机械工业出版社, 2010.

[131] Belongie S, Malik J, Puzicha J. Shape matching and object recognition using shape contexts[J]. IEEE Trans Pattern Anal Mach Intell, 2002, 24(4): 509-522.

[132] 孙国栋, 徐威, 梁永强, 等. 基于形状上下文的列车挡键丢失图像识别算法[J]. 铁道科学与工程学报, 2014, 11(6): 127-131.

[133] Wang Z L, Feng Z Y, Zhang P. An iterative hungarian algorithm based coordinated spectrum sensing strategy[J]. IEEE Communications Letters, 2011, 15(1): 49-51.

[134] Chen Z S, Tu Y. Improved image segmentation algorithm based on OTSU algorithm[J]. International Journal of Advancements in Computing Technology, 2012, 4(15): 206-215.

[135] 王斌. 一种不变的基于傅里叶变换的区域形状描述子[J]. 电子学报, 2012, 40(1): 84-88.

[136] 崔峰, 汪雪林, 彭思龙. 近似欧氏距离变换的一种并行算法[J]. 中国图象图形学报, 2004, 9(6): 693-698.

[137] 徐少平, 张华, 江顺亮, 等. 基于直觉模糊集的图像相似性度量[J]. 模式识别与人工智能, 2009, 22(1): 156-161.

[138] 王军伟. 融合全局与局部信息的形状轮廓特征分析与匹配[D]. 武汉：华中科技大学, 2012.

[139] Liu H R, Latecki L J, Liu W Y. A unified curvature definition for regular, polygonal, and digital planar curves[J]. International Journal of Computer. Vision, 2008, 80(1): 104-124.

[140] Wang J W, Bai X, You X G, et al. Shape matching and classification using height functions[J]. Pattern Recognition Letters, 2012, 33(2): 134-143.

[141] 徐威. 基于形状描述子的列车典型故障图像识别算法研究[D]. 武汉：湖北工业大学, 2015.

[142] Shieh M Z , Tsai S C. Computing the ball size of frequency permutations under Chebyshev distance[J]. Linear Algebra and its Applications, 2012, 437(1): 324-332.

[143] Kobayashi E, Fushimi T, Saito K, et al. Similarity search by generating pivots based on manhattan distance[J]. Lecture Notes in Computer Science, 2014, 8862: 435-446.

[144] 宋潇毅. 基于纹理和颜色特征的图像检索[D]. 成都：电子科技大学, 2009.

[145] 王娟, 孔兵, 贾巧丽. 基于颜色特征的图像检索技术[J]. 计算机系统应用, 2011, 20(7): 160-164.

[146] 谢菲. 图像纹理特征的提取和图像分类系统研究及实现[D]. 成都：电子科技大学, 2009.

[147] 刘丽, 匡纲要. 图像纹理特征提取方法综述[J]. 中国图象图形学报, 2009, 14(4): 622-635.

[148] 陈美龙, 戴声奎. 基于 GLCM 算法的图像纹理特征分析[J]. 通信技术, 2012, 45(2): 108-111.

[149] 程显毅, 李小燕, 任越美. 图像空间关系特征描述[J]. 江南大学学报(自然科学版), 2007, 6(6): 637-641.

[150] 刘茜. 图像检索中空间关系技术的研究[D]. 北京：华北电力大学, 2008.

[151] Cherkassky V, Ma Y. Practical selection of SVM parameters and noise estimation for SVM regression[J]. Neural Networks, 2004, 17(1): 113-126.

[152] 杨海. SVM 核参数优化研究与应用[D]. 杭州：浙江大学, 2014.

[153] 孙钢. 基于 SVM 的入侵检测系统研究[D]. 北京：北京邮电大学, 2007.

[154] 郭显娥, 武伟, 刘春贵, 等. 多类SVM分类算法的研究[J]. 山西大同大学学报(自然科学版), 2010, 26(3): 6-8,14.

[155] 刘建立. 基于小波分析和 BP 神经网络的织物疵点识别[D]. 苏州：苏州大学, 2007.

[156] Subudhi B, Jena D. Nonlinear system identification using memetic differential evolution trained neural networks[J]. Neurocomputing, 2011, 74(10): 1696-1709.